彩图 2-3 SD4500

彩图 2-4 CS6003R

彩图 2-5 凯斯
1200 系列 ASM
播种机

彩图 2-6 SPD3000 型
免耕播种机

彩图 3-1 小型汽油
节水喷灌系列

彩图 3-2 柴油机
自吸泵喷灌系列

彩图 3-3 卷盘式
喷灌机组

彩图 3-5 行走
平移式喷灌机

彩图 3-4 TX 型移动式喷灌机

彩图 3-6 双喷嘴

彩图 3-7 美国维德润牌滚移式喷灌机

彩图 3-8 箱式撒肥机

彩图 3-9 有机肥施肥机

彩图 3-10 自走式、悬挂式、牵引式系列喷药机

彩图 3-11 黑猫牌喷雾机

3

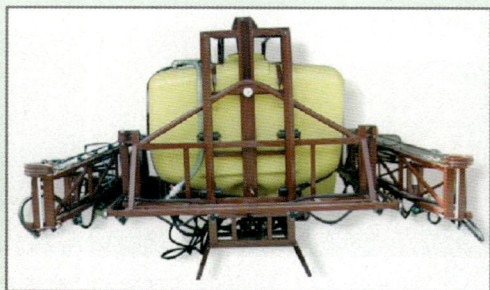

彩图 3-12 3800 喷药机

彩图 3-13 动力除草
割草"爱农机械"

彩图 3-14 "亚细亚"
多功能管理机

彩图 3-15 1840 免耕／
松土中耕机

彩图 3-16 "多面手"
田园管理机

彩图 4-1 内蒙古海拉牧机械总厂标准Ⅰ型动刀片

彩图 4-2 9GB2.1 型往复式割草机

彩图 4-3 酒泉铸陇单圆盘割草机

彩图 4-4 KF-CG330 科丰割草机

彩图 4-5 酒泉铸陇 9GXS1.6 型旋转式双圆盘割草机

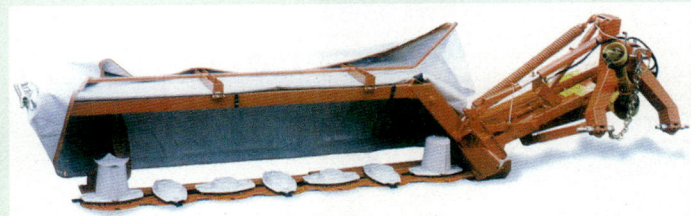

彩图 4-6 KUHN（库恩）圆盘割草机 GMD 系列

5

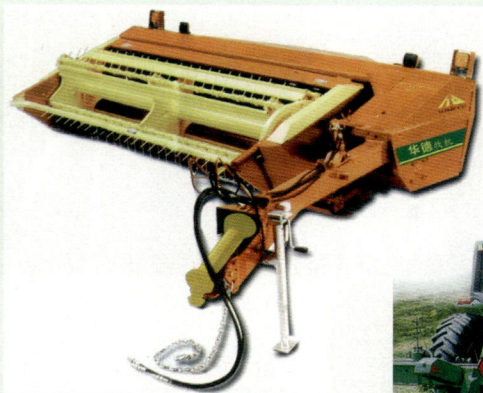
彩图 4-7 华德牧机 9GY-3.0 往复式割草压扁机

彩图 4-8 NEWHOLLAND 往复式割压扁草机

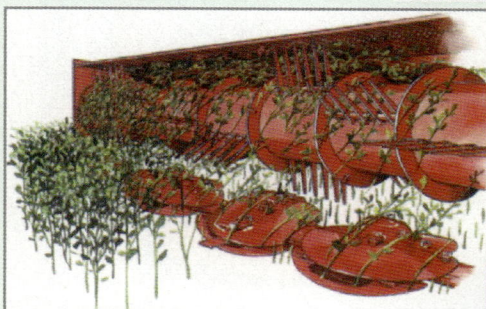
彩图 4-9 HW300、HW320 和 HW340 自走式割草压扁机

彩图 4-10 CASE 牵引式 8300 系列割草机

彩图 4-11 Hesston 往复式割草压扁机

彩图 4-12 FC250RG 型
圆盘割草压扁机

彩图 4-13 CORTO 系列割草机

彩图 4-14 MGR2500
旋转式搂草机

彩图 4-15 VOLTO 系列摊晒机

彩图 4-16 quadrant3400-1
打捆机

彩图 4-17 SCORPION
系列伸缩臂叉车

彩图 4-18 MF800 系列装载设备

彩图 4-19 纽荷兰自动集捆车

彩图 4-20 jaguar 系列
自走式青贮收获机

彩图 4-21 9QL-2.1 型
青贮饲料收获机

彩图 5-1 4LSC 神农
牧草种子收割机

彩图 5-2 9ZQ-3.0
禾本科牧草籽收获机

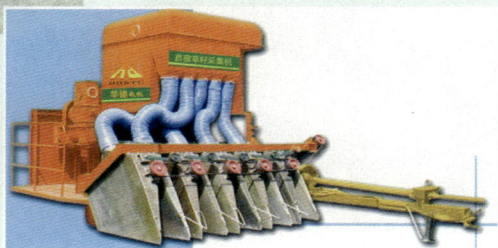

彩图 5-3 华德苜蓿
草籽采集机

彩图 5-4 9CJT-300 型
牧草种子加工成套设备

彩图 5-5 5XZD-5.0(3.0)
型比重式清选机

彩图 5-6 5W-5.0 窝眼清选机

彩图 5-7 5BY-5.0V/8.0V/12V
种子包衣机

彩图 6-1 AN-2201-Y(N) 饲草破碎机

彩图 6-2 AN-2002-5
爱农多功能饲料制造机

彩图 6-3 9Q 型系列青干饲料切碎机

彩图 6-4 93RC 多功能秸杆揉碎机

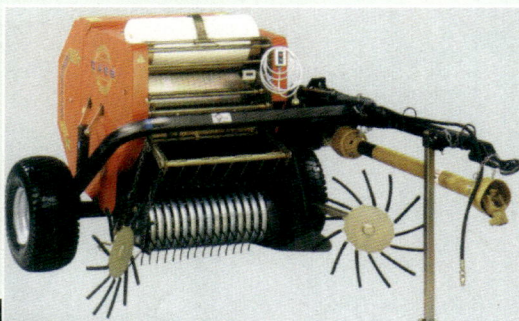

彩图 6-5 MP550 系列
牧草／秸秆青贮圆捆机

彩图 6-6 SWM0810 型
包膜机

彩图 6-7 MK5050-G 型
捆扎机

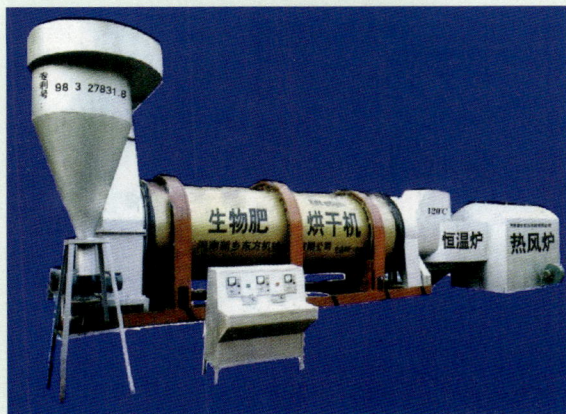

彩图 6-8 东方 3 号（秸秆）烘干机

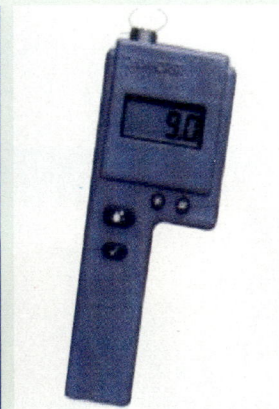

彩图 6-9 F-2000
干草水分测定仪

11

彩图 6-11 9YFQ-1.9 型方捆打捆机

彩图 6-10 DHT-1 型
手持饲草水分检测仪

彩图 6-12 MRB 型
牵引式圆捆机

彩图 6-13 纽荷兰
小方捆打捆机

彩图 6-14 纽荷兰
圆捆打捆机

彩图 6-15 约翰迪尔
小型方捆机

彩图 6-16 MF185 大型
方形打捆机

彩图 6-17 专用打捆绳

彩图 6-18 9YD-200 型
高密度二次压捆机

彩图 6-19 9KB-2.0 型
多功能高密度压捆机

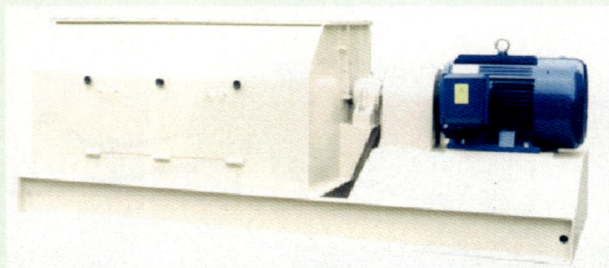

彩图 6-20 MFCP
苜蓿粉碎机

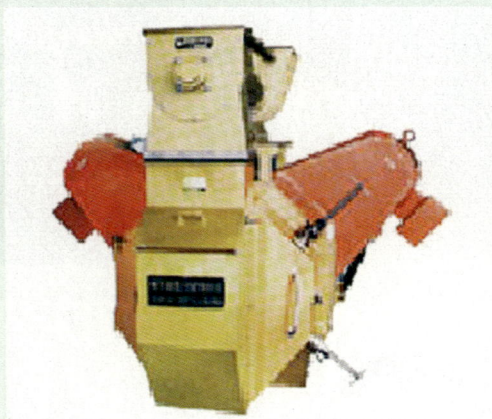

彩图 6-21 牧羊 MUZL
系列草颗粒机

彩图 6-22 9DF53×13 型
多功能铡草机

彩图 6-23 9QS-1300 青贮切碎机

彩 图 6-24 9CF50-50 型
饲草草粉粉碎机组

彩图 6-25 9FQ40-28A 型铡揉草粉碎机

彩图 6-26 9FC 型系列干草粉碎机

彩图 6-27 SFSP65 系列
圆盘牧草粉碎机

彩图 6-28 SFSP68 系列卧式牧草粉碎机

彩图 6-29 SZLH508E 牧草制粒机

彩图 6-30 DPR 系列
草颗料压制机

彩图 6-31 KJ 系列颗粒饲料加工机组

彩 图 6-32 9ZLP-200
平模颗粒压制机

彩图 6-33 牧羊 MJCC20 牧草均储器

彩图 6-34 牧羊
MLWG160 型卧
式牧草冷却器

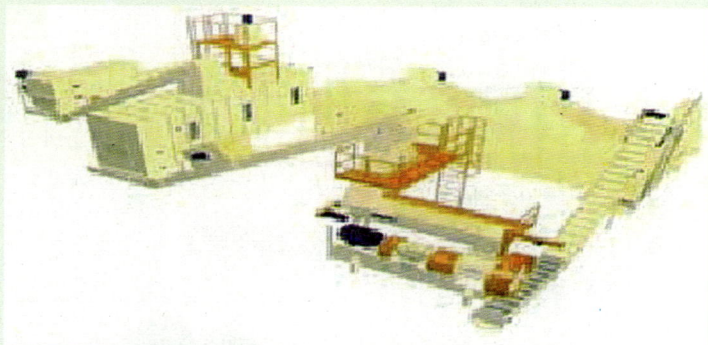

彩图 6-35 WBSS 单头压块系统

彩图 6-36 9CBJ 系列饲草压饼机

彩图 7-1 EARTHWAY M24SSD
播种机

彩图 7-2 EARTHWAY C25SSU
机引草坪播种机

彩图 7-3 拖挂式播种机

彩图 7-4 T170 液力喷播机

彩图 7-5 EASYLAWN TM60
液力喷播机

彩图 7-6 457A 中耕机

彩图 7-7 CZ10A-36B／
CZ10A-36H 起草皮机

彩图 7-8 439D 型修剪机

彩图 7-9 829K 草坪修剪机

彩图 7-10 604A 修剪机

彩图 7-11 可尔 CJ01A-84B

彩图 7-12 1705-16
无动力草坪修剪机

彩图 7-13 美神 LY530
系列修剪机（自走式）

彩图 7-14 MTD 377A 自走式草坪机

彩图 7-15 凯姿 LM5360HS 剪草机

彩图 7-16 MTD437A 手推式草坪机

彩图 7-17 凯姿 LM5360HX 剪草机

彩图 7-18 TRU-CUT C25
机动滚刀式剪草机

彩图 7-19 WB850A
商用型宽幅割草机

彩图 7-20 WB530H-DL
手推式加大后轮草坪机

彩图 7-21 XSS38-EA（14.5¹）
手推式电动草坪割草机

彩图 7-22 XSZ56（22'）
系列随进自行走草坪割草机

彩图 7-23 MTD M660G 草坪车

彩图 7-24 MTD 2186 草坪修剪车

彩图 7-25 草蜢 721D 草坪车

彩图 7-26 草蜢 721 剪草车

彩图 7-27 本田 H2013SE 草坪车

彩图 7-28 CS01B-46H3
梳草机

彩图 7-29 WB480S
草坪梳草机

彩图 7-30 可尔 CS01B-46H4 梳草机

彩图 7-31 梳草机

彩图 7-32 MTD 552A 修边机

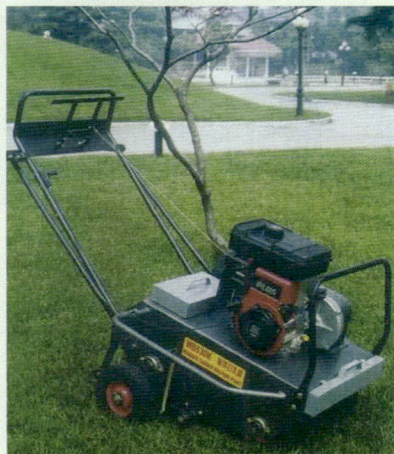

彩图 7-33 WB530K 打孔机

彩图 7-34 飞马 3WM-30/200
打药机

彩图 7-35 英迈格 IMAG
3WZ-120T 打药车

彩图 7-36 英迈格 IMAG
3WZ-300T 打药车

彩图 7-37 NS402 框架式打药机

彩图 7-38 F-768 喷雾机

彩图 7-39 MD431A 喷雾喷粉机

彩图 7-40 英迈格 3WZ-300QJ
脚踏式高压动力打药车

草业机械选型与使用

赵春花 编著

金盾出版社

内 容 提 要

本书介绍了我国近年来较普及推广应用的国内外草地耕整机械、牧草播种机械、牧草田间管理机械、牧草收获机械、牧草种子收获机械和种子加工成套设备、饲草产品加工机械及草坪耕整地机械、草坪施肥与种植机械及草坪养护管理机械等各类草业机械的结构特点、主要技术参数、选型和各类机型的使用方法、厂家联系方式等内容。本书结构清晰、语言简练、采用大量的彩图，图文并茂，内容丰富、通俗易懂、实用性强，能够满足不同读者的需要，既可作为草产业和农机技术科技或管理人员的技术资料，也可作为大中专院校相关专业的教材或辅助读物，还可作为牧草、农机生产领域广大用户的技术参考资料。

图书在版编目(CIP)数据

草业机械选型与使用/赵春花编著 . -- 北京 ：金盾出版社，2010.6

ISBN 978-7-5082-6426-4

Ⅰ.①草… Ⅱ.①赵… Ⅲ.①草原建设—机械设备—选型②草原建设—机械设备—使用 Ⅳ.①S817.8

中国版本图书馆 CIP 数据核字(2010)第 095483 号

金盾出版社出版、总发行

北京太平路 5 号(地铁万寿路站往南)
邮政编码：100036 电话：68214039 83219215
传真：68276683 网址：www.jdcbs.cn
封面印刷：北京精美彩色印刷有限公司
彩页正文印刷：北京印刷一厂
装订：兴浩装订厂
各地新华书店经销
开本：850×1168 1/32 印张：12.75 彩页：24 字数：300 千字
2010 年 6 月第 1 版第 1 次印刷
印数：1～6 000 册 定价：24.00 元

前　言

　　作为畜牧业现代化重要标志的畜牧生产机械化是农业机械化中重要的组成部分,随着我国畜牧业在农业中的比重不断加大,畜牧业现代化的步伐也在不断加快。草产业的提出和近年来的快速发展,使草业机械的研制、生产和推广应用达到了一个新的阶段。牧草生产机械化不仅有利于草产业的规模化和集约化发展,也有利于解决畜牧业发展与牧草生产不足的矛盾。因而,草业机械及实用装备已成为畜牧业现代化发展中的重要支柱。

　　为贯彻《中华人民共和国农业机械化促进法》,推进我国草业机械的推广应用,促进草产业的快速、健康发展,甘肃农业大学赵春花教授编写了《草业机械选型与使用》一书。书中主要介绍了近30年来我国普及推广和应用的国内外各类草地耕整机械、牧草播种、田间管理、收获、牧草种子收获及种子加工成套设备、饲草产品加工机械及草坪建植养护机械等几百种草业机械的结构特点、选型、主要技术参数和使用方法等,具有较强的系统性和实用性。希冀通过此书的出版,对正在蓬勃发展中的草产业能起一定的促进作用。

　　在本书的筹划、资料收集和撰写过程中,得到了曹致中教授、呆寿善研究员、汪玺教授和师尚礼教授的大力支持,他们提出了很多宝贵意见和建议,编者表示衷心的感谢,同时也参阅了许多专家、学者的著作和科技论文,限于篇幅,未能一一注明,在此一并表示最真诚的谢意。编者本着严谨求实、客观公正的科学态度,力求全面而又突出重点、通俗易懂而又不失技术性。由于编者水平有限,书中定有不足和失误之处,敬请广大读者批评指正。

王天辰　韩正晟

2010 年 1 月于兰州

目　录

第一章　草地耕整机械

一、概　述

(一)牧草播前的土地准备

各种牧草对土壤的要求有相同之处,又有各自不同的选择。例如,沙打旺在沙性土壤中生长最好,苜蓿最适宜在砂质土壤中生长,红三叶适宜在酸性土壤中生长,串叶松香和鲁梅克斯在肥沃的黏性土壤中栽培效果较好。所以要根据不同草种的生物学特性选择适宜的种植地块。由于牧草种子大多较小,顶土力较差,苗期生长缓慢,极易被杂草覆盖。因此,要对地块进行科学的整理,具体环节包括耕、耙、耢、压。

耕地:亦称犁地,耕地可以用壁犁或者用复式犁进行耕翻,耕地时应遵循的原则是"熟土在上,生土在下,不乱土层"。尽量深耕以扩大土壤溶水量,提高土壤的底墒。

耙地:在刚耕过的土地上,用钉耙耙碎土块,耙出杂草的根茎,使土地平整以便保墒。对来不及耕翻的,可以用圆盘耙耙地,进行保墒抢种。

耢地:使地面平整,耢实土壤,耢碎土块,为播种提供良好条件。

压地:通过镇压使表土变紧平整,压碎大土块。镇压可以减少土壤中的大孔隙,减少气态水的扩散,起到保墒的作用。常用的镇压工具有石碾、镇压器等。

整地的季节可以放在春、夏、秋,但耕、耙、耢、压应连续作业,以利保墒。

(二)草地耕整机械分类

1. 按整地的作业顺序分　①耕作机械,如铧式犁、弹齿犁、旋耕机等;②整地机械,如作垄机、耙、松土平地镇压器。

2. 按与主机的挂接方式分　有牵引式、悬挂式及半悬挂式。

二、铧 式 犁

饲草、饲料种植第一步是土地的翻耕,使用的机具是犁。犁的结构如图 1-1 所示。犁的种类很多,除传统耕作机械铧式犁,还有圆盘犁和旋耕机。根据地块大小和土壤阻力的不同来选择适宜的

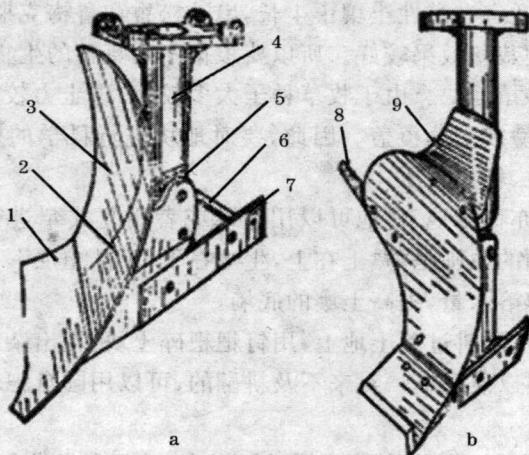

图 1-1　犁　体

a. 北方系列犁体　b. 南方系列犁体

1. 犁铧　2. 前犁壁　3. 后犁壁　4. 犁柱　5. 犁托
6. 犁壁支杆　7. 犁侧板　8. 犁壁延长板　9. 滑草板

耕作机械及配套动力,在农业中应用较多的铧式犁主要有:悬挂铧式犁、机引双壁铧式犁、翻转铧式犁。

(一)铧式犁的结构

铧式犁的主要部件有主犁体、小前犁、犁刀和深松铲。辅助部件有犁架、挂接装置、犁轮、调节机构、传动机械和液压元件等。

(二)国产铧式犁的主要技术参数

国产铧式犁的主要技术参数见表1-1、表1-2和表1-3。

表 1-1　铧式犁的主要技术参数

名称	轻型悬挂五铧犁	牵引液压五铧犁	悬挂中型三铧犁	深耕二铧犁	牵引重型五铧犁	悬挂二铧犁	悬挂二铧犁	悬挂中型三铧犁	悬挂六铧犁	悬挂七铧犁
型号	1LQ-3-25	iLX-5-30	1L-325	LS-2-35	L-5-35	1XT12-2-20	1LX-218	1L-330	LQD75-6-27	LQD75-7-27
犁体耕宽（厘米）	25	30	25	35	35	20	18	30	27	27
总耕幅（厘米）	125	150	75	70	175	40	36	90	162	189
耕深（厘米）	24	30	22	45	27	20	18	18~28	25	25
重量（千克）	178	850	1175	900	1450			270	420	460
生产率（公顷/小时）	0.6	0.67	0.33	0.36	0.84	0.14~1.9	0.17	0.4~0.53	0.53~0.80	0.63~0.93
外形尺寸（长×宽×高）（厘米）	2765×1500× 1345	6170×2090× 1270	1700×1150× 1175	7000×2430× 1500	2765×1500× 1345	—	—	2000×1210× 1200	3170×1830× 1485	3670×2100× 1485
配套拖拉机	铁牛-55	东方红-75	上海-50	东方红-75	铁牛-55	泰山-12.15	泰山-12.15	上海-50	东方红-75	东方红-75

表 1-2 北方铧式犁型号及技术参数

名称	悬挂中型 二铧犁	悬挂中型 三铧犁	悬挂中型 二铧犁	悬挂中型 四铧犁	悬挂中型 四铧犁	悬挂中型 五铧犁	悬挂中型 五铧犁	悬挂中型 四铧犁	悬挂中型 六铧犁
型号	1L-230	1L-325	1L-330	1L-425	1L-430	1L-525	1L-530	1L-435	1LB-630
配套拖拉机	东方红-30/28/40	东方红-30/28/40	铁牛-55、东风-50、东方红-40	铁牛55、东风-50、东方红-40	铁牛-60/55	铁牛-60/55	东方红-75	东方红-75	东方红-75
外形尺寸(长×宽×高)(毫米)	1140×1220×1185	1715×1150×1170	2020×1210×1200	2250×1185×1185	2615×1500×1200	2720×1500×1185	3220×1815×1370	2900×1710×1570	5450×2150×1445
犁体幅宽(厘米) 1L系列(普通同距中型) 同距中型 α=26°34′	30	25	30	25	30	25	30	35	30
总耕宽(厘米)	60	75	90	100	120	125	150	140	180
耕深(厘米)	18~26	16~22	18~26	16~22	18~26	16~22	18~26	20~30	18~26
犁体纵向间距(厘米)	60	50	60	50	60	50	60	70	60
犁架高度(厘米)	55	53.5	55	53.5	55	53.5	58	58	58
圆犁刀个数(个)	1	1	1	1	1	1	1	1	1
小前犁	无	无	无	无	无	无	无	无	无
重量(千克)	197(165)	191(159)	240(215)	232(205)	300(273)	280(253)	525	500	840

表 1-3　农田犁耙设备技术参数表

型号·名称	悬挂铧数	重量（千克）	总耕宽（厘米）	最大耕深（厘米）	配套拖拉机	动力（千瓦）	工作效率	外形尺寸（长×宽×高）（厘米）	生产厂家
ILQ-5-25 轻型悬挂五铧犁	5	278	125	15～24	铁牛-55	40.7	—	276.5×150×134.5	燕京牧机集团
ILQ-4-25 轻型悬挂四铧犁	4	232	100	15～24	东方红-28/40	20.72～29.6	—	225×125.5×134	燕京牧机集团
LXT-3-30 悬挂三铧犁	5	400	90	25	铁牛-55	40.7	前进速度 6.55 千米/小时，5570 米²/小时	252×135×113	燕京牧机集团
LXT-4-35 悬挂四铧犁	5	485	140	27	东方红-54/75	39.96	前进速度 4.65 千米/小时，6503 米²/小时	337×169.5×157	燕京牧机集团
ILF-220 悬挂两铧犁	2	—	40	12～18	小四轮配流	8.88～11.1	1334～2001 米²/小时	106×58×85	燕京牧机集团
PH-1.6-9 型机引悬挂合墒器	—	—	160	12	东方红-75/54	40.7	前进速度 4.65 公里/小时，7337 米²/小时	344×156×92	燕京牧机集团
1LⅡ-435 双向四铧犁	4	—	140	18～25	—	55.5	—	—	内蒙古赤峰
1LF-330 液压翻转三铧犁	3	—	90	18～24	铁牛-55	40.7	—	—	内蒙古赤峰

(三)使用和维护保养

在进行耕翻作业前,应做下述工作:

①检查各零部件是否完整与紧固,并将润滑点注满黄油。

②按设计犁体数进行耕作时,用三点悬挂为好。当需要拆去一个犁体工作时,则用两点悬挂有利于调整偏牵引。

③调整限位链的长度,使犁在工作位置时,左右限位链处于同等的松动状态。不允许一边有张紧现象,而犁在升起位置时有左右20毫米的摆动量。

犁的正确使用和保养,是延长使用寿命、提高作业质量的重要措施,主要包括以下几个方面:

①应及时清除犁体、犁刀和限深轮上的黏土与拖挂物。

②紧固各部螺栓,检查并及时修复变形零件。犁铧、前后犁壁、犁刀、前后侧板等易磨损件应及时更新。

③经过2~3个班次的工作,应向润滑点注油1次。

④每一耕作季节结束后,应将限深轮、犁刀、耕宽调节器和各调节丝杆,轴承等件,拆卸进行清洗检查,磨损过甚的零件应更换,损坏件应更新,毡圈经过油浸后复用,安装时应注满黄油。

⑤犁铧刃口厚度一般超过3毫米时,应予以修复。犁铧背面加厚部分供修理延展之用。延展后需热处理,加热到800℃～860℃(呈缨红色),由刃部到背部垂直地放入30℃～40℃的温水中淬火,然后加热到200℃～300℃进行回火处理,并在空气中冷却。刃口磨钝时,可用砂轮将刃部从工作面磨锐,犁铧宽度磨损到105毫米时可予以报废。

⑥犁刀刃口厚度一般超过2毫米时应在砂轮上予以刃磨,注意刃磨时勿使其退火。

⑦犁铧、前后犁壁、前后侧板以及圆犁刀等与土壤接触的表面,以及外露螺纹,入库前应清除脏物,涂以防锈油,置于干燥处,

然后放入室内保管。

三、圆 盘 犁

圆盘犁是利用一组或多组凹面圆盘向前转动来耕翻土壤的一种耕作机械。由于其工作部件在滚动中翻土,故不易堵塞,不缠草,阻力小,油耗低,适于在多草、多碎石的土壤中工作。

(一)圆盘犁的分类

圆盘犁按其动力特点可分为牵引型和驱动型两类;按牵引形式可分为牵引式、悬挂式和半悬挂式;按工作方式分有单向圆盘犁和双向圆盘犁两种,双向圆盘犁增加了液压或机械式的翻转机构,回程作业时犁盘转 180°,使翻垡方向保持一致,方便作业。按犁盘的数量多少分,有 3 盘、4 盘、5 盘、6 盘、7 盘、8 盘、9 盘等多种型号。如图 1-2 是半悬挂式双向圆盘犁结构图。

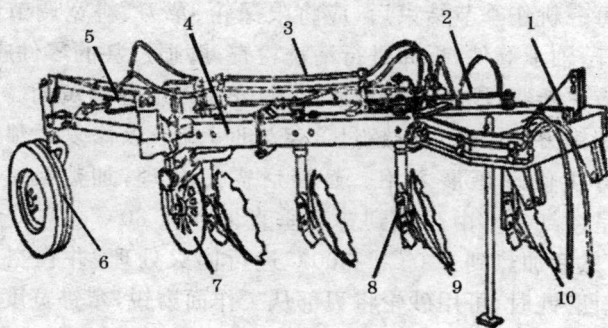

图 1-2 半悬挂式双向圆盘犁

1. 悬挂头架 2. 圆盘换向联杆 3. 油管 4. 犁梁 5. 尾轮升降油缸
6. 尾轮 7. 限深轮 8. 倾角调节孔 9. 犁柱 10. 缺口圆盘

(二)圆盘犁的主要技术参数

圆盘犁的主要技术参数见表 1-4、表 1-5 和表 1-6。

表 1-4　牵引双向圆盘犁的主要技术参数

型　号	1LY(SX)-325	1LY(SX)-425	1LY(SX)-525	1LY(SX)-625
最大耕幅(米)	0.75	1.00	1.25	1.50
最大耕深(厘米)	25	25	25	30
圆盘数(片)	3	4	5	6
圆盘直径(毫米)	650/700			
结构重量(千克)	700	800	900	1000
挂接形式	三点悬挂			
配套动力(千瓦)	47.7	58.8	73.5	88

表 1-5　牵引式单向圆盘犁的主要技术参数

型　号	1LYQ-315	1LYQ-320	1LY-425	1LY-525
最大耕幅(米)	0.45	0.6	1.0～1.2	1.25
最大耕深(厘米)	18	18	25	3
圆盘数(片)	3	3	4	5
圆盘直径(毫米)	450	500	650	700
刮土器数	3	3	4	5
结构重量(千克)	170	190	520	600
挂接形式	三点悬挂			
配套动力(千瓦)	10.3～13.3	18.3	520	73.5

表 1-6　1LYQ 系列驱动圆盘犁技术参数

型　号	1LYQ420	1LYQ520	1LYQ620	1LYQ720	1LYQ820	1LYQ920
耕幅（厘米）	80	100	120	140	160	180
耕深（厘米）	12～20					
犁盘数（片）	4	5	6	7	8	9
犁盘直径（毫米）	540			660		
工作偏角	28			32		
外形尺寸（厘米）	183×130×104	183×150×104	183×170×104	196×205×120	196×225×120	196×245×120
结构重量（千克）	256	279	302	430	460	490
配套动力（千瓦）	13.2～14.7	14.7～18.4	22.0～29.4	29.4～36.8	36.8～44.1	44.1～51
犁盘转速（转/分）	95～110			100～120		
作业速度（千米²/小时）	1.1～2.5	1.1～3	2.5～3.5	2.9～4	2.9～4	3～5

四、圆盘耙

圆盘耙是主要用于犁耕后的碎土作业，土壤经过犁耕后，土垡往往会形成较大的坷垃，地表平整度也不能满足草坪播种或铺植的要求，春播前的松土以及休闲地除草整地等项作业，需要用圆盘耙进一步碎土和平整地表。

（一）圆盘耙的分类

圆盘耙按机重与耙直径可分为重型、中型和轻型三种，图 1-3 为悬挂偏置中型圆盘耙结构图，具体参数见表 1-7；按耙组排列方式可分为单列耙和双列耙,双列耙又有对置式和偏置式两种;也可按机组挂接方式分类。

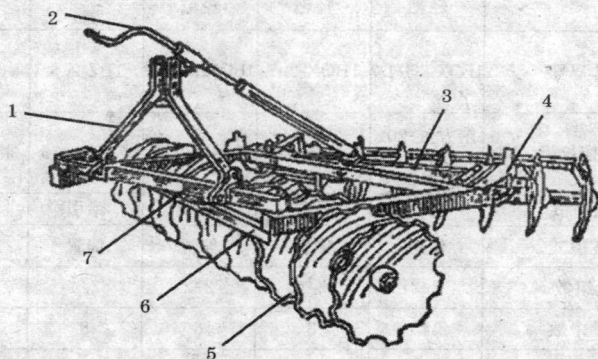

图 1-3　悬挂偏置中型圆盘耙

1. 悬挂架　2. 水平调节螺杆　3. 后耙架　4. 上、下调节板
5. 缺口耙片　6. 前耙架　7. 前梁节孔

表 1-7　圆盘耙的类型及技术参数

类型	机重（千克）	耙片直径（毫米）	每米幅宽牵引阻力	应用范围	耕深（厘米）
重型圆盘耙	50～65	660	6～8	低湿和黏重土壤,耕后碎土,以耙代耕	18
中型圆盘耙	20～45	560	3～5	黏壤土耕后碎土	14
轻型圆盘耙	15～25	460	2.5～3	黏壤土耕后碎土	10

（二）圆盘耙主要技术参数

圆盘耙主要技术参数见表 1-8。

表 1-8　圆盘耙主要技术参数

机具名称	16/18 片轻耙	28/30 片轻耙	18/22 片轻耙	偏置重耙	对置重耙
机具型号	1BQX-1.5/1.7	1BQX-2.7	1BJX-2.0/2.2	1BZ-2.5	1BZ-2.6
配套拖拉机	东方红-20、泰山-25	铁牛-55/60	铁牛-55/60	东方红-75	东方红-75
连接方式	悬挂	悬挂	悬挂	牵引	牵引
配置形式	偏置	偏置	偏置	偏置	对置
列、组数	2/2	2/4	2/2	2/4	2/4
轴承个数	4	8	6	8	8
耙片组合形式	圆+圆	圆+圆	缺+圆	缺+缺	缺+缺
工作幅宽(米)	1.5/1.8	2.7/2.9	2.0/2.2	2.5	2.6
耙深(厘米)	10	10	14	18	18
耙片 直径(毫米)	460	460	560	660	660
耙片 曲率半径(毫米)	600	600	700	750	750
耙片 间距(毫米)	200	200	230	230	230
耙片 方孔名义尺寸(毫米)	29×29	29×29	33×33	33×33	33×33
耙片 材料	3.5/60Mn	3.5/60Mn	4.0/65Mn	5.0/65Mn	5.0/65Mn
耙片 数量	16/18	28/30	18/20	24	24
运输方式	—	—	—	运输轮	运输轮
液压缸数(个)	—	—	—	1	1
运输轮数(个)	—	—	—	2	2

（三）使用前的准备及工作中的调整

工作前要仔细检查各螺母紧度，并劈开开口销，各润滑部位注满润滑脂。

轴承上、下盖螺栓拧紧后，间隔轴套须能自由转动。

牵引点的连接，用一台耙进行作业时，将耙直接挂在拖拉机上，使连接点不过高或过低。在耙地 120 毫米深时应保持机架与地面平行。

耙组角度加大时，可以增加耙深。将调节齿板齿口改变啮合位置即可达到调节耙深的目的。当在第六齿口啮合时，耙组角度前后列均为 17°，若将调节拉杆调至第二孔时，则后列耙阻角度可达 20°。

载重盘及载重箱上附加重量时，也可调整耙深。附加重量越大，耙深越大，但附加重量不能超过 400 千克，每件不得超过 40 千克，且应均匀地分布在载重盘和载重箱上。

（四）维护保养

每班工作完后，应检查各部螺母，特别是方轴螺母，要随时注意拧紧。

在作业季度完后，应拆开轴承，用柴油清洗内部的油垢，毡圈轴瓦可根据其磨损程度相互调换位置使用或更换新件。增减调节垫片，使间隔轴套与轴瓦配合适宜，同时，要清除各部泥土，将各润滑部位注满润滑脂，起落丝杠涂上黄油，耙片上涂上防锈油。最好将耙组架在运输轮上，放在室内或农具棚内保存。

五、旋 耕 机

（一）旋耕机的构造、特点及工作过程

旋耕机是以旋转刀齿为工作部件的耕作机械。耕地时旋转刀

齿连续切削土壤,并抛至后方与挡泥板碰撞,达到碎土的目的。旋耕机碎土能力强,耕后地表细碎平整,土肥掺和均匀,可一次完成耕耙平整等作业。

旋耕机按刀轴位置可分为卧式和立式两种主要形式,前者工作部件绕与机器前进方向垂直的水平轴旋转而切削土壤,后者工作部件绕与地面垂直或倾斜的轴旋转而切削土壤。卧式和立式悬耕机都具有良好的碎土和混土性能,但对残茬和杂草的覆盖能力比犁耕差,且耕深较浅,能量消耗大。在我国以卧式旋耕机应用最多。它主要由旋耕刀轴、传动装置、挡泥板、机架和悬挂架等部件组成(图 1-4)。根据作业要求不同,旋耕机可分为轻型、基本型和加强型等形式,在同一形式中根据配套动力的不同,幅宽也有不同,但其主要部件齿轮箱、侧边传动箱、悬挂架等均通用,只是左右主梁、刀轴、挡土罩等工作部件的长度不同。这样提高了工作部件

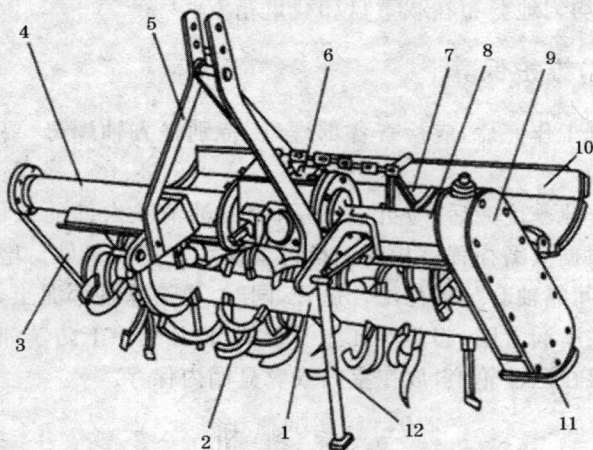

图 1-4　旋耕机总体结构
1. 刀轴　2. 刀片　3. 左支臂　4. 右主梁　5. 悬挂架　6. 撑轮箱　7. 挡土罩
8. 左主梁　9. 传动箱　10. 平土拖板　11. 防磨板　12. 撑杆

的互换性。

旋耕机特点主要有：①翻土和碎土能力强，耕作后土壤松碎，地面平整；②一次作业就能达到满足播种的要求；③对肥料和土壤的混合能力强；④简化作业程序，提高土地利用率和工作效率；⑤作业机具由拖拉机直接驱动，消耗功率较高；⑥覆盖质量差，耕深较浅，不利于消灭杂草。

(二)旋耕机的主要技术参数

旋耕机的主要技术参数见表1-9。

表 1-9　旋耕机的主要技术参数

机型		1GQN-180S	1GQN-20S	1GQN-250S	1G-165	1G-175	1G-180	1G-125JS	1G-150S
外形尺寸（毫米）	长	1020	1020	1020	1360	1360	1360	1160	1160
	宽	2056	2296	2816	2000	2045	2125	1560	1770
	高	1152	1152	1152	1280	1280	1280	1040	1040
重量（千克）		500	540	600	375	380	395	222	235
耕幅（米）		1.80	2.00	2.5	1.645	1.742	1.804	1.25	1.50
最大耕深（厘米）	旱	12~16	12~16	12~16	12~16	12~16	12~16	12~14	12~14
	水	14~18	14~18	14~18	14~18	14~18	14~18	14~16	14~16
刀片数（把）		38	42	62	40	52	44	30	34
刀轴转速（转/分）		291	209	200	265	269	269	207	207
生产效率（公顷/小时）		0.27~0.97	0.27~0.97	0.27~0.97	0.3~0.4	0.37~0.47	0.4~0.5	0.3~0.53	0.3~0.53
配套动力		泰山-50 江苏-50	铁牛-55 东方红-75	铁牛-55 东方红-802	铁牛-55	上海-50	铁牛-55	东方红-180	泰山-25
生产单位		连云港旋耕机集团公司			上海松江农具厂			南昌旋耕机厂	

六、松土平地机械

由于犁的碎土性能有限,在用犁翻垦过的土地上,总有一些大小不等的土块,在喷播草种以前还需要进一步平整土地,将土块打碎。有时还需要进行松土作业。

松土平地机械按其结构功能分为弹齿式松土机、动力平地耙、齿耙和镇压器。

(一)弹齿式松土机

由机架和安装在机架上的一些用于碎土和松土的弹齿犁组成。在弹齿犁上,安装着可以更换的各种样式的犁铧。松土的深度由拖拉机液压悬挂系统和安装在机架两侧的限深轮控制。与那些只具有基本功能液压悬挂系统的小型拖拉机挂接的松土机不同,用限深轮控制作业深度。弹齿松土机的作业宽度随所挂接的拖拉机功率不同从 1.2~8 米不等。

(二)动力平地耙

动力平地耙包括驱动滚齿耙和立式转齿耙。

(三)齿 耙

齿耙按其结构特点可分为钉齿耙(图 1-5)、弹齿耙、网状耙和振动耙(图 1-6)。其中以钉齿耙应用较为普遍。

1. 钉齿耙 钉齿耙用于耕后、播种前的松碎和平整地表作业。钉齿耙由钉齿、机架和牵引机构组成。钉齿耙的入土能力决定于耙的重量,根据其本身的重量可分为重型、中型和轻型三种。按其结构形式又可分为固定式和可调式两种。

2. 弹齿耙 弹齿耙由机架、弹性齿杆和悬挂架等组成。弹性

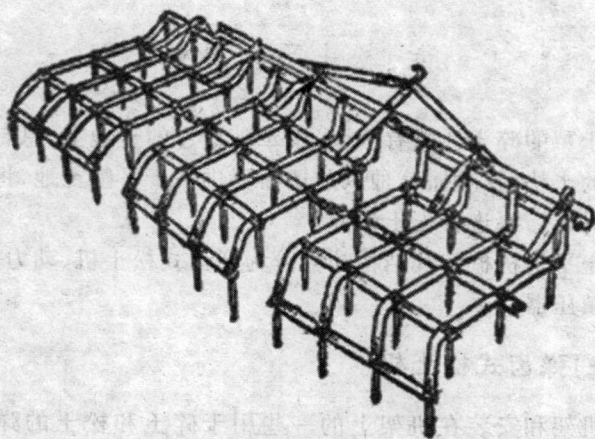

图 1-5　钉齿耙

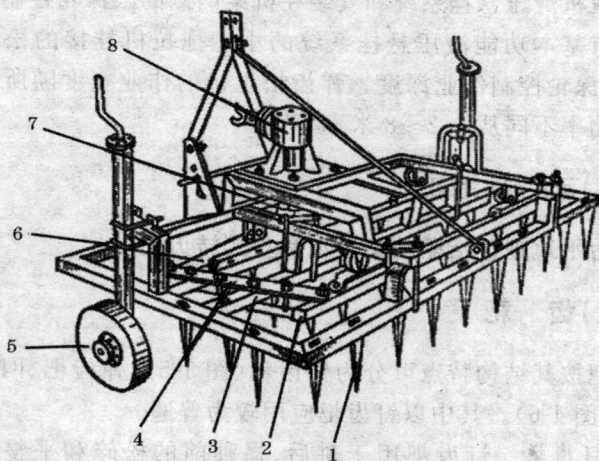

图 1-6　振 动 耙

1. 耙齿　2. 活动耙梁　3. 固定耙单　4. 摇杆
5. 限深轮　6. 连杆　7. 曲柄　8. 齿轮箱

齿杆是把弹簧钢弯曲成弧形作为弹性刀刃。把这些弹性齿杆用螺栓固定在横梁上，由机架连接数根横梁，组成弹齿耙，由悬挂架与拖拉机三点悬挂，进行耙地作业。弹齿耙可用于耕后碎土和松土作业。弹性齿可避开石头等障碍物，当遇到石头时，可以压缩弹簧将石头让过后再重新回位。因此，弹齿耙特别适用于石头和树根多的耕地以及硬土垃破碎和松土作业。弹齿耙的作业深度可达10厘米。

(四) 镇 压 器

1. 镇压的作用　镇压的作用是碎土和压紧地表层。

2. 镇压器的分类　镇压器从外形上分圆筒形、Ｖ形和网纹镇压器。镇压器的重量、直径和长度是决定其工作质量的主要因素。当镇压器向前滚动时，其重量将土壤表面逐步向下压，形成使土粒相互错开的作用，同时将凸起的土块压碎。重量和长度相等、直径不同的镇压器，对土壤的压力和需要的拉力都不相同，直径小表面积小，施加在单位面积上的压力就大，需要的拉力就大，且前进中容易受阻力。直径大的镇压器，通过性好，需要的拉力就小。镇压器的长度不宜过长，否则受地面不平的影响就大，凹处压不到，压力也不均匀。

圆形镇压器为圆柱形，工作时筒内灌水或灌沙，以增加重量。Ｖ形镇压器的工作部件为铸铁铸成的外缘凸起的圆环，若干圆环套在轴上形成一列，前后两列镇压器形成一组，以加强碎土和自动脱土的作用。由于碟子表面有凹凸不平的波状曲面，压后在地表留有Ｖ形沟。网状镇压器的镇压环为铸铁铸成，表面交错凸起呈网状，三组为一台，每组镇压器只有一列。这种镇压器的特点是镇压后地表疏松，下面土层却受到较大的镇压作用，阻碍水分蒸发。

镇压器结构简单，故障少，只要安装时紧度合适，使用中及时注润滑油，即可保证工作正常。作业速度不宜太高，否则影响镇压效果，横轴也会因冲击而损坏，网状镇压器不能在多石地面运输，以免损坏环齿。

3. 镇压的时间和方式　根据土壤墒情和牧草特性而定。当主要目的是提墒保苗时,可在播前或播后进行;当主要目的是碎土保墒时,可在冬季地冻时进行。

七、国外耕整地机械

(一) 约翰·迪尔(中国)投资有限公司耕整地机械

1. 915V 型深松犁(彩图 1-1)　该机上可安装三种抛物线犁柄,分别为标准经济型、标准型和重载型,这三种类型各具特点。

标准经济型适用于残茬较少、工作阻力较小的地块,其最大耕深为 23 英寸(584 毫米),保护限度为 12 000 磅(5 443 千克)。

标准型(带弹簧板保护装置)适用于残茬较少、工作阻力较小的地块。不带圆切刀时,耕深为 22 英寸(559 毫米),保护限度为 5 600 磅(2 540 千克)。

重载型(带弹簧自动复位装置)可自动复位。不带圆切刀时,最大耕深为 22 英寸(559 毫米)。保护限度为 5 300 磅(2 404 千克)。主要技术参数见表 1-10。

表 1-10　915V 型深松犁主要技术参数

外形尺寸	不加大型:127 毫米×178 毫米,壁厚 9.5 毫米
	5 铲,间距可为:508 毫米、635 毫米、752 毫米
	7 铲,间距可为:508 毫米、635 毫米
	加大型:178 毫米×178 毫米,壁厚 12.7 毫米
	7 铲,间距可为:508 毫米、635 毫米、752 毫米
	9 铲,间距可为:508 毫米、635 毫米
	9 铲,间距可为:762 毫米(延长型)
	11 铲,间距可为:508 毫米、635 毫米
	13 铲,间距可为:508 毫米

续表 1-10

工作幅宽	14 种宽度,变化范围从 2540～6985 毫米
地轮(选装)	按铲数选装单轮或双轮
标准轮胎尺寸	9.5L-15.8″
拖拉机悬挂装置	127 毫米×178 毫米;2、3 或 3N 178 毫米×178 毫米;2、3 或 3N
推荐匹配拖拉机尺寸	127 毫米×178 毫米;最大匹配可高达 188 千瓦 178 毫米×178 毫米;最大匹配可高达 301 千瓦

2.975 新型沟内双向犁(彩图 1-2) 其设计独特、可靠性高,整体性能优异。主要特点:①该犁的设计充分体现了现代化农业的耕作要求;高速翻地特性(大约 9 千米/小时)。②水平左右摆动换向(双向),独特犁板,碎土能力高于传统式犁,后置限深轮用于控制松软土壤作业的耕深。③良好的耕深,达 356 毫米。④良好的梁下离地高度(杂质间隙),为 0.8 米。⑤最佳的翻垡量,以达到控制土壤、控制残渣以及消灭植物病害的目的。⑥该型号配有 2 铧、3 铧、4 铧、5 铧犁四种规格,可适用于不同型号的拖拉机。

其主要技术参数见表 1-11。

表 1-11 975 新型沟内双向犁主要技术参数

犁铧数	2、3、4 或 5
主机架类型	2 铧、3 铧犁:152 毫米×102 毫米,壁厚 4.8 毫米 4 铧、5 铧犁:152 毫米×102 毫米,壁厚 7.9 毫米
机架离地间隙	813 毫米
单铧耕幅度	306 或 457 毫米(可调节)
拖拉机悬挂装置	3N、3 或 2 三种;通用型快速连接
换向装置类型	液压油缸
犁体支架	管材焊接

续表 1-11

犁铧数	2、3、4 或 5
保护装置类型	安全螺栓-标准配备 安全脱开机构-供选择
总耕幅	2 铧:0.81~0.91 米 3 铧:1.2~1.3 米 4 铧:1.6~1.8 米 5 铧:2.0~2.3 米
最大耕深	356 毫米
重量(大约值)	2 铧:408 千克 3 铧:544 千克 4 铧:771 千克 5 铧:1043 千克
要求拖拉机动力 输出轴的功率	2 铧:37~52 千瓦 3 铧:52~69 千瓦 4 铧:69~104 千瓦 5 铧:97~123 千瓦

(二)美国凯斯公司耕整地机械

1. 4300 田间耘耕机(彩图 1-3)　它具有最佳的种床环境,同时为化肥提供了最佳的混合性。它创新性的振动动作来自于专利的弹柄开沟器系统。这些可靠的开沟器系统来自于高质量的元件和可减轻疲劳程度的具有特色的托架头。其技术参数见表 1-12。

表 1-12　4300 田间耘耕机技术参数

弹柄开沟器具	13 毫米×38 毫米,170 毫米间隔,762 毫米 前后间隔,工作压力 490 牛
弹柄凿形开沟器	9 毫米×44 毫米 229 毫米间隔,762 毫米

续表 1-12

前后间隔,工作压力 8000 牛	
规格	
弹柄开沟器窄运输型,包括 3.4 米中部机架	
水平折叠	4.9~7.3 米
垂直折叠	7.7~12.1 米
弹柄开沟器标准机型,包括 4.0 米中部机架	
水平折叠	5.6~8.4 米
垂直折叠	8.7~12.8 米
双折叠	12.8~16.2 米
弹柄凿形窄运输型,包括 3.4 米中部机架	
水平折叠	5~7.2 米
垂直折叠	7.8~11.9 米
弹柄凿形标准机型,包括 4.0 米中部机架	
水平折叠	5.7~8.5 米
垂直折叠	8.9~12.6 米
双折叠	12.6~16.2 米
主梁	102 毫米×102 毫米方管
深度控制系统 机械曲捌调节,带深度指示器	
悬挂系统	牵引高度自平衡,带曲捌轴调节悬挂
高速公路运输链:4536 千克 水平或垂直折叠机型:9072 千克	
液压	深度控制(主副油缸)
	4 缸用于 6.9~4.1 米
	6 缸用于 14.8~16.2 米
两侧折叠提升	2 缸用于 5~12.6 米
	4 缸用于 12.6~14.4 米
	8 缸用于 14.8~16.2 米

续表 1-12

运输尺寸—高（最大）	
水平折叠	3.5 米
垂直折叠	15.6 米
双折叠	5.0 米

2.5800 耕耘机　特点：①可延伸框架；②挡板自动锁定；③悬挂凿形器；④水平折叠。其技术参数见表 1-13。

表 1-13　5800 耕耘机技术参数

开沟器和间隔尺寸		
悬挂		4～5.8 米
水平折叠		5.8～8.2 米
垂直折叠		8.8～12.5 米
双折叠		13.1～16.2 米
主梁		102 毫米×102 毫米方管
深度控制系统		机械曲捌调节，带深度指示器
悬挂系统		牵引高度自平衡，带曲捌轴调节
深度控制		（主副油缸）
4 缸用于 5.8～13.7 米的型号		
6 缸用于 14.9～16.2 米的型号		
两侧折叠提升 2 缸用于 5.8～12.5 米的型号		
6 缸用于 14.9～16.2 米的型号		
运输尺寸（最大高）：双折叠		5.0 米
宽度	悬挂	大约为工作宽度
水平折叠	4.7 米	
垂直和双折叠	6.6 米	
推荐牵引动力		

续表 1-13

低黏性土地	6.9 千瓦/英尺
中黏性土地	10.35 千瓦/英尺
黏重土地	12.42 千瓦/英尺
最小所需拖拉机的 PTO 功率	37 千瓦
允许拖拉机的最大功率	63 千瓦

3. 各种型号铧式犁　特点：可适应任何土质的翻地作业；犁体采用先进的金属处理工艺，使其硬度和韧性在同类产品中都处于领先地位；更重要的是，由于设计、制造工艺全程的科学性使其磨损在整个犁体上均匀发生，这样可获得一个更长的使用周期，配合各型犁铲、犁面、犁架和犁刀使翻地作业更有效率。各种型号铧式犁的主要技术参数见表 1-14。

表 1-14　铧式犁的型号及技术参数

型　号	挂接方式	犁铧数	耕深（毫米）	耕宽（单铧）（厘米）
7500	半悬挂	4～7	305	36～56
700	牵引	7～9	305	40～46
800	牵引	9～12	305	46
145	悬挂（翻转）	3～5	356	40～46
165	悬挂（翻转）	4～6	356	40～46

4. 圆盘耙　特点：① 3950 和 596 的可折叠耙设计可使圆盘耙在不平地面和山地作业时保持均一的耕深；② 3850 和 3950 上的耙体缓冲装置真正实现多石田地的正常整地作业。圆盘耙型号及技术参数见表 1-15。

表 1-15　圆盘耙的型号及技术参数

型　号	工作宽度（米）	运输宽度（米）	耙片数	拖拉机动力输出轴功率/千瓦
3850 刚性梁	2.8～5.0	2.9～5.1	28～52	476.85～66.70
3850 刚性梁(缓冲保护)	2.8～5.0	2.9～5.1	28～52	50.75～71.05
3850 折叠式	5.3～6.4	3.7～3.9	48～68	87.72～97.87
3850 折叠(缓冲保护)	5.3～6.4	3.7～3.9	48～68	92.80～102.95
3950 折叠式	6.0～10.2	3.7～4.4	62～106	118.90～286.33
3950 折叠(缓冲保护)	6.0～120.2	3.7～4.4	62～106	126.88～196.48
760	3.7～6.0	3.7～6.0	32～54	60.90～86.28
770	3.2～7.2	3.2～7.2	24～56	84.1～184.20
780	3.7～4.8	3.7～4.8	24～32	143.55～171.10
596 折叠	6.9～9.4	4.65	52～72	224.75～275.50
485 折叠	5.8～7.1	4.57	52～64	119.63～131.23
501 折叠	3.7～6.3	3.9～4.9	28～48	100.05～157.32

5. 组合式整地机械　该公司组合式整地机械可满足对土地进行高效平整的需求,可靠,多用,高质量的组合式松土铲、锄铲,中耕设备和种床平整机的设计和制造始终都遵循挂接简便,保养方便,不论在任何土质条件下都保持均一工作深度。6800 系列联合整地设备工作宽度为 3.6～5.9 米;6 500 少耕耘耕机工作宽度为 3.4～4.2 米;6600 系列少耕耘耕机工作宽度为 2.7～5.0 米;415 种床整机工作宽度由 3.1～4.8 米。

(三)KUHN 耕整机械

1. Master121 型 KUHN 翻转犁 (彩图 1-4)　该机设备有MULTIMASTER 和 VARI-MASTER 两种型号、牵引螺栓和连

续液压两种驱动方式,其中任意一型又可分别带有 3 道、4 道、5 道、6 道犁沟器。主要特点:①它能有效将有机物质深埋地下,并将土块沿整个土壤剖面均匀分散开来,从而保持了土壤结构的优良质量。②为用户设置作业宽度提供了很大范围的选择,而且操作高度灵活,使"田间"成本大大降低。③采用了大量的创新技术,例如对箱体部分进行加固、提供多种作业宽度选择、采用新式结构的保护系统(连续液压或牵引螺栓),使设备的使用寿命延长,保养费用减少。

其技术参数见表 1-16。

表 1-16 Master 121 型 KUHN 翻转犁技术参数

	MULTI-MASTER 121	VARI-MASTER 121
犁体数	T 型 3～6;NSH 型 3～5	3 到 6
每一犁体最大功率(千瓦/马力)	30-T/35-NSH	30-T/35-NSH
作业宽度(毫米)	355.6～406.4	304.8～457.2
牵引式螺栓安全装置	配备	配备
连续液压式安全装置	配备	配备
犁架高度(厘米)	75	75
犁体间距(厘米)	90～102	90～102
犁辕断面(长×宽)(毫米)	120×120	120×120

2. MASTER 悬挂式翻转犁 120 系列、150 系列 MASTER-120 系列、150 系列主要特性:①整体式犁铧导轮架;②犁辕截面 150 毫米×150 毫米;③配耕犁深度调节轮,在犁辕上有多个定位选择;④带悬挂式运载轮;⑤备有钻石犁体作为选购件供应。

KUHN 还有 MANAGER 和 CHALLENGER 半悬挂式犁,其中 MANAGER 系列 8～12 道犁沟型;CHALLENGER 系列 8～12 道犁沟型。

3. KUHN 旋转耙　其具有大横断面和厚壁的箱体；特别牢固的传动系设计；刀形耙齿标准配置，快速安装耙刀；可提供几种类型的辊与装在机械式或液压式提升机构上的组合式播种机联合作业的特点。其型号及技术参数见表 1-17。

表 1-17　KUHN 旋转耙型号及技术参数

型　号	HR 3003 D	HR 3003 M	HR 3503 D	HR 4003 D	HR 4503 D	HR 6003 D
作业宽度（米）	3.00	3.00	3.50	4.00	4.50	6.00
动力输出端速度（转/分）	1000					
齿轮箱	双档	多档	双档	双档	双档	双档
带辊机器重量（千克）	1355	1365	1610	1820	1975	2860
动力后输出轴	标准配置					
带有凸轮式限荷器的传动装置	标准配置					
大圆锥滚珠轴承	标准配置					
装在中锥多键轴上的刀座	标准配置					
动力输出端理论要求最小功率（千瓦）	59	59	66	73	81	110
拖拉机最大功率（千瓦）	184	132	184	184	184	206

4. HR5002DR 旋转驱动耙　其特点是体积小，运输费用少；它可在片刻内通过 2 个大千斤顶折叠成运输状态，其宽度小于 2.5 米（辊耙竖起）；附有 HR5002DR 照明和信号装置；折叠后的机件重心稳固，悬伸部分缩短。其技术参数见表 1-18 和表 1-19。

表 1-18　HR5002DR 旋转驱动耙技术参数

作业宽度（米）	5.00
运输宽度（米）	2.65（辊耙提升时为 2.48）
折叠	2 个双功能的千斤顶
拖挂/种类	第 3 类

续表 1-18

变速箱(类型)	Duplex-齿轮对换
机壳动力输出转速与 拖拉机 PDF 相同	系列
主传授	20 个或 6 个 82.55 毫米的 制转楔/21 个 41.28 毫米的制转楔
2 个变速箱的侧传输	加触发耦合限制器
16 毫米刀片状铸钢齿	系列
照明与信号装置	系列
最小额定功率(千瓦)	96
拖拉机最大额定功率(千瓦)	206
加 Packer 辊重量(千克)	2800

选择机件:其他转速的附加齿轮组/转子-液压提升的播种机拖挂

表 1-19　转子转速表

齿轮位置	21 24	24 21	19 26	26 19	17 28	28 17
1000 转/分	234	306	196	366	162	441
标准耦合		19/26 牙选选择耦合机件 (编码 1237420)				

5. HRB 旋转驱动耙　型号及技术参数见表 1-20。

表 1-20　HRB 旋转驱动耙型号及技术参数

技术特性	HRB252Duplex	HRB302Duplex	HRB352Duplex	HRB4022Duplex
作业宽度(米)	2.5	3	3.5	4
总长(米)	2.60	3.08	3.89	4.11
作业深度可调节至(厘米)	20/25	20/25	20/25	20/25
额定功率(千瓦)(拖拉机)	37	44	51	59
最大驱动功率(千瓦)	92	92	103	103

6. EL 82-205 动力驱动旋耕机　特征:相对于作业宽度,总宽度很窄,坚固的挂接架,通过挂接座横向滑移,机器可步进向右侧移;整体机架和机罩选材厚重;用油浴齿轮箱内的锻钢硬化齿轮驱动刀轴;大直径刀轴,圆弧形后盖＋平土延长板及调节销轴,用限深板或前置限深轮或压土辊(Crumbler 压土辊或 Packer 压土辊)控制作业深度。其技术参数见表 1-21。

表 1-21　EL 82-205 动力驱动旋耕机技术参数

作业宽度（米）	2.05
刀轴直径（毫米）	525
PTO 轴转速为 540 转/分时的刀轴转速(转/分)	212
侧面驱动	齿轮
刀片种类	C 形刀片或 L 形刀片或凿形刀片
最小作业深度(厘米)	5
最大作业深度(厘米)	23
作业深度控制	选择限深板或限深轮或压土辊
配备 Crumbler 压土辊的机器重量（千克）	625
配带 Packer 压土辊的机器重量（千克）	770
配备限深板/限深轮的机器重量（千克）	510/510
最小所需拖拉机的 PTO 功率(千瓦)	38
允许拖拉机的最大功率（千瓦）	63

7. HVA 26 机型　特征:机架由矩形钢管(150 毫米×100 毫米)制成,具有很高的强度,多个挂接拖拉机的位置,重型耙片(100千克)等特点确保了高质量的作业效果;机械折叠和调节装置,使之能很快适应各种作业条件;整体设计坚固,重型机架和高强度轴承(带双层密封,黄油嘴润滑的两个锥形滚针轴承),大直径压土辊确保地表平整。其技术参数见表 1-22。

表 1-22　HVA 26 机型技术参数

作业宽度（米）	3
耙片数量	26
耙片直径（毫米）	660
允许拖拉机的最大功率（千瓦）	74
轴承数量	8
轮数	2
配备液压折叠装置的机器重量（千克）	2500
运输宽度（米）	3

（四）MF242 悬挂式圆盘耙

其特点是：①悬挂对称式圆盘式耙组，工作幅宽为 1.9～3.65 米，每盘重 37～65 千克，所需拖拉机 33.3～74 千瓦；②带有防尘密封的自动定位轴承；③圆盘直径 560 毫米或 610 毫米；④用途广泛、完美，包括灭茬、化肥土壤掺和；⑤简单的盘组同轴度调节；⑥可调标准圆盘刮土刀；⑦简单快速将圆盘耙与拖拉机连接。其技术参数见表 1-23。

表 1-23　MF242 悬挂式圆盘耙技术参数

型号	工作宽度（米）	盘重（千克）	圆盘数（个）	圆盘直径（毫米）	圆盘厚度（毫米）	轴承数（个）	圆盘间隙（毫米）	主架横截面（毫米）	盘架横截面（毫米）	拖拉机（千瓦）
普通型 MF242	1.90	50	16	560	4.5	8	200	70×70	70×70	33～40
	2.30	45	20	560	4.5	8	200	70×70	70×70	40～48
	2.70	42	24	560	4.5	8	200	70×70	70×70	48～54
	3.10	39	38	560	4.5	8	200	70×70	70×70	54～62
	3.50	37	32	560	4.5	8	200	70×70	70×70	62～65

续表 1-23

型号	工作宽度（米）	盘重（千克）	圆盘数（个）	圆盘直径（毫米）	圆盘厚度（毫米）	轴承数（个）	圆盘间隙（毫米）	主架横截面（毫米）	盘架横截面（毫米）	拖拉机（千瓦）
重　型 MF242	2.00	66	16	610	5	8	230	100×100	148×80	40～44
	2.30	54	20	610	5	8	230	100×100	148×80	47～51
	2.75	54	24	610	5	8	230	100×100	148×80	54～58
	3.20	51	28	610	5	8	230	100×100	148×80	62～65
	3.65	48	32	610	5	8	230	100×100	148×80	69～73

（五）中农机美诺 2306 型深松机

其技术参数见表 1-24。

表 1-24　2306 型深松机技术参数

配套动力（千瓦）	45～100
工作幅（米）	2
深松铲（把）	5
深松深度（厘米）	30～45
耕作效率（千米/小时）	6～10
整机重量（千克）	1062
特点	保留 40%～70%牧草残茬，省油 25%，三点悬挂

第二章 牧草播种机械

一、概 述

耕、耙和土地松碎平整之后,就是播种。牧草种子品种繁多,大小形状各异。对大粒草种大面积播种时,可用谷物播种机;对种子较小、质轻、播种难度较大的牧草种子采用专用播种机。

(一)对牧草播种机械的要求

牧草种子较小、质量轻,播种难度较大,因此,对播种机要求较高。主要有以下三个方面:①对散播机的要求主要是播种均匀,不出现漏播、重播现象;不损伤种子;播量准确、可调;适合多品种草种的混合播种;可以兼施化肥,实现一机多用;对风力、地形的适应性强;作业效率高、质量可靠、调整和维修方便。②对条播机除上述要求外,还要求行距均匀一致,播种深度一致,覆盖严密。③对喷播机除上述的要求外,还要求喷播范围大、射程远,移动轻便灵活,喷播液中含有杀虫剂等药物、营养肥料、带有颜色以便保证不漏播和重播。

(二)牧草播种机械的类型

牧草播种机按功能可分为补播机械和种植机械两种。前者主要用于退化天然草地的更新和改良,后者主要用于人工草地的播种。

按照播种的方式来分,可分为撒播、喷播、条播、点播、精密播种机和中耕作物(补播)精密播种机,其中中耕作物(补播)精密播种机因换装工作部件后,可用于中耕、培土、追肥、起垄作业,又称通用机架播种机等;按牵引的方式来分为背负式、手推式和机引播种机等;按综合利用程度来分为专用播种机、补播机、施肥播种机等,如 BGF-24A 型施肥播种机,2BY-24 型联合播种机,9LSB-1.80 型草地改良多用机。

(三)松土补播机

1. 松土补播的技术要求　①松土深度要求要深,目前松土深度为 15～25 厘米。在松土深度处,其松土范围越大越好,以利保墒。②松土时尽量避免破坏原生牧草植被。③不能有显著的起垄、翻垡、拥土现象,翻到地表面上来的生土应最少,以免造成草场砂化或影响次年割草。④牧草种子播种量一般为 15～45 千克/公顷,播种深度为 3～5 厘米。

2. 松土补播机的使用　目前我国研制的松土补播机多为松土铲式,而且在构造上也大同小异。一般由机架、松土铲、圆犁刀、播种装置、镇压器、限深轮、传动机构、深浅调节装置等部分组成,如图 2-1。

工作时,圆犁刀在前面切入土内,将草根割断。随后松土铲进行开沟、松土。当土壤尚未完全闭合时,牧草种子在排种器作用下播入沟内,由于土壤继续在闭合,将种子覆盖。然后,由镇压器进一步覆土和压平。排种装置常采用星轮式或外槽轮式,它和农业播种机的排种器类似。但要求能同时播两样种子,以便进行牧草混播。

3. 作业性能　①能在地表下 15～25 厘米处松土,改变土壤结构,增强蓄水能力;②切断盘根错节的草根,促进原有牧草的生长发育;③补播优良草种,增加优质牧草的植被成分。

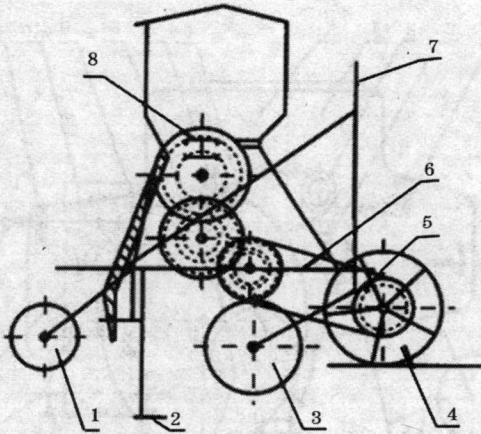

图 2-1　松土补播机结构

1. 镇压器　2. 松土铲　3. 圆犁刀　4. 地轮　5. 传动系统

6. 机架　7. 悬挂架　8. 播种装置

（四）牧草耕播机

1. 牧草耕播机的结构　牧草耕播机由传动机构、排种机构、旋耕松土部件、覆土镇压部件等组成，如图 2-2。当机器前进时，动力输出轴驱动六个铣切式松土盘旋转，其转速 459 转/分，开出宽 4 厘米，深 2～12 厘米的窄沟。沟内土块破碎，草根切断，为播种准备好苗床。

2. 牧草耕播机主要调节功能

（1）播量　更换传动链轮或转动种箱底部的手轮，改变槽轮的工作长度，即可调节播量。

（2）松土深度　用丝杠调节地轮与侧板的相对位置，即在 2～12 厘米范围内调节松土深度。

（3）播深　开沟器支撑杆上有不同孔位，可改变覆土板的高度和调节播深。

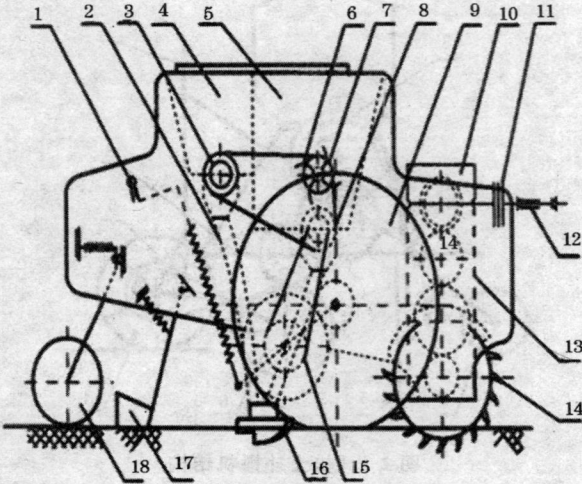

图 2-2 牧草耕播机结构

1. 松土深度调整丝杠 2. 输种管 3. 小种箱排种轮 4. 小种箱 5. 大种箱
6. 大种箱搅拌器 7. 大种箱搅拌器链轮 8. 大种箱排种驱动链轮 9. 右地轮
10. 变速箱 11. 安全离合 12. 传动轴 13. 传动箱 14. 旋耕刀
15. 驱动轮 16. 开沟器 17. 覆土器 18. 镇压器

（4）覆土量 调节拉簧的拉力和覆土板的高度，均可改变覆土量。

3. 作业性能 铣切式松土盘对原植被破坏轻微，无翻垡现象，沟壁整齐，土壤松碎效果比较理想。排种机构调节范围广，适用于不同播量的单播和混播。对带芒和其他表面附生物的种子比其他排种机构适应性好。调整和安全机构比较齐全。

（五）滚筒式条播机

图 2-3 是一种用于饲草种植的滚筒式松土条播机。它由机架、排种装置、行走机构和仿形机构等部分组成。机架由一对地轮

支撑,后横梁支撑在地轮轴上,前横梁上的套管用连杆与地轮连接。套管的外面又有一个矩形管,它与机架的弧形梁成刚性连接,使整个机架成浮动状态,滚筒的升降由拖拉机液压系统控制。滚筒内有一按一定规则排列的种子漏斗,漏斗的一个室与落种器相通。滚筒旋转时,种滚筒式条播机的滚筒旋转时,种子漏斗的两个室靠种子自流充满或倒空,当落种器转到入土位置时,与其相通的排种室内种子进入落种器,然后被播入土。

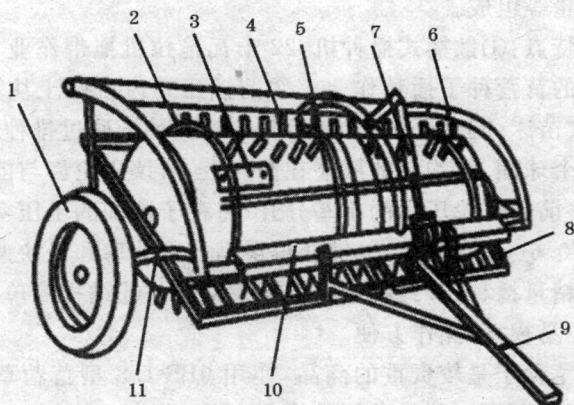

图 2-3　滚筒式条播机结构

1.行走轮　2.播深调整环　3.加种口　4.落种器　5.滚筒
6.机架　7.油缸　8.滚筒架　9.牵引架　10.矩形套管　11.连杆机构

滚筒式条播机的萌芽生长所需的周围土壤,对原有植被破坏小,落种器仅松动种子萌芽生长所需的周围土壤,更不存在翻垡的有害现象。这些特点适用于牧草补播,但该机要求种子具有良好的流动性,对有芒和表面不光滑的牧草种子适应性很差,适用范围有很大的局限性。

二、国内外播种机简介

(一)苜蓿草种籽播种机

呼和浩特市德利格尔机械有限公司生产的 2BC-10 型苜蓿草种籽播种机(彩图 2-1)由机架、行走轮、种箱、排种器、悬挂机构、前后镇压轮等组成。

主要特点:①散播式播种机,22 千瓦拖拉机拖带作业,适用于各种地况的苜蓿种子播种作业。②前镇压轮齿压碎土块,压低小石块,压实苗床,起到开沟器的作用,种箱的种子通过排种器落下,先落到一个球面上,均匀的散播在苗床上,后镇压轮齿与前镇压轮齿错位,将前镇压轮压出的小垄分开,将种子周围的土压实。③播种深度在 0.6～2.5 厘米,能够获得最高的发芽率和最快速出苗的效果。④精量播种,节约种子并提高发芽率。⑤结构简单,前镇压轮驱动,不易损坏,操作方便。

苜蓿草种子是较贵重的商品,使用 9BS-1.8 型苜蓿草种籽播种机能够精量播种,节约种子并提高发芽率。该机结构简单、通过行走轮传动、不易损坏,操作方便,适合于豆科牧草的播种。其主要技术参数见表 2-1。

表 2-1　9BS-1.8 型苜蓿草种籽播种机主要技术参数

播种		镇压轮	
幅宽(厘米)	180	前镇压轮数量(个)	30
形式	散播	前镇压轮间距(厘米)	6
深度(厘米)	0.6～2.5	后镇压轮数量(个)	29
播种器		后镇压轮间距(厘米)	6
数量(个)	10	机器尺寸	

续表 2-1

播种		镇压轮	
间距(厘米)	18	机器长度(米)	0.8
种箱容量(升)	120	机器宽度(米)	1.9
传动方式	镇压轮驱动	机器高度(米)	1.5
整机重量	480	配套动力	
连接方式	后悬挂	功率	20.7千瓦拖拉机

(二)美国百利灵 SS 系列"保苗"草籽播种机(彩图 2-2)

由于人工种植草场与农田的种植工艺基本相同,国外人工种植草场的牧草播种机大多与农用播种机通用,有的农用播种机换上专用的开沟器、排种器就可以播种牧草。这种播种机大都技术先进、制造精良,播种量和播种深度非常精确能够满足牧草种植的要求。如美国白利灵公司生产的 SS8 型播种机,能播种苜蓿、百脉根等种子,播种量最低 0.6 千克/公顷,播种深度可精确保持在 1.2 厘米。美国百利灵 SS 系列保苗播种机可分为悬挂式和托挂式两种类型,根据作业幅宽分为不同的型号。使用百利灵"保苗"播种机可节省多达 50% 的草籽,对种子精确定位,播种量可减少至以前的近一半。它已被全世界公认为播种禾本科和豆科草籽最好的播种机械。

1. 性能特点

(1)精确的凹槽供种齿轮　位于量种套中,它能精确地量出所需的播种量。其精确性能按所需的播种量播体积最小的种子,播种量可低至每公顷 0.6 千克种子。玻璃尼龙量种器面向机手,出种旋出杆上有转数指示标,这些都便于操作。

(2)量种器微调　微调机构采用非格状连续式,它可将微小种子精确量出。根据播种量表来调准螺丝上的刻度,选择播种量的大小。

（3）高强度的镇压轮　能压出完美的苗床并控制播种深度。轮齿在土壤表层形成小洞以便保墒。

（4）浮悬式轮轴　前后轮轴均安装在球铰链上面。使得镇压轮能随地面起伏调整高度并减少轴承和轮轴的磨损,支撑着后镇压轮的支撑臂在终端支架上转动,可使后镇压轮独立地上下浮动。

（5）宽大的下种保护箱　防止风将种子刮走,它引导种子播在前后镇压轮之间,后镇压轮把种子覆盖在表土 1.2 厘米的深度,并能够使种子在整个播种宽度内下种更均匀。

2. 可选择的配置　①S 型车辙消除器——消除车轮压痕。②9J402 深齿前轮——将种子播入比标准轮深 0.6 厘米的深度。③9J495 加速装置——使下种速度加快。④9D995 12 呎型计亩器装置,7D185 10 呎型计亩器装置,7D184 8 呎型计亩器装置。

3. 技术参数　规格技术参数见表 2-2。

表 2-2　SS 系列"保苗"草籽播种机技术参数

型　号	拖带类型	齿轮式种子箱容量(升)	搅动式种子箱容量(升)	前轮	镇压宽度(米)	总宽(米)	重量(千克)
SS8	拖挂式	123	拖挂式	标准型	2.44	3.38	892
SSP8	悬挂式	123	悬挂式	标准型	2.44	2.63	711
SS10	拖挂式	154	拖挂式	标准型	3.05	3.94	1037
SSP10	悬挂式	154	悬挂式	标准型	3.05	3.45	916
SS12	拖挂式	185	拖挂式	标准型	3.66	4.57	1156
SSP12	悬挂式	185	悬挂式	标准型	3.66	4.4	1071

（三）KUHN 条播机械

1. KUHN 牵引式气力免耕播种机　特点:30 年经验的三圆盘

系统(一个开沟盘和两个播种盘),用于困难工况下的大间隙设计;出色的灵活性,播种装置安装在独立的平行四连杆杆机构上;限深轮,中央枢轴设计,Venta 系统;气吹式精密排种器,大容量种箱,安全;运输灵活方便。其技术参数见表 2-3。

表 2-3　KUHN 牵引式气力免耕播种机技术参数

特　征	FASTLINER 4000 SD	SD 3000	SD 4000	SD 4500 (彩图 2-3)
作业宽度（米）	4	—	—	—
运输宽度（米）	2.65	3	2.95	2.95
工作速度（千米/小时）	7~15	8~15	8~15	8~15
行数	22 或 26	18 或 20	22 或 26	26
种箱容量（升）	2600	2000	2000	2000
分配方式	气力	气力	气力	气力
行距（厘米）	15.4 或 18.2	16.6 或 15.5	18.2 或 15.4	17.3

2. KUHN 悬挂式气力少耕播种机　特点:悬挂式 FASTLINER 100 系列配有 1 000 升的种箱,设计上特别适合高速的播种要求。模块化设计使得 FASTLINER 可以实现不同的组合:一行液压可调的平地刀片和一行颤动的弹齿,一两行颤动的弹齿用于准备出最佳的苗床,在播种之前,平整的地面先由车轮式镇压轮碾压,将土壤破碎和压实。安装在独立的平行四连杆机构上的双圆盘播种装置(直径 350 毫米)与镇压轮相结合,保证各种地面情况下的均匀播种。为了速度和简便起见,所有模块化装置的深度调整都可以独立进行。覆土弹齿帮助实现播种后土壤的覆盖。弹齿角度和对地压力可以根据土壤的情况调节,防止堵塞。其主要技术参数见表 2-4。

表 2-4　KUHN 悬挂式气力少耕播种机技术参数

特　征	FASTLINER 300	FASTLINER 400
运输宽度（米）	3	4
工作速度（千米/小时）	7～15	7～15
行数	20	26
种箱容量（升）	1000	1000
分配方式	气力	气力
行距（厘米）	15	15.4

3. KUHN 牵引式气力少耕播种机　特点：多功能和模块化的 FASTLINER 可以在圆盘类整地机或犁工作后的土地上快速地播种；它的高效和独立确保了在短时间内快速播种，操纵机动灵活并且调整简便。其主要技术参数见表 2-5。

表 2-5　KUHN 牵引式气力少耕播种机技术参数

特　征	FASTLINER 4000	FASTLINER 6000
运输宽度（米）	3	4
工作速度（千米/小时）	7～15	7～15
行数	20	26
种箱容量（升）	2000	2600
分配方式	气力	气力
行距（厘米）	15.4 或 12.5	15 或 12.5

4. 联合作业气力式条播机　特点：带有金属盖和密封垫的大种箱，测定容积的中央排种器和强力风机，即使在高速排种时也能保证精度；离心安全离合器与风机集成为一体，固定在驱动农具上的侧面划印器、大间距的开沟器、三角形快速挂接装置等多种选装件，适应各种农场的需求，用于记录行走路线和控制播种的 HEC-

TOR 3000 电子控制器—装种踏板。其主要技术参数见表 2-6，彩图 2-4 是 CS6003R 联合作业全力式条播机。

表 2-6 联合作业气力式条播机技术参数

型　号	滑刀式开沟器数量	种箱容量（升）	施用量（千克/公顷）	开沟器配置	电控盒	风扇驱动
CS6003R	48					
Venta AL 302	20/24/30	900（可增容至1500）	1～430 - 可断开的搅拌器	2/3 排滑刀式开沟器 - 圆盘开沟器	HECTOR 3000	一体化液压控制装置（1000 或 750/1000 转/分）
Venta AL 352	24/28	900（可增容至1500）	1～430 - 可断开的搅拌器	2/3 排滑刀式开沟器 - 圆盘开沟器	HECTOR 3000	一体化液压控制装置（1000 或 750/1000 转/分）
Venta AL 402	28/32/40	900（可增容至1500）	1～430 - 可断开的搅拌器	2/3 排滑刀式开沟器 - 圆盘开沟器	HECTOR 3000	一体化液压控制装置（1000 或 750/1000 转/分）
Venta AL 452	36/40/44	900（可增容至1500）	1～430 - 可断开的搅拌器	2/3 排滑刀式开沟器 - 圆盘开沟器	HECTOR 3000	一体化液压控制装置（1000 或 750/1000 转/分）
Venta EC 300		800	1～360 - 分离搅拌器		HECTOR 3000	由皮带轮和皮带或者拖拉机液压驱动
Venta LC 302	20/24/30	1200	1～430 - 可断开的搅拌器	2/3 排滑刀式开沟器 - 圆盘开沟器	HECTOR 3000	1000 转/分机械式（皮带轮、皮带、集成的离心安全离合器）
Venta LC 352	24/28	1200	1～430 - 可断开的搅拌器	2/3 排滑刀式开沟器 - 圆盘开沟器	HECTOR 3000	1000 转/分机械式（皮带轮、皮带、集成的离心安全离合器）
Venta LC 402	28/32/40	1200	1～430 - 可断开的搅拌器	2/3 排滑刀式开沟器 - 圆盘开沟器	HECTOR 3000	1000 转/分机械式（皮带轮、皮带、集成的离心安全离合器）

续表 2-6

型号	滑刀式开沟器数量	种箱容量（升）	施用量（千克/公顷）	开沟器配置	电控盒	风扇驱动
Venta LC 452	36	1200	1～430 - 可断开的搅拌器	2/3 排滑刀式开沟器 - 圆盘开沟器	HECTOR 3000	1000 转/分机械式（皮带轮、皮带、集成的离心安全离合器）
Venta NC 3000	—	2000	1～430	—	QUANT RON S	液压为标准配置，转速可调从 750 至 1000 转/分钟
Venta NC 4000	—	2000	1～430	双圆盘安装在配有限深轮的平行四连杆机构上	QUANT RON S	液压为标准配置，转速可调从 750 至 1000 转/分钟

（四）BS-GC 系列条播机

该系列机型用于多变工作条件和多类种子，可单独直接与拖拉机联结使用或与具有 3 点悬挂装置的耕作机械联合作业。BS 型条播机设计用于混种和畜牧区，作业宽度可为 2.50 米和 3.00 米。

GC 型主要特点：GC2 型条播机坚固耐用，配备宽大型种子箱，开口 55 厘米；使用槽管分配器，实现精确稳定计量；具有高质量覆盖，原装耙配有后倾齿，使覆盖耙不会被植物碎屑缠住。也可选择双排直齿耙；具有 HECTOR 电子操纵箱，使 GC2 具备 2 个附加监视，分配轴转速控制功能和种子箱空箱报警功能。其技术参数见表 2-7。

表 2-7　BS-GC 系列条播机技术性能

	BS		GC 2	
作业宽度（米）	2.50	3.00	3.00	4.00
种子箱容量（升）	280	350	600	800
开沟器数	15/17/19	19/21/25	19/21/25	23/27/29/33
间距（厘米）	16.6/14.7/13.1	15.8/14.2/12	15.8/14.2/12	17.4/14.8/13.8/12.1
双盘刀数	17	19/21/23	19/21	23/25/27/29
间距（厘米）	14.7	15.8/14.2/13	15.8/14.2	17.4/16/14.8/13.8
双头犁行数	15	19	19	23/23
间距（厘米）	8.3	7.9	7.9	8.7/8
校准标定（米）	1.18～1.76(17 行)	1.1～2.00(21 行)	1.43～2.29(21 行)	1.48～2.37(27 行)
大约重量（千克） 犁刀 双盘刀	400 460	460 560	720 900	875 1130
轮胎	135×380	135×380	195×380	195×380
覆盖耙	系列产品	系列产品	系列产品	系列产品
加料平台	选项	选项	选项	选项
侧划线机	选项	选项	选项	选项

（五）呎保苗播种机

5 呎型号保苗播种机有一个装种箱,箱中分两部分。前箱(用于糠壳种子)的容量是 44 升,后箱(用于豆科种子)容量是 26 升。该型可用于一类三点式悬挂。整机重量 415 千克,镇压宽幅为 1.5 米。

(六)约翰·迪尔 156 型免耕条播机

优越性:约翰·迪尔的免耕条播机,可适用于任何需要条播的耕地,尤其可满足目前国内对于天然草场补播和抢茬播种的需求。

特点:该机机架离地间隙大,不会造成堵塞;开沟器入土压力大,不破坏土壤内部结构,对作物生长有利,种箱容积大,可减少加种次数,提高工作效率。

主要技术规格:①铸铁上下两段式设计排种靴,可单独更换底部易磨损部位,既经济又简单。②新型指针式浮动指示器,可方便显示种箱内种量。③外槽轮排种杯严格按照所选排种量排种。三个调整位置让您根据种子大小设置。可以完全打开排种杯调节门,使种箱自洁。④限深轮为可选式,免耕地选钢轮,耕后种床和免耕种床都可选光滑塑料轮。⑤带自位轮的牵引杆,为条播机前部提供了附加支撑。可选用较小马力拖拉机牵引(选装)。其主要技术参数见表 2-8。

表 2-8 约翰·迪尔 156 型免耕条播机技术参数

尺寸		3.05 米型		4.6 米型		6.1 米型	
工作幅宽(米)		3.12	3.05	4.6	4.6	6.1	6.1
容 量	种箱(升/米)	404.7	160/230	404.7	160/230	404.7	160/230
	肥料箱(千克/米)	—	168/242	—	168/242	—	168/242
	总容量(升/米)	404.7	393	404.7	393	404.7	393
开沟器 总成	间距	19 或 25 厘米,38.1 或 51 厘米,带前列锁定					
	下压力	"主动"式液压泊缸下压力,在 75~204 千克,可调					
	开沟圆盘	波纹式 46 厘米开沟圆盘,7 度倾角,可单独施肥					
限深轮		14.1 厘米×41 厘米,在 0~9 厘米范围内可调, 调整间隔 0.6 厘米					

续表 2-8

尺寸	3.05 米型	4.6 米型	6.1 米型
镇压轮	2.54 厘米×2.54 厘米橡胶轮，下压力在 2.3~21 公斤可调		
覆土轮	2.5 厘米×30 厘米铸铁轮，垂直方向倾角 20°，水平方向倾角 7°，下压力在 12~20 千克，可调		
间距（厘米）	机架离地间隙	61		
	开沟器列距	123.2		
	开沟器间距	38.1/50.8		
	开沟器离地间隙	20.3		

最小匹配拖拉机(动力输出轴)：66.6 千瓦

(七)凯斯免耕空气变量播种机

特征：变量控制。

传感器：根据客户的要求，Flex-Coil 应用了监控技术，光学流量传感器进行排料，使物料流动顺畅并减少了种子和化肥的堵塞情况。

变量控制器：变量控器不间断的显示播种系统的性能，便于确定所有的机械性能都在理想状态。监控器对带有机械测量驱动装置控制颗粒流，监控器显示的读数是地速、风扇转速 RPM、每个种箱的作业速度、每块地的作业面积以及每台机器的整个作业面积。监控选项包括箱内物料平面深度指示和遥控空气控制，能提醒操作者当心物料平面过低以及要注意是否存在阻塞。①每个排料辊上有简单有效的空气控制，能够精确的布置不同大小和需要不同速率的种肥颗粒。②可选配驾驶室控制系统。驾驶室内的种肥变量控制为种肥排放速率提供了精准的控制。③变量控制器能持续显示播种系统的信息,能设置每个种肥箱的排种速率,或排料辊的驱动速率。

可配置种肥导流管堵塞传感器,此传感器分针式和光电式两种。

1. 2340 种肥箱　装料简单、手动控制和多功能性使播种作业更加简单,更有效率。两箱的 2340(8 104 升)以 60/40 的分配比例独立携带两种颗粒产品(能选配第三箱)。三箱的 2640 能够对产品进行混合,可用于除草剂或小种子或三播颗粒产品。主要技术参数见表 2-9。

表 2-9　种肥箱主要技术参数

种肥箱型号	2340	3860
容量	8104	13390
容积(升)	2	3
容积分配(升)	5074/3030	5955/4158
尺寸		
地隙(厘米)	53	64
高度(米)	4	45
长度(米)	6.4	8.9
重量(千克)	3887	4988
排种系统		
驱动 传感器	机械驱动或电液控制变量驱动 超声发料器传感和报警器轴传感器测风扇转速、行驶速度和独立排种辊每英亩(或公顷)流量读数在变量空气训箱上带有气流传感器可安装种肥流管堵塞传感	

2. ST820 精播设备　ST820 精播设备是集优良的仿形性能、合理的重量分配、容易的播深控制于一身的播种机具;ST820 可以作为整地机械单独使用,ST820 配置多种形式的开沟器,可以适应不同作物的农艺要求;开沟器采用前后交错的形式,对于不平整的

地况,可以避免重播、漏播,通过性能好。

其主要技术参数见表 2-10。

表 2-10　ST820 精播设备参数

5 节型(米)	13.1	14	15.8	17.7
运输尺寸(米)				
长	7.7	8.0	8.0	8.0
宽	5.7	5.7	5.7	5.7
高	4.1	4.1	4.9	4.9
数量				
深松杆间距 22.9 厘米	57	61	69	77
深松杆间距 30.5 厘米	43	46	52	58
重量(千克)				
深松杆间距 22.9 厘米	7585	8096	8867	9531
深松杆间距 30.5 厘米	7121	7432	8259	8626

3. 75 环形镇压器　通过全世界范围内的使用证明:环形镇压器是非常有效的种床准备设备。当种子周围的土壤被压实后,使种子和土壤充分接触。土壤中的水分会更易于进入种床,为种子的发芽创造了理想的环境,种子出芽时间一致,出芽快速整齐。密实的土壤也为作物根系的生长提供了较好的环境。其主要技术参数见表 2-11。

表 2-11　75 环形镇压器的主要参数

5 节型(米)	13.4	14	15.8	17.7
运输尺寸(米)				
宽	5.7	5.7	5.7	5.7
高	4.1	4.1	4.9	4.9

（八）1200 系列 ASM 播种机（彩图 2-5）

凯斯精量播种机播种量与播种位置精确，具有最大的潜在常量。凯斯 1200 系列 ASM 播种机采用凯斯精量排种（英文缩写为 ASM）作为核心技术，使播种机能在较快的作业速度下保持极为准确的播种行距。

1200 系列 Early Riser 行列播种器能极好的保持一致的播种深度和土壤与种子的接触程度，提供一致的对种子压力和播种湿度，这些都是获得更快和更整齐出芽的重要条件。

（九）巴西免耕播种机

巴西 Jumil 公司 JM2624CR 牧草播种机产品特点：适用于牧草、小麦、大豆、旱稻、燕麦、黑麦等多种作物，适应性强；播种施肥一次性完成，节约劳力。对于天然退化草场的改良，世界各国一般都采用专用的免耕播种机对草场进行补播，播种量根据退化程度而定。机具作业工艺为：草皮划破—松土—补播—镇压覆土。新西兰艾切森公司生产的 1100D 型牧草播种机，土壤工作部件采用圆盘刀和凿型弹齿，在机具重力作用下，圆盘刀锋利的刀刃切断地表覆盖物和根茬，同时切开土层形成沟壕，再由其后的凿型弹齿开沟器整成种沟，进行播种。该机的圆盘刀单组质量 200kg，有足够的切断表土植被和入土能力。贵州省独山草场曾引进该播种机，播种质量好，使用可靠。另外，乌克兰研制了坡地牧草补播机，该机可在坡度小于 35°地上播种。

SPD3000 型（彩图 2-16）免耕播种机由美国 atb 公司在巴西 Baldan 工厂生产，其使用于荒地、硬草场地，播种、施肥、镇压一次完成；有大容量肥箱 620 升，62 种排肥量 45～735 千克／公顷调节；大容量种箱 580 升，大外槽轮式排种器，可播各类种子（小麦、高粱、牧草）；加装大种子圆盘式排种器，可播玉米、大豆、花生、葵花;小种箱 100 升,配小外槽轮式排种器,可播苜蓿种子等。机具牵引梁下配有锋利的大圆盘切刀,采用优质合金钢,硬度 HRc55,每个切刀上有 3 组压力弹簧,在液压和弹簧的作用下,任何坚硬茬地、生地、荒地、草地都可以作业;圆盘在两个密封重型轴承下压力转动;圆盘切刀之间有限位滑块,防止跑偏;圆盘切刀后面是两组双圆盘式开沟器,用于播肥、播种,然后是双轮镇压器覆土;连接方式是后牵引。其主要技术参数见表 2-12。

表 2-12　SPD3000 型免耕播种机技术参数

行数 （毫米）	工作宽度 （毫米）	机器总宽 度(毫米)	行距 （毫米）	种植深度 （毫米）	机器重量 （千克）	所需动力 （千瓦）	储存容量(升)		
							种子	小种子	肥料
16	2720	4080	170	1～120	3401	44.4～66.6	580	100	620

(十)PLB-4 免耕播种机

PLB-4 型免耕播种机是国际上的知名品牌,采用机械化保护性耕作的方式进行精量播种和施肥的新型播种机械,适用于茬子地、草地、撂荒地和荒地,可播种玉米、豆类、葵花、花生、苏丹草、柠条等大粒种子,播种和施肥同时进行。

特点:①播种程序。圆盘割茬刀破茬—靴式开沟器播肥—双圆盘刀开沟器播种—镇压器覆土。②精量排种器。种子有规律地通过排种盘,均匀排出。③播种调节。种子的流量和深度,可根据需要快速调整。④施肥机构。PVC 材料的排肥管内部是螺旋式的,能够正播、侧播和分层均匀的放置肥料。⑤种箱。采用重量轻、高密度的防腐蚀塑胶筒。⑥连接方式。后三点悬挂。

选择配置:不同规格的排种盘;橡胶镇压轮和金属镇压轮;圆盘刀有圆盘、缺口盘、波纹盘。其主要技术参数见表 2-13。

表 2-13　PLB-4 免耕播种机技术参数

行数	工作宽度 (毫米)	机器总宽 (毫米)	行距 (毫米)	种植宽度 (毫米)	机器重量 (千克)	所需动力 (千瓦)	种箱重量 (升)	肥箱容量 (升)
4	2400	3300	420～600	0～120	746	44.4～55.5	45	60

(十一)9SBY-3.6 型牧草种子撒播镇压联合机组

牧草种子特别是豆科牧草种子的共同特点是籽粒小、比重大，所需的播量少(每 667 米²1 千克或小于 1 千克)，用我国农业上传统的外槽轮式条播机很难控制其最小播量，并且农业上的条播机工作效率很低，很难适应我国大范围、大面积的牧草播种要求。根据以上的情况和背景分析，中国农业科学院草原研究所最新推出的"9SBY-3.6 型牧草种子撒播镇压联合机组"，基本上解决了牧草种子播种农艺技术要求，提高了牧草播种的工作效率。该机可在整好的地块上进行牧草撒播和覆土镇压作业，适用于中西部荒漠、半荒漠中的平原、丘陵地区和退耕还草地区进行人工牧草撒播和生态建设。其主要技术参数见表 2-14。

表 2-14　9SBY-3.6 型牧草种子撒播镇压联合组机技术参数

工作幅宽(米)	3.6(撒播幅宽 4～6)	撒播圆盘转速(转/分)	300～400
镇压器形式	栅条滚动式，一组三节	撒播机配套蓄电池	12 伏 105 安培小时
配套动力	13.32～18.5 千瓦 拖拉机	生产率(公顷/班次)	9.3～18.7
撒播机动力	永磁直流电动 机 12 伏 60 瓦	配置方式	撒播机前置连接， 镇压器后置牵引

(十二)9LBZ-2.0 重型牧草播种机

9LBZ-2.0 重型牧草播种机是由中国农业机械化科学研究院

呼和浩特分院研制,是为保护性耕作系统配套的牧草播种机具,适用于干旱、半干旱地区的牧草耕种作业,但不能用于草原直接补播作业。该机可实现单播、混播、适应各种不带芒的禾本科牧草及豆科牧草的播种,亦可用于条播农作物。其主要技术参数见表 2-15。

表 2-15　9LBZ-2.0 重型牧草播种机技术参数

播种深度(毫米)	0～50	工作幅宽(米)	2.0
播种行距(毫米)	200	工作速度(千克/小时)	10(最大)
结构重量(千克)	1000	生产率(公顷/班)	10～12.3
配套动力(千瓦)	20.72～40.7		

(十三)2BMC 系列牧草施肥精量播种机

2BMC 系列牧草施肥精量播种机是由中国农业机械化科学研究院研究开发的新产品,专门用于播种牧草等小粒种子。该机具吸收国外苜蓿播种机精密排种的优点,结合我国目前生产水平及干旱、半干旱地区的实际情况,为 8.88～14.8 千瓦和 37～59.2 千瓦轮式拖拉机配套。采用微型控制式密齿排种器,精量播种,最少播量(苜蓿草)可控制在每 667 米^2 地 400 克以内;9 行播种机采用钝角锚式开沟器,为国内首次在小播种机上应用这种开沟器,播深控制好,且配有防堵装置,以防开沟器入土时被堵塞;在 20 行播种机上采用曲面单圆盘开沟器,保证种子播深一致,且播于湿土上,通过性好,对田地适应性广;橡胶轮镇压,效果好,而且不黏土。该播种机除用于播种牧草、油菜等小粒种子外还可以播种小麦、大豆等作物。其主要技术参数见表 2-16。

表 2-16　2BMC 系列牧草施肥精量播种机技术参数

型号	外形尺寸 (长×宽×高)(毫米)	工作幅宽 (米)	行距 (毫米)	工作行数(行)	播种深度 (毫米)	播量 (千克/公顷)	配套动力 (千瓦)	生产率 (公顷/小时)
2BMC-9	900×1800×990	1.35	15(最小)	9	15～60	6～90 (苜蓿)	8.8～14.8	≥0.5
2BMC-20	1250×3200×1650	3	15(最小)	20	15～60	6～90 (苜蓿)	37～58.8	≥1.6

（十四）9MSB-2.1 型牧草免耕松土补播机

9MSB-2.1 型牧草免耕松土补播机由内蒙古农牧业机械化研究所研制,该机与 47.8～58.8 千瓦轮式拖拉机相配套,是完成天然退化草场、人工草场建设的理想机型。采用先进的海绵摩擦盘式排种器,排种量均匀、稳定,能播多种形状的种子,对流动性差的披碱草、老芒麦种子也可顺利播种。同时采用了无级变速箱调节排种量,满足不同种子播种量的要求。设计独特的圆盘切刀,保证了在松土作业时,能有效地切开草皮。松土铲松土深度可达 250 毫米,地表开沟小,对原生植被破坏程度小于 15%。采用单体仿形机构,保证了在高低起伏的作业条件下播种量、播种深度、镇压的一致性和均匀性。该机设计合理,结构紧凑,集切草、松土、施肥、播种、镇压为一体,一次完成多项作业并且消耗动力小、生产率高,适合大面积草原的改良建设。其主要技术参数见表 2-17。

表 2-17　9MSB-2.1 型牧草免耕松土补播机技术参数

外形尺寸 (长×宽×高)(毫米)	2330×2530×1620	工作幅宽(米)	2.1
播种行距(毫米)	300	工作行数(行)	7
结构重量(千克)	950	松土深度(毫米)	100～250
生产率(公顷/小时)	0.6～1.0	配套动力(千瓦)	47.7～58.8

(十五)91BS-2.4型草原松土补播机

该机是新疆农业科学院农机化所在91BS-2.1型的基础上,进行多项技术改进而研制的新一代产品。它的土壤工作部件采用圆盘切刀及大弹簧直犁刀开沟器,配备两个种箱及两套排种装置。即一套排种装置选用斜外槽轮排种器用于禾本科牧草种子(如无芒雀麦、老芒麦、披碱草等优良草种)的播种;另一套排种装置选用直外槽轮多功能排种器用于豆科牧草种子(如苜蓿、草木樨等)的播种。作业时,圆盘切刀靠重力切开草皮,大弹簧直犁刀开沟器在切缝中开出种沟,播种后,大链环覆土链进行覆土,完成播种。该机与50千瓦拖拉机配套,作业幅宽2.4米,作业行数8行或16行。

(十六)9MSB-2.1型草地免耕松土播种联合机组

9MSB-2.1型草地免耕松土播种联合机组采用专用破茬开沟器,能一次完成松土、播种、施肥、覆土镇压等作业,适应于大面积草原改良建设。主要适用于内蒙古及周边干旱、半干旱地区。采用凿形松土铲进行松土,然后由6个10厘米宽的轮子压出6条种床,再由排种管撒播种子,随后由覆土链条埋土。它的排种系统采用外槽轮形式,有大小两种槽轮分别播禾本科和豆科牧草种子。该机具由中国农业科学院草原研究所研制生产,2001年在内蒙古自治区销售100多台。其主要技术参数见表2-18。

表2-18 9MSB-2.1型联合机组主要技术参数

外形尺寸 (长×宽×高)(毫米)	2700×1500×1450	工作幅宽(米)	2.1
行距范围(毫米)	350	工作行数(行)	6
结构重量(千克)	820	播量(千克/公顷)	195

续表 2-18

外形尺寸 （长×宽×高）（毫米）	2700×1500×1450	工作幅宽（米）	2.1
施肥深度（毫米）	150	播种深度（毫米）	150
排肥（种）器型式	外槽轮式	生产率（公顷/小时）	1.3～1.6
配套动力	40.7 千瓦以上拖拉机		

（十七）9MB-2.4 型牧草播种机

由内蒙古农机研究所自行研制开发的 9MB-2.4 型牧草播种机，最显著的特点是排种器采用了弹性材料转动盘摩擦式排种器。整机仿形能力强，播种适应性好，能够播各种形状、多种类型的牧草种子，且排量均匀稳定。其主要技术参数见表 2-19，结构如图 2-4。

表 2-19　9MB-2.4 型牧草播种机技术参数

外形尺寸 （长×宽×高）（毫米）	2600×300×1350	工作幅宽（米）	2.4
播种行距（毫米）	150	作业行数（行）	16
结构重量（千克）	408	生产率（公顷/小时）	1.3～2
配套动力（千瓦）	18.38～22.06		

性能特点：9MB-2.4 型牧草播种机结构简单、成本低、作业效率高。该机只有种箱、排种器、变速器、开钩铲等主要部件，虽然结构简单，造价低，但播种功能齐全，深受农牧民欢迎。该机幅宽 2.4 米，配套动力为 18.38～22.06 千瓦轮式拖拉机。拖拉机前进速度在 5.4～8.2 千瓦范围内时，播种机的生产率能达到 1.3～2 公顷/小时，因此作业效率高，适合于人工草场的大面积播种。

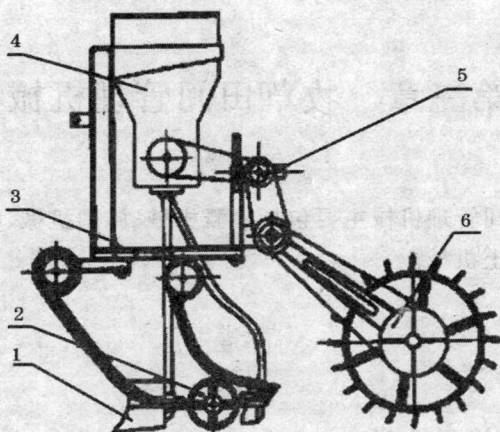

图 2-4　9MB-2.4 型牧草播种机
1.开沟器　2.镇压轮　3.机架　4.种箱　5.传动系统　6.地轮

第三章 牧草田间管理机械

牧草田间管理机械主要包括灌溉机械、施肥机械、喷药机械和中耕除草松土机械。

一、喷 灌 机

(一)结构及分类

喷灌是一种具有节水、增产、节地、省工等优点的先进节水灌溉技术。它是利用专用设备把水加压,使灌溉水通过设备喷射到空中形成细小的雨点,像降雨一样湿润土壤的一种方法。

喷灌是利用动力把压力水喷到空中,撒成雨滴后像降雨一样落到田间进行灌溉。喷灌系统包括水源、水泵、动力及管路系统、喷洒器等部分组成。现代先进的喷灌系统还可设置自动控制系统,以实现喷灌作业自动化。

一般按管道可移动程度分为:固定式喷灌系统(管路式),半固定式(除喷头外,支管也可移动)和移动式喷灌系统(包括圆形喷灌机,平移式喷灌机,绞盘式)三大类。固定式喷灌系统除喷洒部件外,其余部分全部长期固定在田间,喷灌效率高,省时省工。半固定式喷灌系统中,动力水泵和地埋主管网长期固定在田间,而支管网及喷洒部件则可在田间人工移动,设备利用率较高,投资少。

(二)几种常用牧草喷灌机组介绍

1. 以小型汽油机为动力的节水喷灌系列(彩图 3-1) φ32 型

汽油喷灌机,其特点是以 1.48 千瓦汽油机为动力,采用国际最先进的电感应式磁电贡和甩块式自动回位起动器,配以维纶涂塑和有衬里水带为主管网,移动轻便易操作,该机组配带 6 个喷头,控制面积为 2 万多平方米,适合小地块的每家每户灌溉,尤其适用于西部地区的小水窖集雨工作灌溉。

φ50 型汽油喷灌机,其特点是以 2.22 千瓦汽油机为动力,以维纶涂塑和有衬里水带为主管网,可配带 6 个喷头,控制面积为 4 万多平方米,喷洒器部分采用承插连接式,拆装简单移动方便,适合于山地、平原及各种不规则地块的灌溉,动力部分采用本田原装发动机,马力高,耗油低,运行安全可靠。

φ65 型汽油喷灌机,其特点是以 4.07 千瓦本田原装 4 冲程发动机为动力,配以有衬里水带为主管网,可配带 10 个喷头,控制面积为 7 万多平方米,该机组体积小,移动方便,其动力强劲,出水量大,适合于大田、牧场、林地、沙地等大面积灌溉。

φ78 型汽油喷灌机,其特点是以 4.81 千瓦本田原装 4 冲程发动机为动力,配以有衬里水带为主管网,可配带 15 个喷头,控制面积为 13 万多平方米,其安装简单,移动方便,造价低廉,该机组添补了我国大面积灌溉不能用汽油作动力的空白,该机组动力强,耗油低,出水量大,适合于大田、山区、牧场灌溉。

2. 中型动力喷灌配套产品 以柴油机自吸泵为动力喷灌系列产品(彩图 3-2),动力 1.48~11.1 千瓦,配置管带为维纶涂塑和消防水带,喷头为 PYS 塑料和铝合金,控制面积由 1 万~13 万米^2,适合于山区、丘陵、平原地区和小水窖集雨灌溉。

3. 大型移动喷灌配机组 卷盘式喷灌机组(彩图 3-3)是大中型喷灌设备,主要用于广阔的平原、沙地和牧场,尤其对缺乏劳动力的家庭农场及大中型农场更为适宜。此外运用于园林、运动场、草坪的灌溉和矿山、码头的灌溉除尘。

卷管式喷灌机属大中型喷灌机具之一,主要用于平原、丘陵、沙地和牧场,能灌溉五谷、豆类、甘蔗、烟草、马铃薯、蔬菜和果树等作物,尤其是劳动力较缺乏的家庭农场、大中型更适宜并能实现牧业基地的粪水灌溉;此外还可用于园林、运动场草坪和矿山、码头的除尘。

该机主要由移动泵车、卷盘车、喷头车(喷枪车)三大部分组成。优点:结构简单,制造容易,维修方便,价格低廉;自走式喷洒,操作方便,平稳可靠,节省劳力;机动性好,适应性强,水源供水方便;能入库保存。

技术参数:射程 22～78 米;喷水量 9～170 米³/时;工作压力 0.2～0.7 兆帕;灌溉面积 1 519～5 278 米²/时。

TX 型移动式喷灌机(彩图 3-4),该机自动化程度高,具有节水、节能、增产、省工等优点,适宜于喷灌草坪、苗圃、大田和牧场。动力部分可用柴油机发电机组或电网,控制系统安全可靠,整机系统处于国内领先地位。

4. 移动式喷灌系统 特点:便于设置,移动安装简易;价格低廉,品质卓越;适用于大田、蔬菜、果树、牧草等;品种多样有塑料、金属等多种型号。

结构特性:该系统由动力水泵、地理主管网、支管网及喷洒部件组成。工作时,动力机带动水泵运转,水泵从水源吸水并加压输出,压力水流通过地埋主管网、支管网输送到灌溉地点,再经喷头喷洒到作物上。

5. 行走平移式喷灌机(彩图 3-5) 其用于多年生牧草、草地他。包括驱动系统(包括电气部分和机械部分)、控制系统(正反转控制、速度控制、同步控制系统)、安全保护系统(同步保护系统、过水量保护系统、其他安全保护)。

特点:自动化程度高,可遥控;可日夜连续工作;工效高;控制面积可小可大。

6. 悬臂式卷盘喷灌机 优点:工作压力低,节省能源;带多个喷头,喷洒水滴小,水分布均匀度高,对作物和土壤打击强度小;受风影响小;现场即可安装和拆卸,每次安装或拆卸仅 6 分钟。特点:结构轻巧,易于管理和移动;操作简单,一个劳动力可操作多台机器;适应性强;节水、节能;高质量的灌溉,保证作物的质量并能获得最高产量。

(三)典型喷灌设备及备件

1. 美国(TORO)T. Ag20 和 T. Ag25 双喷嘴(彩图 3-6) 特点:经济实用型铜质摇臂喷头,即使在有风的情况下也能稳定工作,全圆喷洒,双喷嘴,喷射仰角为 27°,高质量的驱动弹簧。T. Ag20 喷头性能参数见表 3-1。T. Ag25 喷头性能参数见表 3-2。

表 3-1　T. Ag20 喷头性能参数

双喷嘴	6.35×3.17		6.35×4.76		6.74×3.17	
工作压力 (千帕)	流量 (升/分)	直径 (毫米)	流量 (升/分)	直径 (毫米)	流量 (升/米)	直径 (毫米)
250	32.3	27	36.8	29	41.4	32
300	43.2	33	43.2	33	48.2	35
350	—	—	45.2	34	50.5	35.5
420	—	—	—	—	55.6	37

表 3-2　T. Ag25 喷头性能参数

双喷嘴	6.35×3.17		6.35×4.76		6.74×3.17	
工作压力 (千帕)	流量 (升/分)	直径 (毫米)	流量 (升/分)	直径 (毫米)	流量 (升/米)	直径 (毫米)
300	58.0	36	70.0	36	65.4	37
350	61.4	37	75.5	38	68.0	38
420	68.0	39	82.0	41	74.0	39

该公司代理的 AQUA-TRA×× 为灌溉业一促新式标准滴灌带。

特点：超高的度，耐用性；无接缝结构提高了产品的可靠性；高抗堵塞性（滴灌带其过滤入口多达 200 个以上），增强型紊流流道，制造精确性，具有极好灌溉均匀度和更高的抗堵塞性能。其技术参数见表 3-3 和表 3-4。

表 3-3　AQUA-TRA×× 性能参数表

壁厚（密耳）	压力（千帕）		每卷长度（米）
	最小	最大	
4	25	70	3960
6	25	80	3045
8	25	100	2285
10	25	100	1830

表 3-4　AQUA-TRA×× 性能流量参数表

类型	货号	出口间距（毫米）	单孔流量（升/小时）	
			55 千帕	69 千帕
低流量	EA5××0834	20	0.50	0.57
	EA5××1222	30	0.50	0.57
	EA5××1617	40	0.50	0.57
	EA5××2411	60	0.50	0.57
标准流量	EA5××1234	30	0.76	0.87
	EA5××2417	60	0.76	0.87
高流量	EA5××0867	20	1.02	1.14
	EA5××1245	30	1.02	1.14
	EA5××1634	40	1.02	1.14
	EA5××2422	60	1.02	1.14

2. 美国维德润牌滚移式喷灌机(彩图3-7) 特点:机动滚移,省时省力。每台机组运行 24 小时,只需投工 1 小时;爬坡能力强,可用于很陡的坡地,省去平整土地的费用;管道接头为快速拆装式,装拆方便。采用加装或拆除一节或几节管道的方法,可灌溉不规则地块;四轮双梁加长型中央驱动车,保证管道滚移的直线性;静压动力传输,无级变速,运行平衡。利用一个简单的手柄,即可完成前进、倒退、空档、高速、低速等全部操作,无需调节发动机油门,操作简单;关闭水源后,管道接头和泄水阀同时自动泄水,泄水充分,速度快。喷头矫正器使喷头始终保持竖直状态,保证灌溉质量。

技术参数:①单台机组灌溉面积:正常 10～30 公顷,最多可达 50 公顷。②移动管道最大长度:一般不超过 600 米,特殊情况可达 800 米。③所需水源:管长 400 米,流量 36～50 米³/时;管长 600 米,流量 72～108 米³/时。④压力:0.3～0.5 兆帕。⑤车轮直径:1.45 米、1.62 米、1.93 米三种。⑥发动机功率:4.41 千瓦,5.15 千瓦。

3. 日本三井化学株式会社微喷带 特点:操作简单,投资少,工作压力大。H 型技术参数:工作压力 120 千帕;50 米流量 1.2～3.3 米³/时。R 型技术参数:工作压力 200 千帕;100 米流量 4.8～12 米³/时。

4. 法国兴业公司的大型喷灌设备及备件滴灌管 主要有中小型过滤器,大田用喷灌车、喷头、喷杆,质优,耐药性强,是特殊材料制作半永久性产品。

二、草地施肥机械

草地施肥是提高牧草产量的重要途径,美国栽培草地的施肥量占各种作物的第二位,天然草地施肥量占各种作物第五位。

(一)纽荷兰箱式撒肥机(彩图 3-8)

特点:纽荷兰箱式撒肥机在设计上充分保证能够均匀地抛撒肥料,同时使用寿命长;高强度的击肥轮损坏程度极小,螺栓连接的叶片提供了刀片一样的切割与破碎动作,使得抛撒肥效果更佳。

主要技术参数见表 3-5。

表 3-5　纽荷兰箱式撒肥机技术参数

型　号	130	145	155	185	195
单击肥轮抛肥能力(米³)	3.97	5.10	6.10	7.90	9.85
双击肥轮抛肥能力(米³)	4.56	6.10	7.36	9.60	12.46
肥箱内侧宽度(米)	1.2	1.55	1.55	1.55	1.83
全宽(米)	1.99	2.35	2.35	2.46	2.81
全长(米)	4.99	4.99	5.70	6.81	7.82
装载高度(米)	1.21	1.21	1.21	1.19	1.46
轮距(米)	1.77	2.05	2.05	2.16	2.51
PTO 转速(转/分)	540	540/1000	540/1000	540/1000	540/1000
击肥轮叶片数	9	12	12	12	12
重量(千克)	556	749	865	1214	1778
推荐拖拉机 PTO(千瓦)	26 以上	30 以上	37 以上	45 以上	75 以上
纽荷兰撒肥机	340 型	400 型		450 型	780 型
机容量(米³)	5	5.6		6.1	9.4

(二)JM600 施肥机

技术特点:该机底架高达 70 厘米,同时轮距可调,不但可用于施底肥,还可田间禾苗施肥。抛洒力量大,幅宽达 24 米,每天可施肥 160 公顷;施肥流量可通过标尺进行调整;抛洒方式可根据工作幅宽随时进行调整；齿轮浸在传动油箱内，完全密封，保证传动精确，减少磨损及发热；旋转盘采用优质不锈钢材制成，不受肥料锈蚀。肥料通过旋转盘高速转动抛洒出去，精确均匀。其主要技术参数见表3-6。

产品特点：可容纳1 600升肥料，每667米^{2}施撒肥料可精细到1 300克，均匀节约。可以将各种粉状或颗粒状肥料播出24米远，效率高。

表3-6　JM600施肥机技术参数

型　号	1600×24
总宽度（米）	2.40
装载高度（米）	1.20～2.00
肥料容积（升）	1600L
施肥流量（克/667米^2）	1300
工作宽度（米）	24
转速（转/分）	540
配套动力（千瓦）	55

（三）爱农有机肥施肥机（彩图3-9）

为高压动力施肥机性能优良，适应性强，可喷肥，喷药，一机多用。还有多功能管理机械亚细亚等施肥播种机。

三、草地喷药机械

（一）分　类

为适应不同的施药方法，喷药机械有多种形式。现根据喷药机械的使用范围、配套动力和工作方式进行分类。

按施药方法可分为：喷雾机械、喷粉机械、喷粉喷雾两用机械、喷烟及超低量喷雾机械等。

按动力配套可分为：人力、机动、电动和航空喷药机械。

按机具移动的方式可分为：背负式、担架式、牵引式、悬挂式、自走式以及航空喷药机械。

（二）对草地喷药机械的要求

①喷洒（撒）均匀，不堵塞，不漏喷，不重喷，不滴漏药液，能使药剂均匀地覆盖到防治对象的各个部位。

②不损（压）伤牧草，有良好的通过性。

③施药量可调，适合牧草不同生长时期的要求。适应多种药物的喷施，对水剂、油剂和粉剂适应性强。

④要有足够的射程和力量，保证深入到牧草表面以下的茎叶，诱杀器具诱杀面积大。

⑤结构简单、重量轻、使用维修方便、效率高、造价低。

⑥利于安全作业，对人体无伤害。

（三）液力喷雾

由于牧草病虫害防治主要使用液体药剂，因此按液体雾化方式分类的主要机械介绍液力喷雾机，如图3-1。

这是将药液加压、通过喷头的喷孔喷出，而使药液与空气撞击雾化的机械。其雾滴直径比较粗，一般为100～300微米。液力喷雾机的特点是雾滴喷射较远，分布比较均匀，在植物上附着性较好，受气候的影响也较小。其缺点是雾滴大，需要大量的水稀释，且药液容易流失，消耗功率也比较大。由于该类机械射程比较远，比较适用于大面积草地病虫害防治作业。

液力喷雾机有手持式、背负式、牵引式、悬挂式、车载式等多种形式，草地作业中常用的为自行式喷雾车和喷杆喷雾机等。

喷杆喷雾机是一种装有横喷杆的液力喷雾机，它具有结构简

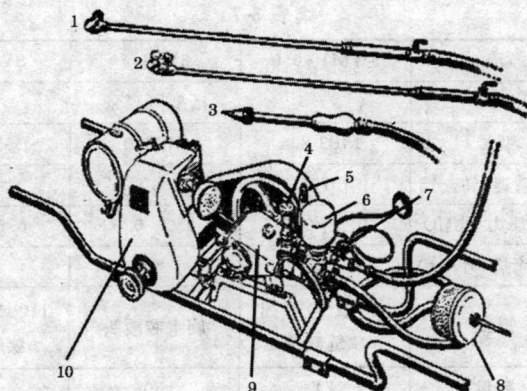

图 3-1 工农-36 型担架式喷雾机

1. 双喷头 2. 四喷头 3. 喷抢 4. 调压阀 5 压力表 6. 空气室
7. 流量控制阀 8. 滤网 9. 液泵(三缸活塞泵) 10. 汽油机

单、操作调整方便、喷雾速度快、喷幅宽、喷雾均匀、生产率高等特点,适于在大型苗圃、大面积草地等场所喷洒化学除草剂和杀虫剂。国产喷杆喷雾机主要技术参数见表 3-7。

表 3-7 喷杆喷雾机技术参数

	型 号	3WM10-650	3W-8.4	3W-2000
整机参数	工作时外形尺寸(长×宽×高)(毫米)	—	3320×8500×1740	5500×17600×1740
	运输时外形尺寸(长×宽×高)(毫米)		3440×2180×1740	5500×2900×2740
	配套动力	4.5～55.1 千瓦拖拉机	泰山-25 拖拉机	铁牛-55 拖拉机
	与拖拉机挂接形式	悬挂式	固定式	牵引式
	动力传动形式	万向节	直接传动	万向节
	结构重量(千克)	—	360	2200
	机组人数	2～3	2～3	3
	喷幅宽(米)	12	8.4	19

续表 3-7

型　号		3WM10-650	3W-8.4	3W-2000
液泵	形式	活塞隔膜泵		
	型号	MB3-80	MB280	DMB4200
	额定转速（转/分）	570	540	540
	工作压力（兆帕）	0.3~0.5	0.5~0.6	0.5~1.5
	最大流量（升/分）	80	80	200
喷头	形式	110或60系列狭缝喷头	旋水芯喷头	110或60系列狭缝喷头
	数量	24	60	36
药液箱	个数	1	3	1
	总容量（升）	650	970	2000
	搅拌方式	液力	液力	液力
	加水装置	射流泵	射流泵	主泵
喷杆桁架	节数	5	3	5
	折叠方式	人工	机械	人工

　　喷射部件由喷头、防滴装置和喷杆桁架机构等组成。适用于喷杆喷雾机制常用喷头有刚玉瓷狭缝式喷头（见表3-8）和空心圆锥雾喷头两种。刚玉瓷狭缝式喷头的扇形雾流，在喷头中心部位处雾量较多，往两边递减，装在喷杆上相邻喷头的雾流交错重叠，使整机喷幅内雾量分布均匀，用于喷施除草剂、杀虫剂。喷杆喷雾机上的狭缝式喷头的喷雾角有110°的和60°的两种系列，前一种系列的喷头用于土壤全面处理，后一种系列的喷头主要用于苗带和草地。刚玉瓷狭缝式喷头主要技术参数见表3-8。

表 3-8　刚玉瓷狭缝式喷头的技术参数

60 系列型号	110 系列型号	外套颜色	不同压力下的喷雾量（毫升/分）				
			0.1 兆帕	0.2 兆帕	0.3 兆帕	0.4 兆帕	0.5 兆帕
6006	11006	黄	346	490	600	693	725
6008	11008	粉红	491	694	850	981	1097
6012	11012	大红	393	978	1200	1386	1549
6017	11017	绿	981	1388	1700	1963	2195
6024	11024	兰	1386	1960	2400	2771	3098
6034	11034	灰	1963	2776	3400	3926	4389
6048	11048	黑	2771	3919	4800	5543	6197
6068	11068	白	3926	5552	6800	7852	8879
6096	11096	棕	5543	7838	9600	11085	12393

　　空心圆锥雾喷头有切向进液喷头和旋水芯两种，主要用于喷洒杀虫剂、杀菌剂和作物生长调节剂。如图 3-2 是 P150 型垂直摇

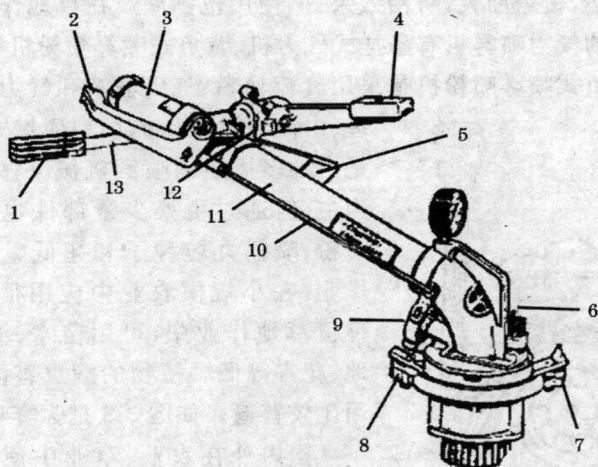

图 3-2　P150 型垂直摇臂式喷头

1. 正转驱动导水板　2. 反转驱动挡板　3. 喷嘴　4. 驱动摇臂配重
5. 平衡重　6. 转速调节制动器　7. 反向定位器　8. 正向定位器
9. 副喷嘴　10. 推杆　11. 喷管　12. 反转调速螺栓　13. 垂直摇臂

臂式喷头,垂直摇臂上装有驱动导水板和配重。喷头工作时,水流射到驱动导水板上,喷头即获得驱动力矩而正向转动,同时使垂直摇臂向下脱离射流而摆动。此后,摆臂在配重作用下回位。当喷头转到反转定位器时,通过推杆使反转驱动挡板进入射流水柱,喷头即反向转动至正转定位器,并重复上述过程。这种喷头动作灵敏可靠,射程远,喷灌质量好,国外大型单喷头喷灌机多配置这种喷头。

(四)气力喷雾机

这是利用高速气流将雾滴破碎,使之进一步雾化并随气流一起输送的机械,其雾滴直径一般为75~100微米。气力喷雾机的特点是:雾滴小、均匀,药液不易流失,损失小,且有利于环保;稀释水用量小,覆盖面大,防治效果好,使用范围广。在草地作业中应用较多的气力喷雾机有悬挂式气力机、背负式喷雾喷粉机等。

背负式喷雾喷粉机是采用气流输粉、气压输液和气力喷雾原理、由汽油机驱动的小型便携式机具,是一种多用途的喷洒机械。它以喷雾为主,但通过更换少量部件也可进行喷粉、喷播丸粒种子和超低量喷雾等作业,在小规模农业中应用很广。在种植草地作业中,可用苗木、灌木、草地、花卉等低矮植物的病虫害防治,应用比较普遍。如图3-3是弥雾喷粉机。

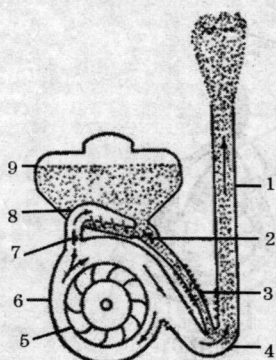

图3-3　弥雾喷粉机结构

1. 喷管　2. 粉门　3. 输粉管
4. 弯头　5. 叶轮　6. 风机
7. 进风阀　8. 吹粉管　9. 药箱

国内外在农业、草业中使用背负式机动喷雾喷粉机进行植物的病虫害防治比较普遍,国内生产的机型也较多,现把国内常用机型的技术参数列于表3-9。

表 3-9 背负式机动喷雾喷粉机技术参数

型号	WFB-18AC	3WF-2.6	WFB-18A3C	3WF-26	3WF-2A	3WF-4
牌号	泰山牌	泰山牌	东方红牌	蜻蜓牌	啄木鸟牌	峰林牌
外形尺寸 (长×宽×高) (毫米)	550×380× 680	500×380× 660	505×322× 626	400×380× 680	430×300× 580	546×346× 588
主机净重 (千克)	12.0	10	10.5	10.3	9.0	10.9
风机转速 (转/分)	5000	6000~65000	5000	6000	5500	7000
水平射程 (米)	9~10	13~14	11	12~13	10~11	14
喷雾量 (千克/分)	2	≥2	2	2.5	2.5	4
喷粉量 (千克/分)	3.5	6~7.5	2.5~4	4.5	4	5.5
发动机型号	1E40FP	1E40FP-3Z	1E40FP	1E40FAP	1E440FP	1E40FB
标定功率/转速 (千瓦·转/分)	1.18/5000	1.4~1.9 /6000~6500	1.18/5000	1.47/6000	1.29/5500	1.70/7000
启动方式	绕绳手拉	自回绳点火	绕绳手拉	自回绳点火	绕绳手位	自回绳点火
点火方式	电子点火	电子点火	白金点火	电子点火	白金点火	电子点火
风机形式	后弯式长叶片	前弯式短叶片	前弯式短叶片	前弯式长叶片	前弯式长叶片	前弯式 长短叶片

(五)国内外主要产品

1. 凯斯自走式、悬挂式、牵引式系列喷药机(彩图 3-10) 自

走式喷药机技术参数见表 3-10,悬挂式喷药机技术参数见表 3-11,牵引式喷药机技术参数见表 3-12。

表 3-10　自走式喷药机技术参数

型　号		Sp2000	Sp25000	Sp3000	Sp2500/3000HC
发动机	型式	四缸涡轮增压	六缸涡轮增压	六缸涡轮增压	六缸涡轮增压
	动力(千瓦)	78	114	114	114
	油箱容量(升)	140	200	200	200
驱动形式	静液压四轮驱动	标准	标准	标准	标准
	低速(最低)(千米/小时)	24	24	24	24
	高速(电高)(千米/小时)	38	38	38	26
	两/四轮转向	标准	标准	标准	标准
	药箱容量(升)	220	2800	3300	2800/3300
控制	电液压控制	标准	标准	标准	标准

表 3-11　悬挂式喷药机技术参数

型　号	药箱容量(升)	喷药杆选择尺寸(米)	泵(缸)
800MM	800	12～15	3
1000MM	1000	12～15	4
1000MD	1000	16～21	4
1200MD	1200	16～21	4
1000MS	1000	18～24	6
1200MS	1200	18～24	6

表 3-12 牵引式喷药机技术参数

型式型号	药箱容量(升)	喷药杆选择尺寸(米)	泵(缸)	轴的型式
1600TS	1600	12～15	4	刚性
2000TS	2000	12～15	4	刚性
2200TS	2200	16～21	6	刚性
2600TS	2600	16～24	6	浮动
3000TS	3000	18～28	6	浮动
3600TS	3600	18～28	6	浮动

2. WFB18-2000A 型机动喷雾机 该机是中国机械化科学院与北京红蜻蜓农林机械公司开发研制的。特点:采用国际最先进的电感应式磁电机和甩块式自动回位起动器,低转速起动起动器不易毁坏,回位性可靠。

3. 黑猫牌喷雾机(彩图 3-11)

技术特点:该机配有先进的自动卷管机构,能既快又轻松、整齐地卷好皮管,配置本田通用汽油机,拉绳起动,安全可靠,也可配置国产发动机。还可以根据客户需要配置喷杆式离心喷头或扇形喷头,多种喷射部件可使你无论进行平面作业还是垂直作业都得心应手,可产生弥雾、烟雾、粗雾来满足不同的作业需求。

技术配置:180 升容量;2 毫米厚的 304 不锈钢水箱;5.5 马力的原装 HONDA 汽油机,可配国产相应规格发动机;SN30ORM新式高压泵:流量为 22 升,压力可达 4 兆帕;轻便 150 米自动回卷管架,10 米喷幅,4 个喷头喷枪射高可达 6 米,可以适用于各种不同高度的植物。

①3WH-36E(T)推车式喷雾机主要参数见表 3-13。

表 3-13　喷雾机主要技术参数

名称	流量（升/分）	压力（兆帕）	转速（转/分）	动力配套（千瓦）	可选配动力形式
喷雾机（推车式）	39～44	2.5～3	799～800	2.4～3	进口、国产汽油机；电机；柴油机

②3WKY40 型框架式/推车式喷雾机

技术特点：发动机：原装 HONDA 轻型 OHV 汽油机；可配国产相应规格汽油机或柴油机；

泵：BH540 新式高压泵；流量为 55L，压力可达 5MPa；

喷射部件：3WKY40 型配置了轻便的 8×100 米卷管架，10 喷幅，4 个喷头双喷枪；射高可达 6 米，可以适用于各种不同高度的植物。特别适用于城市消杀灭行业、菜篮子工程及设施农业。

3WK 型喷雾机主要技术参数见表 3-14。

表 3-14　3WK 型喷雾机主要技术参数

机具型式	框架式/推车式	框架式/推车式
机具型号	3WKY50	3WKHY40
配套动力（千瓦）（参考型号）	4.04（JD173/GX200）	3.0（JD170/GX160）
液泵	BH540	BH540
液泵流量（升/分）	33～50	33～50
工作转速（升/分）	800～1200	800～1200
工作压力（兆帕）	3.5～5.0	3.5～4.0
传动方式	皮带传动	皮带传动
喷射部件喷射性能	射高>18 米 射程>20 米	多头喷枪 双枪配置
喷雾软管	$\phi 13 \times 20m$	$\phi 8 \times 20m$；2 根
防治生产率（公顷/小时）	>1.33	>1.20
应用	大园林、大田、大广场	园林、消毒、杀虫、灭菌等行业

4. 大地渗管 一管三用,可滴、渗、浇。特点:节约 75% 的灌溉用水;安装简单、轻便柔韧,只需将渗管直接与水龙头连接便可使用,不需其他配套设施;随着调节水龙头开关,水渗透的速度便可随意控制,渗管出水量从 1 升/小时·米到 20 升/小时米;渗管本身就是一个过滤器,不会堵塞。当渗水量减低时,只需将管端打开,用较高水压冲洗便可;价格合理,调整方便。

5. "没得比"空气压缩喷雾机 "没得比"空气压缩喷雾机,其 MERK 系列设计美观,功能多样,价格便宜,可通过透明孔观察液量,内部易于清洗;KMA 系列达到德国高质量标准,获德国 TUV-GS 认证,并装有可长短伸缩喷杆;新奇治超绿 16 型和超农 16 型喷雾器具有三大优点为世界首创,即:具内装偏心压力塞,省力,耐磨,寿命长;容易操作,可手工拆卸,可连续喷射,桶壁内部肋状加固,强度大,抗变形;超农 16 型以其镀铬铜杆为标志,具操作杆,喷杆、压杆固定装置,可更换除草剂专用喷头。

6. 中农-美诺系列喷药机械 3800 喷药机(彩图 3-12)机为三点悬挂带液压全自动折叠式喷药机,其特点是:喷雾幅度宽,作业效率高;喷杆升降折叠全自动液压控制,省时省力;配装高档组合阀,集调压,换向,分段控制,过滤,压力显示为一体,使用方便快捷;四级过滤,不堵塞喷头;进口配置,使用性能可靠;雾化均匀度高,能达到欧美标准;搅拌系统采用回流和高压搅拌双向配置,能充分保证药液均匀度,使灭虫,防病达到最佳效果;反向式液位显示,清晰明了,能最大限度地提高药剂利用率,减少漏喷、重喷现象的发生。

其技术参数见表 3-15。

表 3-15　3800 喷药机技术参数

药液箱材质	玻璃钢	整机重量（千克）	700～900
容积（升）	1200/1500（自选）	作业效率（公顷/天）	66.7～100
隔膜泵转速（转/分）	540	搅拌方式	高压回流搅拌
使用压力（兆帕）	0.3～0.5	配套动力（千瓦）	≥65.25
最大压力（兆帕）	2	推荐作业速度（千米/时）	6～10
喷幅宽度（米）	22～25	过滤网目数（目）	25～60

3840 喷药机适用于小四轮拖拉机。

3850A 喷药机、3850B 喷药机（高尔夫球场专用）、3850 喷药机都为三点悬挂式远程喷药机，其优点是对高、中、低所有作物、果树、园林均可喷洒；喷雾压力大，角度可调，作业面积广，穿透性好，射程远，风速快，旋转喷头，确保雾化均匀；能耗低，能达到理想的喷药效果。其技术参数见表 3-16。

表 3-16　3850、3850A、3850B 喷药机技术参数

药液箱材质	玻璃钢	喷洒范围（米）	无风条件 10～25
容积（升）	400/800/1000（自选）	整机重量（千克）	200～320
喷头作业可调范围	垂直 32°～36°，水平 230°～290°	喷洒流量	可调
隔膜泵转速（转/分）	540	配套动力（千瓦）	25.4～40
使用压力（兆帕）	0.3～0.5	推荐作业速度（千米/时）	3～7
最大压力（兆帕）	1.5	外形尺寸（长×高×宽）（米）	1.43×1.1×2/1.7×1.5×2.2
风扇转速（转/分）	2500～3000	搅拌方式	高压回流搅拌

3860 悬挂式喷药机有 3860、3860A、3860B、3860C、3860D、

3860E、3860F、3860G、3860H 9 种机型。

技术参数：药箱容积从 600～1 200 升，喷幅宽度 10～16 米，整机配置国产和进口两种，用户均可根据地块大小，拖拉机马力大小，自行选配；所有机型全部配备四连杆平衡系统，稳定可靠；四级过滤，不堵塞喷头；自洁过滤器，清洗方便；药箱内设专项搅拌系统，搅拌均匀；喷头雾化均匀，免除药害；使用 PVC 高强度软管，耐腐、耐高压，无崩裂现象产生；喷杆瞬间着地，或者遇障碍物，喷杆偏离角在 30°内可自动复位；设置平台，加药清洗方便；梯形底座，挂接方便。

3865 喷杆式喷药机是一款全自动液压升降折叠，风幕式进口喷药机。其优点是：减少漂移，降低药液使用量，减少罐装药液时间，刮风天可不间断作业，对驾驶员和环境有更多的保护；强劲的风力增加了药液的穿透力和覆盖力，不单能喷到作物顶部和叶子正面，而且能喷到作物底部和叶子背面，喷洒均匀，节省农药，能提高防病灭虫效果完全独立的液压系统，免除拖拉机液压输出控制，使用范围更广泛，前后置药箱时作业时间更长，提高了工作效率。

3880 系列喷杆式喷药机有 5 种机型，3880、3880A、3880B、3880C、3880D。该机为三点悬挂带液压全自动折叠式喷药机。特点：喷雾幅度宽，作业效率高；喷杆升降折叠全自动液压控制，在驾驶室可完成操作过程，省时省力；配装高档组合阀，集调压，换向，分段控制，过滤，压力显示为一体，使用方便快捷；四级过滤，不堵塞喷头；进口配置，使用性能可靠；雾化均匀度高，能达到欧美标准；搅拌系统采用回流和高压搅拌双向配置，能充分保证药液均匀度，使灭虫，防病达到最佳效果；其中 3880 喷杆式喷药机能实现单臂升降，更适用丘陵地块作业；弹簧减震器、四连杆平衡机构，能进一步消除不平地面带来的冲击，使喷药机平衡稳定性更高；反向式液位显示，清晰明了，能最大限度地提高药剂利用率，减少漏喷、重喷现象的发生；配置清水灌，为操作者提供安全保障。其技术参数见表 3-17。

表 3-17　3880 系列喷杆式喷药机技术参数

药液箱材质	玻璃钢	单臂升降角度	1°～15°
容积（升）	100/1200/1500（自选）	搅拌方式	高压回流搅拌
隔膜泵转速（转/分）	540	配套动力（千瓦）	≥65.25
使用压力（兆帕）	0.3～0.5	推荐作业速度（千米/时）	6～10
最大压力（兆帕）	2	过滤网目数（目）	25～26
喷幅宽度（米）	18/21	拖拉机液压输出接头（目）	2～4
整机重量（千克）	800～1000	喷头	原装进口，雾化角度 110°
作业交率（公顷/天）	66.7～80		

　　3920 系列喷药机分为两大类,9 种机型:3920、3920A、3920B、3920C、3920D、3920E、3920F、3920G、3920H。一类为自走式喷药机 3920,给您带来最高的投资回报率,另一类是牵引式喷药机,有全自动液压升降折叠和人工升降折叠两种折叠形式。产品药箱容积,喷幅宽窄,不尽相同,用户均可根据地块大小,拖拉机马力大小,自行选配机型。特点:药箱容积大,可减少加水配药次数;作业时间长,效率高;轮距可调,减少损苗;结构稳定,平衡性好;配装高档组合阀,集调压,换向,分段控制,过滤,压力显示为一体,使用方便快捷;压力稳定,可靠性高;方向式液位显示,清晰明了,能最大限度地提高药剂利用率,减少漏喷、重喷现象的发生;搅拌方式为高压回流搅拌双向配置,确保药液均匀度,使灭虫效果得到有效提高。其技术参数见表 3-18。

表 3-18　3920 系列喷药机技术参数

药液箱材质	玻璃钢	外形尺寸 （长×高×宽）（米）	4.5×2.8×2
容积（升）	2000～3000	配套动力（千瓦）	≥47.12
隔膜泵转速（转/分）	540	推荐作业速度（千米/时）	6～10
使用压力（兆帕）	0.3～0.5	拖拉机最小重量（千克）	5000
最大压力（兆帕）	2	轮距可调范围（米）	1.45～1.8 （轮距中心）
喷幅宽度（米）	12～25	拖拉机液压输出接头	最低 2 组
整机质量（千克）	1200	喷头	原装进口， 雾化角度 110°
搅拌方式	高压回流搅拌	地盘离地高度（米）	≥0.4

四、中耕除草松土多功能管理机械

（一）动力除草割草机械"爱农机械"（彩图 3-13）

特点：操作简单，灵活，经济实用。其主要技术参数见表 3-19。

表 3-19　"爱农机械"主要技术参数

型　号	WGM-70	WGM-80	WGM-80
作业幅宽（厘米）	70	80	89
长（厘米）	168	196	149
宽（厘米）	76	86	86
高（厘米）	80	100	83
重量（千克）	102	149	129
用途	除草	除草	割草

(二)"亚细亚"多功能管理机(彩图 3-14)

该机是韩国最新多功能管理机械,其特点是供应 16 种功能管理机,质量可靠,拥有最多专利的管理技术;360°旋转扶手;轮距调节自如等。

(三)凯斯系列农田管理机

其 1800 系列中耕机技术参数见表 3-20,彩图 3-15 是 1840 免耕/松土中耕机。

表 3-20　1800 系列中耕机技术参数

型　号	类　型	行距(毫米)	行　数
1820	刚性	711～1016	4、6、8
1820	折叠	762～1016	8、12、16
1830	刚性	711～1016	4、6、8
1830	折叠	762～1016	8、12、16
1840	刚性	762～1016	4、6、8
1840	折叠	762、914、965	8、12

(四)"多面手"田园管理机(彩图 3-16)

特点:动力选用目前世界上最先进的 4.44 千瓦风冷直喷柴油机;手把高低可调,左右可旋转 360°;设计了独特的前支腿收放机构,操作方便;可配套十几种农具,更换简单、快捷;轮距可调,最小仅 30 厘米,可进入农作物行间作业;外形美观,操作安全方便;不设转向离合器,价格便宜。带农具操作需要转向时,采用独特的前轮支承转向。其技术参数见表 3-21。

四、中耕除草松土多功能管理机械

表 3-21 "多面手"田园管理机技术参数

型 号	多面手-61A 型 田园管理机		多面手-61B 田园管理机	多面手-61C 山地拖拉机	
重量(千克)	90		100	用履带行走	194
				用轮胎行走	100
外形尺寸 (长×宽×高)(毫米)	1440×640×820				
发动机	立式风冷直喷 4.44 千瓦柴油机				
档位	前进 4 档,后退 4 档				
行走速度 (千米/小时)	前进	3.3;5.9 6.3;11.2	1.3;2.3 3.3;5.7	用履带 行走	0.8,1.4 2.0,3.4
				用轮胎 行走	1.3,2.3 3.3,5.7
	后退	2.7;4.9 5.2;9.2	1.0;1.7 3.6;6.4	用履带 行走	0.6, 1.0 2.1, 3.8
				用轮胎 行走	1.0,1.7 3.6,6.4
主离合器	皮带张紧式				
转向离合器	无		滚珠转向离合器	滚珠转向离合器	
动力输出(转/分)	高:1568				
	低:894				
轮距(毫米)	300;400 500;600		340;440 540;640	340;440 540;640	

第四章 牧草收获机械

牧草收获机械是利用机器将草切割、收集、制成各种形式的饲草的过程,分为分段收获和联合收获。分段收获主要机具包括割晒机、搂草机、切割压扁集条联合作业机、集草器、拾捡机、压捆机、运草车和垛草机等;联合收获则采用饲草联合收割机(青饲料收割机)收割同时切碎、抛送后面的挂车上。

牧草收获机具主要包括割草机、压扁机及干草调制机械等。

牧草收获机械的选型配置应因地制宜,根据当地自然条件和配套动力机械选择。

第一,牧草种类。不同牧草种类用不同的收获加工机械。如阿勒泰地区天然草场较多,在配置机械时,应以往复式圆盘式割草机为主,搂草以弹齿式为适合。对人工种植的苜蓿等牧草,由于其产量多,湿度大,一年多次收获等特点,应采用效率高的往复式割草压扁机。为了减少苜蓿草叶片的损失及增加对苜蓿草茎秆压扁均匀性,应选用压辊式割草压扁机。

第二,草地大小及环境条件。草场面积小于 2 公顷的地块选择 14.8 千瓦以下拖拉机配套的小型割草机;3.3 公顷以上地块选择大型拖拉机配套的大型割草机比较合理。面积虽大但不平整的天然草场也应选择小型割草机。目前,退耕还林牧草地块在树苗中套种了牧草,收割时应选择前置式圆盘割草机,如 11.1 千瓦以上小四轮配套的 9GX-1.25 前置式圆盘割草机。割草压扁机为钢压扁辊的不能用于多石收获。圆盘式割草机,由于其刀片易碰到石头损坏,因此在多石地块不宜使用。不平整土地选用压捆机时割台仿型性能应优先考虑。

第三,草产品运输距离。草产品若要远销,必须考虑将小方捆进行二次压实,以减少运输费用;圆草捆不宜长途运输远销。农村牧区自己使用的草产品,以小方捆为最佳,首先体积小,便于装卸运输,不需要专用装载机,同时贮藏堆放方便,使用容易。

第四,年收获次数及收获期一般年收获 3 次的牧草,在配置设备时应根据第一茬产量为总产量的 40%,此产量决定设备的配备。收获期一般按 7~10 天计算。

第五,拖拉机配备。拖拉机的配备应注意三方面问题:一是拖拉机功率是否和牧草收获机械配套;二是动力输出轴转速是否符合牧草机械要求。有些设备要求动力输出轴 570 转/分或 1 000 转/分,在选用时要注意。在选用拖拉机时要注意国内外对功率标注的不同,国外牧草机械一般要求的功率为动力输出轴功率,而国产设备要求一般为发动机功率要求。通常发动机功率乘以系数 0.851 即为动力输出轴功率。

第六,气候情况积温度和收获季节降雨量及降雨时是决定是否采用搂草机、翻草机重要参考因素。以苜蓿为例,为了减少叶片损失,以不翻不搂或少翻少搂为宜。

第七,牧草种植规模选择青贮玉米收获机,在规模大的农牧场、草业专营公司可购买大型自走式,在种植规模小的农牧区最好选择牵引式青贮玉米收获机,主要考虑投资效益和回报率的问题。选择割草机时,应优先选择圆盘式,因为圆盘式工作效率高。

一、割 草 机

割草机按动力分为畜力割草机和动力割草机;按动力配套方法分为牵引式、半悬挂式、悬挂式、自走式四种;按割刀的传动方式分为机械传动和液压传动割草机;按切割器类型可分为往复切割式和回转切割式两种;按其作业方式可分为一般割草机和复式作业割草机;按用途分为坡地、平地和草坪割草机等。

(一)往复式割草机

往复切割器式割草机适于天然牧草和种植牧草。具有割茬低而整齐,牧草损失少,便于调整使用等优点。但此种型式当作业速度大时,震动较大,零件容易磨损或损坏;切割高产或湿润牧草时,常产生堵刀现象。这种割草机虽然有这些缺点,但目前作为一种标准被广泛使用和大量生产,并且在不断完善和改进。割草机按切割器型式分类见图 4-1。

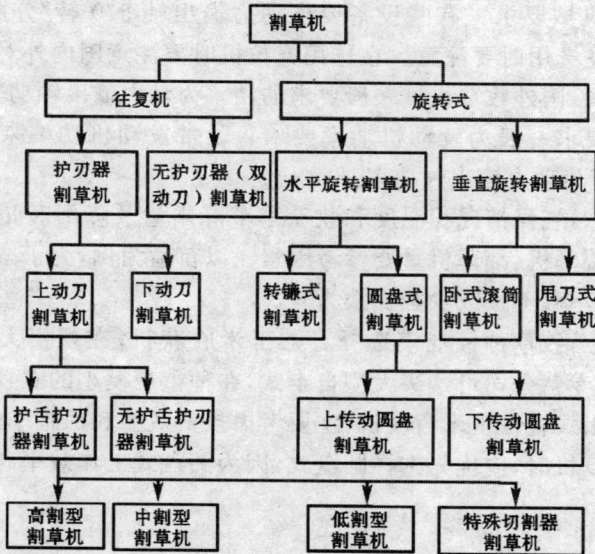

```
                        割草机
            ┌─────────────┴─────────────┐
          往复机                       旋转式
      ┌─────┴─────┐           ┌─────────┴─────────┐
   护刃器      无护刃器(双      水平旋转割草机      垂直旋转割草机
   割草机      动刀)割草机
  ┌───┴───┐                ┌──────┴──────┐      ┌──────┴──────┐
 上动刀  下动刀            转镰式      圆盘式    卧式滚筒    甩刀式
 割草机  割草机            割草机      割草机    割草机      割草机
┌──┴──┐                          ┌──────┴──────┐
护舌护刃 无护舌护刃                上传动圆盘    下传动圆盘
器割草机 器割草机                  割草机        割草机
┌──┴──┐                        ┌──────┴──────┐
高割型 中割型                    低割型      特殊切割器
割草机 割草机                    割草机        割草机
```

图 4-1　割草机分类

1. 往复式割草机的切割器　切割器是割草机的主要工作部件,良好的切割器应具有割茬整齐,切割省力,震动小,工作可靠,使用方便等。我国对往复式切割器已定有标准,其中 I 型用于割草机。各种往复式剖草机的刀片配置和剪切原理如图4-2。

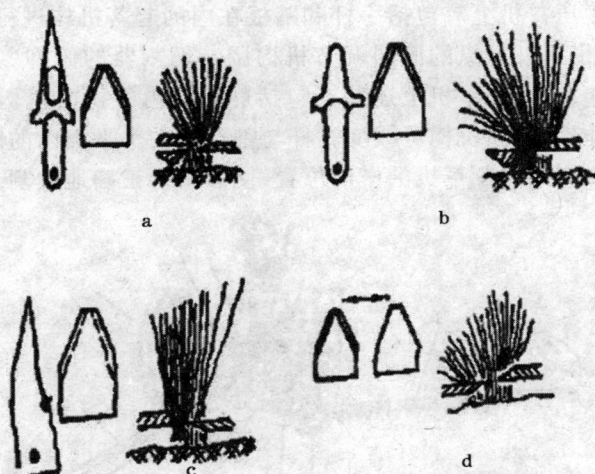

图 4-2　往复式剖草机的刀片配置和剪切原理示意图

a. 有舌护刃器　**b.** 无舌护刃器　**c.** 下动刀　**d.** 双动刀

　　彩图4-1是内蒙古海拉牧业机械总厂刀片厂制造的标准Ⅰ型动力刀片,其中标准Ⅰ型光刃动刀片采用优质钢材制造。性能可靠,刃口锋利,切割力强,不断刃,不卷刃,刃磨简单,特别适宜收割天然牧草;标准Ⅱ型下齿刃动刀片,具有自磨锐优点,可节省大量的磨刀时间,适宜收割牧草、谷物等作物。

　　2. 往复式割草机的类型　按切割器数量可分为单刀和三刀割草机;按照与拖拉机连接形式则可分牵引式、悬挂式和自走式。悬挂式又可分为前悬挂、侧悬挂和后悬挂。现以 9GJ-2.1 型机引单刀割草机为例阐述其结构,如图 4-3,该机由切割器、传动机构、起落机构、倾斜调整机构、牵引转向装置、机架等部分构成。由拖拉机牵引。切割器为标Ⅰ型,切割器梁位于拖拉机前进方向的右侧,切割器梁两端的内外滑掌贴地滑行。切割器的割刀由地轮通过传动机构带动,在机器前进的同时进行割草。牧草倒向切割器梁后方,右侧的部分牧草由拨草板向里推动,以避免被下一行程的地轮所滚压。机上有包括手杆和踏板在内的起落机构进行切割器的起落,由手杆操纵的倾斜调节机构调节切割器的俯仰。为了便于多台连接,在割草机上还装有包括舵轮在内的操向机构和设在后部的挂钩,操向机构可改变辕杆与割草机在水平面内的倾角,以便单独改变某一割草机的横向位置,使该机能正确地收割。

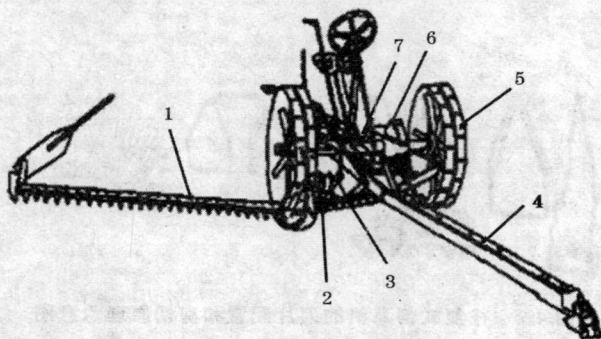

图 4-3 9GJ-2.1 型机引单刀型割草机
1. 切割器 2. 倾斜调整机构 3. 起落机构 4. 牵引装置
5. 行走轮 6. 传动机构 7. 机架

海拉尔牧业机械有限责任公司前身为海拉尔牧业机械总厂,其生产的往复式割草机常用的有 9GB-2.1 型往复式割草机(彩图 4-2)。9GB-2.1 型半悬挂割草机与侧输出轴拖拉机配套,适宜收割天然牧草及人工种植牧草、芦苇等,具有生产效率高,金属消耗低等优点,采用液压提升机构,结构合理。仅需拖拉机手一人即可操作。可与 9L-2.1 型搂草机连接,实现割搂联合作业。

9GJ-2.1 型机引割草机适宜收割天然牧草、芦苇等,适应性强。还可将三台串连成机组,由一台拖拉机牵引作业。

92CHB-2.1(1.8)型后悬挂割草机与后输出轴拖拉机配套,适用于收割天然草场和人工种植牧草、芦苇等。采用液压提升机构,结构合理。具有生产效率高,金属消耗低等优点,仅需拖拉机手一人操作即可作业。可与9L-2.1型搂草机连接实现割搂联合作业。

92GH-2.1(1.8)A型后悬挂割草机与后输出轴拖拉机配套,采用全液压悬挂结构,适用于高产草场的牧草收割。具有生产效率高,金属消耗低等优点。

往复式割草机技术参数见表4-1。

表4-1 国产往复式割草机技术参数

技术指标	9GB-2.1	9GJ-2.1	92GHB-2.1(1.8)	9GXS-6.0	92GH-2.1(1.8)A	9GH-1.6
型式	后悬挂切割器	机引	单刀后悬挂	悬挂三刀	单刀后悬挂	单刀后悬挂
工作幅宽(米)	2.1(1.8)	2.1(1.4、1.8)	2.1(1.4、1.8)	6.0	6.0(1.4、1.8)	1.4(1.6)
切割器(个)	1	1	1	3	1	1
输出轴转速(转/分)	1140	715	540	745	540	540
工作速度(千米/小时)	6～7	5.0	6～8	5.5	8～10	6～8
割刀速度(米/秒)	2.0	1.81	2.09	1.88	1.81	1.81
平均割茬高度(厘米)	6～8	5.3	6～8	6.0	6～8	3～8
生产率(公顷/小时)	1.2	1	1.33	3.2	2	0.5～0.8
功率(千瓦)	8.7～13	8.7～40	11～18	8.7	13～29	11～22
配套动力	11.1～13.32千瓦拖拉机	东方红-28	13.32千瓦拖拉机	东方红-28	东方红-20	13.32千瓦拖拉机
整机重量(千克)	230	455	167	—	167	160

(二)回转式割草机

回转式割草机分上、下传动两种(图4-4)。上传动圆盘割草机有旋转滚筒,而且相邻两个滚筒与机架形成一个框形空挡,所以也称立式滚筒割草机或龙门式割草机。它通常由挂接部分、机架

（切割器梁）、切割器和传动装置等构成。挂接部分一般用型钢焊接而成,用来连接拖拉机的三点悬挂系统和割草机的机架或刀梁。

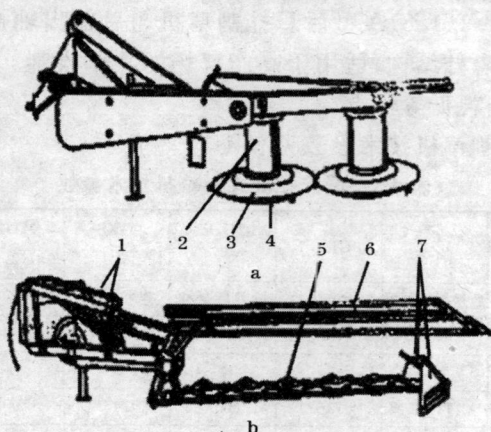

图 4-4　圆盘割草机

a. 上传动　**b.** 下传动

1. 液压提升装置　2. 滚筒　3、5. 刀盘
4. 滑盘　6. 挡屏架　7. 分草装置

由于几个旋转切割器都安装在机架上,皮带或齿轮传动装置都装在机架或空心机梁内,所以机架必须坚固,用钢板焊成。切割包括刀盘、刀盘上方的圆柱形滚筒、刀盘下方的滑盘等。刀盘用于安装割刀,刀盘上的割刀一般不刚性连接,要有一定的摆动量。滚筒主要用于传递动力,它和刀盘成刚体,一起旋转。此外,旋转的滚筒对已割倒的牧草起成条作用,使相邻两滚筒间被割下的牧草铺放成整齐的草条。刀盘下面的滑盘不旋转,它的主要作用是支承割草机和调节割茬高度。该机通常有2～3个或4～6个旋转切割器,割幅达2.7米。下传动圆盘割草机的切割器是一个刀盘组件,没有滚筒和滑盘。刀梁直接由传动箱或滑掌支撑。刀盘成缺口螺旋形,其下有长槽孔刀架,供安装割刀用。相邻的旋转切割器切割

范围都有一定的重叠量，但割刀不能相互撞击（用割刀的配置或刀盘的缺口控制，只要切割器保证同步旋转，割刀就不会撞击）。该机一般有 4～6 个刀盘，割幅可达 2.7 米左右。最外侧的刀盘上有一个锥柱旋转体，配合挡草板分离已割牧草，使割倒的牧草相隔铺放，以免下一行程作业时压草。

回转式割草机是以无支承切割原理进行工作的。它的切割器刀片安装在刀盘上，并随刀盘一起回转进行割草。优点是制造简单，工作可靠，使用调整方便，传动平稳，无需惯性力平衡，也不产生堵刀现象，可以收获天然牧草和种植牧草，但对后者更为适合，对于收割倒伏牧草也有较好的适应性。缺点是重割区大，割茬不齐，碎草多，每米割幅能量消耗（工作速度 5.5～12.5 千米/小时，为 7.25～11.6 千瓦）比往复式（0.725～1.45 千瓦）大。

国产回转式割草机（见彩图 4-3、4-5、4-6）技术参数见表 4-2 和表 4-3。

表 4-2　国产回转式割草机的技术参数一

机器型号 技术规格	9GXZ-1.25	9GXQ-1.4	9GX1.3	9GXD-0.84	9JG3.0	9GX1.7	9GX1.2
割幅（米）	1.25	1.4	1.3	0.84	3	1.7	1.2
刀盘数	2	2	2	1	5	4	2
生产率 （公顷/小时）	0.33～0.67	0.33～0.8	0.2～0.33	0.13-0.2	0.6～1.2	0.4～0.8	0.3～0.5
刀盘转速（转/分）	1200	2000～2700	1275	1200	1750	3500～3700	1900
传动型式	上传动	上传动	上传动	上传动	上传动	下传动	上传动
割茬（厘米）	5.0～7.0	5.0～7.0	3.3～5.3	3.0～4.0	2.0～6.0	3.5～5.0	5.0
配套动力	8.88～11.1千瓦拖拉机	10.9～25.4千瓦拖拉机	侧输出轴拖拉机	13.32千瓦拖拉机	东方红-20/28	东方红-28铁牛-55	长白山-12手扶拖拉机

表 4-3　国产回转式割草机技术性能二

型　　号	MDM1300	MDM1700	9GX(Y)-1.6	92GZX0.9	92GZX1.7
割幅(米)	1.25	1.65	1.6	0.9	1.7
生产率(公顷/小时)	1.2～1.8	1.2～1.5	1.33～2	0.67～1	1～1.2
外形尺寸(长×宽×高) 作业时(厘米) 搬运时(厘米)	148×258×105 148×152×140	140×320×155 140×160×195	314×103× 94	—	—
重量(千克)	270	300	700	180	315
圆盘数	2	4	2	1	2
每个圆盘刀片数	3	2	2	2	2
行进速度(千米/小时)	4～10	4～10	4～10	4～10	4～10
配套动力(千瓦)	18～36	25.4～58	≥22	13	≥22

(三)常用割草机简介

1.9GXD-0.84 型单圆盘旋转割草机(彩图 4-3)　其技术参数见表 4-2。

2."科丰"牌多功能小型斜挂式割草机(彩图 4-4)　结构特点:收割干净,可以条铺和堆放;操作简单、维修方便。每小时可收割农作物 0.05～0.08 公顷,换上相应刀具,装上下托板和安全防护罩后,可以割牧草、灌木、玉米秸秆、桑树、芦苇,亦可用于山林开荒及修剪茶山枝头、修整花圃草坪等。适应平原,丘陵、梯田、三角地等大小田块及烂泥田,整机重量 8.5 千克,改用新型汽油机配套,改良了起动器,消除了以往老式手拉起动器一拉易坏的现象。采用独特缸体镀铬工艺,改进了化油器,使汽油机缸体磨损减少。卧式型汽油机独特设计、直排式消音器最大减少积碳。其动力更强劲,故障率极低不易损坏,使用性和可靠性都有很大的提高,改进了防缠草装置,使农作物摆放更整齐,手把装置独特设计,减轻了劳动强度,更新了传动部件中的传动轴材质及制造工艺,防止了因汽油机扭矩大而使传动轴变形、扭断。传动铝管材质和加工工艺的改进后,可以割粗大的灌木而不会使传动铝管弯曲及变形。其技术参数见表4-4。

表4-4 "科丰"牌多功能小型斜挂式割草机技术参数

割草机型号	KF-CG330	KF-CG430
汽油机型号	1E36F-2A	1E40F-5A
汽油机形式	单缸,风冷,二冲程	
最大功率	0.9千瓦/7000转/分	1.25千瓦/7000转/分
最大扭矩	1.55牛·米/5500转/分	1.9牛·米/5500转/分
排量(毫升)	33cc	42.7cc
化油器	膜片式	
发动机重量(千克)	3.5	4
整机重量(千克)	7.5	8
作业方式	斜挂式	
汽油机包装尺寸(毫米)	420×325×460	
工作杆包装尺寸(米)	1.6×0.9×0.6	

3.9GXS-1.6型旋转式双圆盘割草机(彩图4-5) 9GXS-1.6型旋转式双圆盘割草机技术参数:整机质量为375千克;配套动力为22~29千瓦拖拉机;割幅为1.65米;割茬高度为3~5厘米;生产率为0.53~0.8公顷/小时。

4. MDM1300圆盘割草机(彩图4-6) 结构特点:牧草切割快捷干净,生产效率高;割茬高度、割茬角度调整方便;采用双弹簧悬挂,不损伤草地,能适应地面的凹凸情况;刀杆部分可折叠,增加公路的移动的通过性能;用途广泛,适用于各类牧草的收割,如紫花苜蓿、黑麦草、燕麦草等牧草的收割;配套动力范围广,14.5~36.25千瓦拖拉机。装有起保护作用的安全装置,作业中,碰上障碍物或遇异常力时,割草盘往后移动,使机具免受损伤。其技术参数见表4-3。

5. 纽荷兰旋转圆盘割草机　纽荷兰圆盘式割草机适于恶劣的环境下工作,切割干净、故障少,而且切割时间短。切割器采用独立的模具设计,密封性能好,不受外界操作条件的影响和破坏,传动齿轮能得到保护,使用寿命长。模块化的切割器维修和更换容易。独特的圆盘轮廓设计,切割流畅,割后的饲草形状规整,干燥速度快。双刃刀片可轮换使用,工作负荷能力大,时间持久,采用螺栓固定,容易拆卸。纽荷兰旋转圆盘割草机技术参数见表4-5。

表 4-5　纽荷兰旋转圆盘割草机技术参数

型　号	615	616	617
圆盘数	5	6	7
割幅(米)	2.03	2.39	2.75
圆盘转速(转/分)	3000	3000	3000
割刀最大线速度(千米/小时)	283.2	283.2	283.2
最小输出轴功率(千瓦)	33.3	40.7	44.4

6. Case IH MDX 圆盘割草机　Case IH MDX 型系列旋转圆盘式割草机能快速收割各种状态下的物料,即便是湿的和倒伏的,收割干净、灵活性好、工作持久。机架结实,外罩采用悬臂梁设计,物料可以流畅的通过切割器。还采用完全封闭的结构,运行稳定。刀片采用局部热处理,适应各种田间环境。切割器采用模具设计,切割流畅、阻力小、快捷。切割器单独设计和制造,维修更为方便,成本低。圆盘轮廓曲线平滑,切割质量一致,有利于后续加工。双刃可逆刀片,使用寿命长,与地面成 14°角,在切割过程还可以自

动升举,避免了作业时碰到硬障碍物而遭破坏。Case IH MDX 型系列旋转圆盘式割草机主要技术参数见表 4-6。

表 4-6　Case IH MDX 型系列旋转圆盘式割草机技术参数

型 号	MDX71	MDX81	MDX91
割幅(米)	2.04	2.4	2.8
切割高度(毫米)	24～82.5	24～82.5	24～82.5
切割器倾角	0°～(-10°)	0°～(-10°)	0°～(-10°)
切割范围	18°～(-32°)	18°～(-30°)	18°～(-28°)
圆盘数	5	6	7
圆盘刀片数	2	2	2
切割直径(毫米)	500	500	500
圆盘转速(转/分)	3000	3000	3000
输出轴功率(千瓦)	33.5	40.9	44.7
输入转速(转/分)	540	540	540
总宽(毫米)	3524	4070	4616
总长(毫米)	1283	1283	1283
运输总高(毫米)	2489	3035	3581
重量(千克)	546	639	698

7. Hesston1000 型悬挂式圆盘割草机　Hesston1000 型系列圆盘割草机可提供五种不同的割幅,外形尺寸较小的四盘刀片,以 3 000 转/分的速度旋转,容易适应最恶劣的工作环境。带传动可靠,流畅,噪音小。弹簧支撑装置能适应于各种不同的路况。标准化设计的六角形驱动轴维修方便。该系列机型主要技术参数见表 4-7。

第四章　牧草收获机械

表 4-7　Hesston 1000 型系列圆盘割草机技术参数

型　号	1004	1005	1006	1007	1008
割幅(米)	1.68	2.03	2.38	2.38	3.12
总重(千克)	434	465	508	560	685
切割器设计	模块化轴传动	模块化轴传动	模块化轴传动	模块化轴传动	模块化轴传动
切割高度(毫米)	38.1～82.6	38.1～82.6	38.1～82.6	38.1～82.6	38.1～82.6
切割范围	(－25°)～30°	(－25°)～30°	(－30°)～30°	(－30°)～30°	(－25°)～30°
圆盘数量	4	5	6	7	8
刀片数量	8	10	12	14	16
圆盘转度(转/分)	3 000	3 000	3 000	3 000	3 000
刀片线速度(千米/小时)	282.9	282.9	282.9	282.9	282.9
刀片	可逆旋转	可逆旋转	可逆旋转	可逆旋转	可逆旋转
刀片驱动	六角形轴	六角形轴	六角形轴	六角形轴	六角形轴
保护装置	弹簧脱离装置	弹簧脱离装置	弹簧脱离装置	弹簧脱离装置	弹簧脱离装置
传动保护	过速离合器	过速离合器	过速离合器	过速离合器	过速离合器
齿轮箱传动	3 根 V 形带	3 根 V 形带	4 根 V 形带	4 根 V 形带	4 根 V 形带
拖拉机	有驾驶室	有驾驶室	有驾驶室	有驾驶室	有驾驶室
拖拉机功率(千瓦)	22.4	26.1	30	33.6	37.3
悬挂类别	Ⅰ或Ⅱ类	Ⅰ或Ⅱ类	Ⅱ类	Ⅱ类	Ⅱ类
输出轴转速(转/分)	540	540	540	540	540
液压系统	单作用远程控制	单作用远程控制	单作用远程控制	单作用远程控制	单作用远程控制

8. John Deere 旋 转 圆 盘 割 草 机　John Deere 旋转圆盘割草机有四种型号:240 型、265 型、275 型和 285 型。该系列机型的特点为:三点连接容易跟拖拉机挂接;切割器切割速度快,适宜于各种条件;标准的手动升举系统同时可选择液压升举系统,更加方便。John Deere 旋转圆盘割草机与国外其他公司圆盘割草机比较见表4-8。

表4-8　国外圆盘割草机比较

公司	John Deere	Vermeer	Vicon	Vicon	Kverneland	M&W	Claas	Krone	NewIdea	BushHog	John Deere	BushHog
型号	265	6030Gator	CM2400	DMP2400	TA226	HC687	Disc260	AM243S	5408	HM2008	240	HM2007
圆盘数量	6	6	6	6	6	6	6	6	6	6	4	5
割幅（米）	2.4	2.4	2.4	2.4	2.4	2.44	2.60	2.18	2.39	2.41	1.6	2
运输宽度（厘米）	25.4	25.4 +拖拉机	—	—	53.34 +拖拉机	—	—	—	—	—	—	—
重量（千克）	433	551	494.4	530.7	424.6	543.9	565.2	494.9	607.8	—	344.3	—
圆盘速度（转/分）	3030	2850	2800	2800	3000	3000	—	—	3000	3000	3030	3000
工作速度（千米/小时）	≤12.8	0~14.5	—	—	4.83~24.14	6.44~9.65	—	—	—	—	—	—
切割弧度			与地面成35°				—	—			—	与地面成-20°
升举系统			液压				—					液压
动力（千瓦）	33.6	44.8	34.04	34.04	33.3	37	33.3	29.6	29.6	3.3	25.9	29.6
输出轴（转/分）						540						

二、割草、压扁、集条、联合机

牧草适时收获后,自然风干晾晒需要时间长,生产率低,影响干草质量。据美国田间测量,田间风干晾晒的牧草,养分损失23%～54%。1945年开始发展了一种割草压扁集条联合机组,可同时完成割草、压扁、成条三项工序,生产率高,并且由于压扁后干燥迅速,干燥时间可缩短50%,从而能使养分损失大为减少。如图4-5是国产9GS-4.0型自走式割草压扁机,该种机组由切割器、拨禾轮和压辊组成,还有输送器。牧草由拨禾轮拨向切割器,切割后送入压辊压扁,然后排出集成草条。

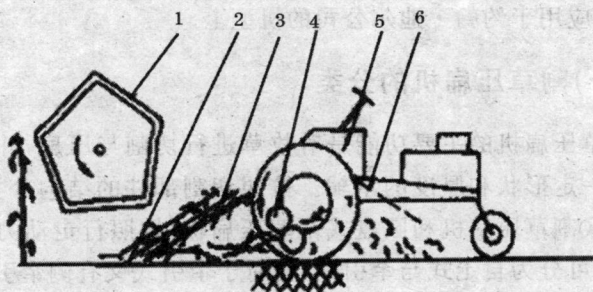

图4-5 9GS-4.0型自走式割草压扁机
1. 拨禾轮 2. 切割器 3. 输送器 4. 压辊 5. 发动机 6. 膨松板

割草压扁机压辊的材料有橡胶和钢两种。现有的割草压扁机中压辊有两种组合方式,一种是一个光辊和一个槽辊相配合,其作用以压扁为主,称为压扁辊,其中槽辊常由橡胶制。另一种是两个槽辊相配合,有压扁和碾折作用,称为碾折辊,由橡胶或钢制(如图4-6),碾折作用较强,适于高秆丰产牧草,当使用钢制碾折辊时,辊棱必须修圆,以免切断牧草茎叶。

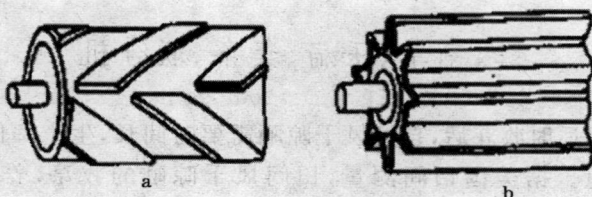

图 4-6 割草机的碾折辊

a. 橡胶辊 **b.** 钢辊

国外普遍采用的配套机械是割草压扁机和搂草机。割草压扁机性能的不断提高源于压辊部件和材质的不断更新,切割滚筒表面光滑,压辊表面有皱纹,压辊多用钢材,有的附着橡胶或高强度耐磨的高分子聚合物。鉴于橡胶辊造价昂贵,一种连枷式击扁机构问世,应用于约翰·迪尔公司的机型上。

(一)割草压扁机的分类

割草压扁机的主要功能是对牧草进行切割与压扁,并在地面上形成一定形状和厚度的草辅。按照切割部件的结构分类,可分为往复式割草压扁机和圆盘式割草压扁机;按照行走动力驱动方式分类,可分为自走式与牵引式,而对于牵引式又有侧牵引架式与中枢牵引架式;按照割草幅宽分类,有窄幅与宽幅割草压扁机;按照压扁方式进行分类,有橡胶辊、钢辊和锤片式。各种不同的割草压扁机有不同的作业适用条件。

(二)割草压扁机的主要特点

往复式割草压扁机所需拖拉机配套动力相对较小,例如纽荷兰 488 型割草压扁机所需的最小拖拉机动力输出轴功率仅为 26.5 千瓦。采用剪切方式进行切割,切割牧草的茬口整齐。幅宽可选择范围大(2.2~5.6 米),最高作业速度 12~13 千米/小时。

机械造价相对较低,投资较小,运行成本比圆盘式高。

圆盘式割草压扁机使用高速旋转圆盘上的刀片冲击切断茎秆,特别适于切割高而较粗茎秆的作物。切割茬口不整齐,一般不易产生堵塞。作业速度较快,可达 14～15 千米/时,割草效率高。作业幅宽 3～4.8 米。需要配套拖拉机功率较大,拖拉机的动力输出轴功率至少应在 58.8 千瓦以上。机械造价相对较高,投资较高,运行成本比往复式低。

(三)常用割草压扁机简介

1. 常用国产割草压扁机　①499 型往复式割草压扁机工作效率 1～2 公顷/小时,割幅 2.2～3.7 米,是侧悬挂高效率集收割、压扁、集条成套的联合机械。

②9GY-3.0 往复式割草压扁机(彩图 4-7)和圆盘式割草压扁机适合于收获高产、多水分的种植牧草和高秆牧草。它可以同时完成切割、压扁、集拢铺条三种工序,这种"三合一"的机具设有一对与切割装置等宽的带人字形间隔突纹的宽幅橡胶压辊,具有较强的抓取能力,可以高效、柔和地折弯、压扁牧草茎秆,能顺利地通过并抛向集草板,形成蓬松而又相互交织的草条,因此该机具不仅可以节省劳动时间,降低作业成本,减少土地被压实的次数有利于牧草生长,而且可以促使牧草迅速均匀的干燥,缩短田间晾晒时间,减少花叶损失,提高牧草质量。其主要技术指标见表 4-9。

表 4-9　9GY-3.0 型割草压扁机技术参数

割幅(米)	3
生产能力(公顷/小时)	2～2.33
最高工作速度(千米/小时)	10
割刀频率(次/分)	1650
配套动力(千瓦)	22.2 千瓦以上拖拉机

续表 4-9

液压工作压力（千克/厘米²）	100
作业状态（长×宽×高）（米）	4.68×1.88×1.33
整机重量（公斤）	1400

③9QY-3.0 切割压扁机用以切割压扁苜蓿草等，动力 55～58 千瓦，割幅 3 米。

④9GQX-137 型前悬挂割草压扁机，其与 13.25 千瓦拖拉机配套，主要由分草装置、拨禾轮、切割器、导草装置、压扁输送机构、束草装置、地轮仿形机构等部分组成。该机可一次完成分草、拨草、切割、导草、压扁输送、束草等项作业。9GQX-137 型前悬挂割草压扁机可广泛用于农牧区草场和丘陵地草场收割作业。其主要技术参数见表 4-10。

表 4-10　9GQX-137 型前悬挂割草压扁机技术参数

外形尺寸（长×高×宽）（米）	1568×1362×980
割茬高度（毫米）	50
工作幅度（毫米）	1370
重割率（%）	≤3
割净率（%）	≥97
生产率（公顷/小时）	0.267
作业速度（千米/小时）	5.47
整机质量（千克）	230

⑤牧神 M 系列苜蓿压扁收获机，其牧神 M-5000 型和 M-3000 型苜蓿压扁收获机由我国新疆机械研究院自主研制生产。该机型由拨禾装置、切割装置、传动系统等主要部件组成。其特点是可一次性完成苜蓿类饲草的切割、压扁和铺条工作，其独特的设计能最

大限度地保护牧草的营养成分,使茎叶同步干燥,减少土壤压实,加快下一茬作物的生长,而且效率高、可靠性好,割茬高度、切割角度调整方便。主要适用于苜蓿类饲草的收获集条作业。该系列机型的基本技术参数见表 4-11。

表 4-11 牧神 M 系列苜蓿压扁收获机技术参数

机 型	牧神 M-5000 型	牧神 M-3000 型
作业幅度(米)	5	3
作业方式	自走式	牵引式
作业速度(千米/小时)	10~18	≤13
生产率(苜蓿)(吨/小时)	80~120	40~100
配套动力(千瓦)	150(自带动力)	≥30
外形尺寸(长×宽×高)(毫米)	7260×3050×4200	4900×4530×1400
整机重量(千克)	8000	1750
牧草铺放宽度(毫米)	1000~1900(可调)	1000~1900(可调)
割茬高度(毫米)	≤120	40~150

2. 国外进口割草压扁机

(1)约翰·迪尔往复式割草压扁机 用途和特点:用途广泛、功能强大,它可一次性完成三种工作(切割、压扁和铺条),其独特的设计充分保护牧草营养成分,减少土壤的压实,加快下一茬作物的生长,而且效率高、可靠性好,割茬高度切割角度调整方便等特点。采用迪尔独有氨基甲酸乙酯材料低温成形制作的压扁辊,具有不变形、稳固性好;割刀切割角度的调整非常方便,仅需调整套筒螺栓;割茬限位有 4 个调节位置,割茬高度的调整简便。其710、720、725、820 等不同型号的割草压扁机主要技术参数见表 4-12。

第四章　牧草收获机械

表 4-12　约翰·迪尔割草压扁机技术参数

型　号	710	720	725	820
割幅（米）	2.4	3.0	3.0	3.0
割茬高度（毫米）	32～152	32～152	32～152	32～152
割刀浮动范围（毫米）	(-51)～(＋203)	(-51)～＋(203)	(-51)～(＋203)	(-51)～(＋203)
草条宽度（可调）（米）	1.0～1.4	1.0～1.9	1.0～1.9	0.9～2.3
长度运输状态（米）	4.5	4.5	4.5	4.9
作业状态（米）	4.5	4.5	4.5	4.85
宽度运输状态（米）	3.35	3.93	3.93	3.7
作业状态（米）	3.92	4.5	4.5	4.6
高度运输状态（米）	1.6	1.6	1.6	1.7
作业状态（米）	1.5	1.5	1.5	1.5
重量（千克）	1442	1667	1700	1725
轮胎	6.7-15,6PR	9.5L-4,6PR	10-15,6PR	9.5L-4,6PR
动力（千瓦）	29	29	25	29
护刃器	双齿窄截面双面硬度处理			
护刃器角度	可调、三种可变角	可调、三种可变角	可调、三种可变角	可调、螺丝扣接（液压，选装）
割茬限位板	可调（左、右）	可调（左、右）	可调（左、右）	可调（左、右）
拨禾轮类型（条）	4	4	5	4
拨禾直径（米）	1.07			
拨禾速度（转/分）	60～72			
拨禾驱动	V 型皮带			
压扁器类型	氨基甲酸乙酯啮合式			
压扁辊长度（米）	2.2	2.79	2.79	2.79
压扁辊直径（厘米）	25	25	25.4	25
压扁辊速度（转/分）	660			

（2）纽荷兰往复式割草压扁机（彩图 4-8） 特点：能切割茂密、矮小与枝叶交错的作物,平稳、可靠的切割首先来自于锯齿状刀刃、铆接动刀片、可调整压刃器和方形护刃器。全幅宽的横向浮动割台可收获作物的所有部分；割刀的驱动部分保证切割干净利索,机械磨损与振动更小,所需保养降到最小程度。"扭力杆压力辊"系统保证稳定压扁；当条铺突然太厚时,压力可自动减少使其通过,而不会造成堵塞、停车；全幅宽的相互啮合的人字形橡胶压扁辊提供轻柔、全面彻底的压扁,牧草快速晾干；压力辊压力可通过曲柄杆快捷、容易地改变,不需任何工具! 压力的无级调整可以获得需要的准确压扁效果；全幅宽横向浮动割台紧贴地面仿形,保证切割干净,使割刀入土和损坏的可能降低到最低程度。其技术参数见表 4-13。

表 4-13 纽荷兰往复式割草压扁机技术参数

机型		472 型	488 型	1465 型	499 型
切割器宽（米）		2.21	2.819	2.819	3.734
驱动装置 （动力输出轴） （转/分）		540	540	540	540 或 1000
割台浮动装置		整体横向浮动	整体横向浮动	整体横向浮动压扁辊独立	整体横向浮动压扁辊独立
割台提升装置 提升高度（毫米）		470	483	457	495
拨禾轮		4 压板弹齿式	4 压板弹齿式	5 压板弹齿式	可调
圆周速度 （千米/小时）		10.4～13.2	10.5～13.8	10～16.3	7.7～12.7
切割器	割刀	栓接、上刻齿式刀片	栓接、上刻齿式刀片	栓接、上刻齿式刀片	栓接、上刻齿式刀片
	护刃器	双重硬化处理的或短齿的护刃器			

续表 4-13

机型	472 型	488 型	1465 型	499 型
割茬高度（homicide）	32～108.	32～108	29～146	32～159
割刀驱动装置	摆动铰接式	摆动铰接式	密封齿轮箱	密封齿轮箱
速度（行程数/分）	1632	1632	1650	1700
行程（毫米）	76	76	76	76
牧草压扁辊	人字形突缘啮合式橡胶辊			
挤压区辊长（毫米）	2159	2591	2591	2794
辊径（毫米）	199	264	264	264
驱动方式	专用 50 号滚子链条	专用 50 号滚子链条	齿轮/传动轴	齿轮/传动轴
转速（转/分）	818	637	638	665
压力（牛/毫米）	0.3～6.6	0.3～6.6	0.3～6.6	0.3～6.6
牧草放铺宽度（毫米）	965～1829	965～2433	965～2438	965～2540
最高作业速度（千米/小时）	13	13	13	13
最高安全运输速度（千米/小时）	40	40	40	40

　　（3）纽荷兰 1431、1432 型割草压扁机　主要特点：具有 8 个或 10 个独立的模块单体。单体有密封的壳体和独立的合金驱动轴，可以保证刀片切入浓密、纷乱，甚至潮湿的作物。即使在坡地上割草时，齿轮仍处于完全润滑的工作状态。独特的压扁系统可以实

现作物的优质压扁和快速干燥。中心铰接的或弯曲牵引杆的设计,可以使设备轻松的切割拖拉机左侧、右侧和正后方的作物,实现整齐干净的切割。其主要技术参数见表4-14。

表4-14　纽荷兰1431、1432型割草压扁机技术参数

型　号		1431	1432
工作幅宽(毫米)		3960	3960
动力输出轴驱动(转/分)		1000	1000
切割器	刀片数	10	10
	速度(转/分)	3000	3000
	切割角度	2°～10°	2°～10°
	割茬高度(毫米)	32～89	32～89
	地隙(割台完全提升时)(毫米)	457	457
	放铺宽度(毫米)	914～2438	914～2138
压扁装置	型式	"人"字形橡胶压扁辊	"连枷"式压扁系统
	长度(毫米)	2591	2591
	直径(毫米)	264	560
	转速(转/分)	640	726,可选1011
速度	工作速度(千米/小时)	0～14.5	0～14.5
	最高运输速度(千米/小时)	40	40
	整机重量(千克)	2557	2500
轮胎	型号	11L×15,无内胎	31×13.5-15,无内胎
	压力(千帕)	165	207

　(4)KUHN GMD系列圆盘割草机　特点:品种齐全,适应性强,可作业倾角35°;操作简单,生产率高,挂接停车安全迅速,其圆盘橄榄状设计有利于割下的牧草合理的抛出,对刀片的螺栓提

供保护,且具有长的工作寿命。通过把刀连接到一个大直径圆盘上,增大刀片的覆盖面,可完成更干净、更均匀的收割作业。其技术参数见表 4-15。

表 4-15　KUHN GMD 系列圆盘割草机技术参数

技术说明	GMD400	GMD500	GMD600-GII	GMD700	GMD800
连接附件	3 点悬挂	1 和 2 类		3 点悬挂	2 类
工作宽度(米)	1.6	2	2.4	2.8	3.1
圆盘数	4	5	6	7	8
刀片数 (每个圆盘 2 片)	8	10	12	14	16
可拆卸的圆盘轴承座	标准珠				
动力输出轴驱动(转/分)	540				
可调节的下连接销	标准的				
地头转弯切割杆提升	拖拉机液压机构 3 点提升		通过割草机的液压缸		
为工作而放开切割杆	在驾驶室控制				
外侧割幅轮	标准的				
平均割幅宽度(米)	1.1	1.4	1.7	2	2.4
安全制动器	标准的				
需最小输出功率(千瓦)	20	25.4	30	36	41
大约重量(千克)	379	427	535	567	646
必要的液压出口接头	一个单作用阀				
倾斜 35°割草	标准的				

(5)纽荷兰 HW300、HW320 和 HW340 自走式割草压扁机(彩图 4-9)　特点:纽荷兰自走式割草压扁机性能与生产率高。纽荷兰 300 系列往复式割台可以平稳、干净和可靠的切割。圆盘式割草压扁机选择高速大喂入量的圆盘切割,新型涡轮增压 120

千瓦的 HW340 可在恶劣的条件下快速地工作。带有 12 个刀鼓的 Discbine 切割器可快速、简单的切割厚密缠结的作物。每台纽荷兰自走式割草压扁机都有一可靠的纽荷兰发动机,它可以提供 20％的储备扭矩来处理较重的负荷。通过静液压无级变速系统,使操作和运输变得更容易。其主要技术参数见表 4-16。

表 4-16 纽荷兰自走式割草压扁机主要技术参数

型 号	HW300	HW320	HW340
发动机	纽荷兰 4 缸,自然进气柴油发动机;在 2200 转/分时,额定功率 64.38 千瓦	纽荷兰 4 缸,涡轮增压柴油发动机;在 2070 转/分时,额定功率 79.92 千瓦	纽荷兰 6 缸,涡轮增压柴油发动机;在 2100 转/分时,额定功率 122.84 千瓦
排量(升)	5	5	7.5
电气系统	12V85A 交流发电机	12V85A 交流发电机	12V95A 交流发电机
油箱(升)	416	416	416
冷却液容量(升)	15	15	26.5
变速箱	单速,静液压	双速,静液压	双速,静液压
最终传动	行星齿轮	行星齿轮	行星齿轮
转向	比率:32∶1	比率:32∶1	比率:32∶1
速度范围(千米/小时)	0～17.7	0～17.7(工作时)0～25.7(运输时)	0～17.7(工作时)0～25.7(运输时)
刹车	盘式,直径 292 毫米	盘式,直径 292 毫米	盘式,直径 292 毫米
长度(毫米)(带割台)	6578	6578	6528
高度(毫米)	3099	3099	3099
轴距(毫米)	3429	3429	3429
前轮距(毫米)	3175	3175	3175
后轮距(毫米)	3048,可调	3048,可调	3048,可调

续表 4-16

型 号	HW300	HW320	HW340
割台反转	选配	选配	标准配置
空调	标准配置	标准配置	标准配置
主机重量(千克)	3749	3749	4290
割台			
往复式割刀	割幅 3734 米 全长 4244 毫米 重量 1622 千克	割幅 4343 毫米 全长 4851 毫米 重量 1651 千克	割幅 4953 毫米 全长 5461 毫米 重量 1755 千克
普通割晒台	割幅 5486~ 9144 毫米	割幅 5486~ 10973 毫米	割幅 5486~ 10973 毫米
圆盘割刀	—	—	割幅 4680 毫米

(6)CASE 8300 系列牵引式割草机(彩图 4-10) 其技术参数见表 4-17。

表 4-17 CASE8300 系列牵引式割草机技术参数

	8330 型割草机	8350 型割草机	8370 型割草机	8370 型割草机
切割器				
宽(米)×高(毫米)	2.8×(32~127)	3.6×(32~127)	4.27×25.4	4.88×25.4
数量	1	1		2
驱动	匀速柄连杆机构	匀速柄连杆机构	匀速连杆机构	匀速连杆机构
速度(次/分)	1700	1700	1670	1800
行程(毫米)	76	76	76	76
割台				
抬起高度(毫米)	381	457	76~457	76~483
浮动	可纵向径仿形	可纵向径仿形	可纵向径仿形	可纵向径仿形
翻轮				
辐板数量	4	4	5	5
直径(米)	1.07	1.07	1.07	1.07
转速(转/分)	54~78	68~98	67~97	64~74

续表 4-17

	8330 型割草机	8350 型割草机	8370 型割草机	8370 型割草机
螺旋推进器直径(毫米)	229	229	229	229
绞滚类型	啮合	啮合	啮合	啮合
宽(米)	2.79	2.79	2.79	2.79
橡胶滚直径(毫米)	203	203	203	203
钢滚直径(毫米)	197	197	197	197
转速(转/分)	900	810	872	900
所需动力(千瓦)	22.2	44.4	55.5	55.5
动力输出转速/(转/分)	540	540	540	540
轮胎	9.5L×14	9.5L×14	11L×15	31×13.5-15
重量(千克)	1587	2045	2970	3440

(7)CASE 自走式割晒机　其技术参数见表 4-18。

表 4-18　CASE 自走式割晒机技术参数

中心轴驱动式			
SC412	3.7 米	最小 43.5 千瓦	
SC414	4.3 米	最小 54.4 千瓦	
SC414(豪华)	4.3 米(双割刀)	54.4 千瓦	
SC416	4.9 米(双割刀)	54.4 千瓦	

割台参数		
型号	类型	割晒宽度
425	可拆输送带式	6.5,7.8,9.3 米
525	双搅龙单往复割刀	3.7,4.3 米
625	双搅龙单往复割刀	4.3,4.9,5.6 米

自走式割晒机参数			
型号	发动机功率	车速	配合割台
8860	54.4 千瓦	0~20 千米/小时	8820
8860hp	79.75 千瓦	0~20 千米/小时	425,525,625
8870	79.75 千瓦	0~25 千米/小时	425,525,625

(8)库恩圆盘割草压扁机 其特点:库恩公司的 FC280 型割草压扁机提供三点前悬挂的高效率机型。工作幅宽 2.8 米,全浮式悬挂,尼龙 V 型指棒双速压扁,1 000 转/分的驱动速度并有一个 540 转/分的选择驱动速度。使用一台 FC280 和一台 FC283 联合作业可获得一个 5.4 米的联合切割宽度。这种联合也可以结合一台牵引式库恩公司的圆盘割草机来实现。库恩的 ALTER-NA400 和 500 型牵引式割草压扁机,具有 4 米和 5 米的切割宽度,是一个高输出的机器,并能快速方便地定位,具有 2.5 米那样窄的纵向运输宽度。半自动的皮带张紧,皮带是自动调整的。皮带涨紧操作既容易又准确,皮带的寿命长。

(9)Hesston 往复式割草压扁机(彩图 4-11) 特点:可靠的传动性,通过变速箱及主传动轴将动力送到割草机碾压轮,再经过二级变速箱通过带传动将动力传送到割刀,1275 型割草机采用时间控制,双动割刀,割刀速度为 1 800 行程/分钟,两边各有一个平衡飞轮,以减少振动及帮助割刀切割。加强型刚性刀杆提供长久维护,同时护刀器经过二次热处理,使具有可靠的耐磨性。可调浮动弹簧使割刀能完全自由浮动,避免割头振动或扭曲。切割及碾压部件通过主架一起上下浮动,保证切割谷物的连续性。大半径偏心驱动拔禾轮配有多级压板,1120 型为标准的 4 压板,而 1275 型为标准的 5 压板。方便的护刀角调节,以适合不同地势用作物状况。刚性焊接主架、箱梁结构且有高强度及使用寿命长的特点。同时,主架也起到支撑及吊挂割头,使割头有较好的浮动及控制作用。其技术参数见表 4-19。

表 4-19 Hesston 往复式割草压扁机技术参数

型 号	1120	1275
割幅(毫米)	2120	4877
总宽度(毫米)	2934	5358

二、割草、压扁、集条、联合机

续表 4-19

型　号	1120	1275
总长度（毫米）	2724	7722
螺纹宽度（毫米）	1918	3950
重量（千克）	1424	2930
切割器		
驱动	皮带和往复式传动	齿轮箱/往复传动
割茬高度（毫米）	33～127	28～127
切割数量	1	2
速度（行程/分）	1700	1800
拨禾轮		
压板数量	4	5
直径（毫米）	1067	
速度（转/分）	54～78	64～74
搅龙		
型式	没有	双向旋转
直径（毫米）		229-2
速度（转/分）		320（上置）
		515（下置）
滚筒压扁机		
型号	啮合滚筒式	
上置滚筒直径（毫米）	203	
下置滚筒直径（毫米）	198	
滚筒长度（毫米）	2184	2794
滚筒转速（转/分）	900	800
草铺宽度（毫米）	1016～2184	1016～2794
轮胎		

续表 4-19

型 号	1120	1275
尺寸	9.5L×14	12.5L×15
所需拖拉机		
动力（千瓦）	＞22.2	＞55.5
动力输出轴（转/分）	540	
液压系统	一个双向滑阀	
可供选择的附件		
可供选择	分草器	
	拨禾轮压板	

（10）MF220 自走式割晒机 其技术参数见表 4-20。

表 4-20 MF220 自走式割晒机技术参数

发动机		带式输送割台	
型号	伯金斯 1004.2	中央铺草式	5.5,6.7,7.6,9.1
动力（千瓦）	63.64	双草铺式	6.7,8.0,9.1
缸数	4	仿形	可调弹簧、侧向滑板
排量（升）	4.2	切割器类型	纹齿式＋护刃器
牵引装置		切割器动力	液压马达＋齿轮箱,1400 行程/分钟
轴距（毫米）	3480	拨禾轮类型	5 压板,直径 1.37M
行走宽度（毫米）	3327	拨禾轮动力	液压马达 0～63 转/分可调
离地间距（毫米）	991	输送带类型	1040 毫米,贴胶帆布带
重量（千克）	2631	输送带动力	液压马达,速度 0～38 米/秒可调

续表 4-20

发动机		带式输送割台	
前胎(可选择)	18.4×16.1R1	草铺宽度	3～1.8 米可调或 1.1 米附件
	21.5×16.1R3	MF205 搅龙割台	
	21.5×16.1R1	割草宽度(米)	4.2 和 4.9
后自位轮胎	9.5L×15	拨禾轮	5 压板弹齿式
燃油箱(升)	160	切割器类型	纹齿式
液压油箱(升)	21	切割器动力	液压马达+齿轮箱,1500 行程/分钟
行走机构	液压马达+行星减速齿	搅龙	直径 610 毫米,速度可调
速度范围(千米/小时)	0～22	压扁滚筒	1.5 米宽,橡胶面啮合
		附件	后配重
			割台定位轮
			雨刮器

　　(11)JF 收割机　特点:梳草装置使被割牧草不会留在机器里面;自动磨刀装置可保持刀片锋利,无残留存在;先进的安全装置可保证石头或类似异物时,弹簧受到挤压,切割刀片直立起来,强迫牵引杆延长并打开,在不影响驱动轴角度的基础上抬高机械的工作高度,从而避免刀片直接撞击石头;调整割草留茬高度简单;机器拥有不需要任何动力就可以旋转 90°的机头座,驱动和旋转特别方便。因此角落的转弯次数将减少 25%,大大节省收割时间。其技术参数见表 4-21。

表 4-21　JF 收割机技术参数

型　号	GMS2400	GMS2800	GMS3200	GCS2400	GCS2800	GCS3200
压扁装置	指式			滚筒式		
工作宽度（米）	2.4	2.8	3.15	2.4	2.8	3.15
工作效率（公顷/小时）	2.5	2.8	3.2	2.5	2.8	3.2
拖拉机功率（千瓦）	40	50	60	35	45	55
动力输出轴（转/分）	100+540	100+540	100+540	100+540	100+540	100+540
液压要求	1SA+1DA	1SA+1DA	1SA+1DA	1SA+1DA	1SA+1DA	1SA+1DA
主轴旋转箱	标准	标准	标准	标准	标准	标准
动力输出偏角	大范围	大范围	大范围	大范围	大范围	大范围
动力传动方式	液压	液压	液压	液压	液压	液压
HD 刀盘数量	6	7	8	6	7	8
HD 刀片数量	12	14	16	12	14	16
液压循环系统	标准					
压扁装置宽度（米）	1.99	2.37	2.7	1.99	2.37	2.7
压扁装置速率（米/秒）	2	2	2	1	1	1
标准轮胎尺寸（厘米）	10×12/6	10×12/6	10×12/6	10×12/6	10×12/6	10×12/6
可调轮胎尺寸（厘米）	10×5.3/8	10×5.3/8	10×5.3/8	10×5.3/8	10×5.3/8	10×5.3/8

续表 4-21

型　号	GMS2400	GMS2800	GMS3200	GCS2400	GCS2800	GCS3200
机器重(千克)	1500	1600	1680	1540	1640	1720
机械长度(米)	5.45	5.45	5.45	5.45	5.45	5.45
机械宽度(米)	2.44	2.44	2.44	2.44	2.44	2.44
铺草宽度(米)	0.8~1.6	0.8~1.8	1.1~2.2	0.8~1.6	0.8~1.8	1.1~2.2
运输活动范围						
D_1 标准(米)	1.08~1.46	1.08~1.46	1.08~1.46	1.08~1.46	1.08~1.46	1.08~1.46
D_2 不对称(米)	0.66~1.05	0.66~1.05	0.66~1.05	0.66~1.05	0.66~1.05	0.66~1.05

　　(12)FC 250 RG 割草压扁机(彩图 4-12)　特点:配有橡胶滚筒和 V 型肋状转子,适用于苜蓿、紫花苜蓿和豆科植物。滚筒呈规则形,没有平动和摇晃,肋状转子从外到内的集中螺旋式移动使作物向轴动力,茎秆和它们的原腊层被打碎,这使茎秆与叶子以相同的速度干燥。其技术参数见表 4-22。

表 4-22　FC 250 RG 主要技术参数

挂接类型	2 点半悬挂 2 或 3 类
机器类型	牵引
作业宽度(米)	2.50
运输宽度(米)	2.50
刀盘数量(个)	5
可翻转的刀片数量(2 个刀片/刀盘)	10
人字形橡胶压扁辊	标准
可调整的草铺宽度(米)	0.7~1.6
PTO 轴转速:540 或 1000 转/分 齿轮箱有 2 根输入轴	标准

续表 4-22

PTO 轴配有飞轮和安全离合器	标准
拖拉机动力要求	48.1 千瓦
一套备用刀片和高托盘	标准
轮胎	10.0/80×12 棱纹轮胎
可调整的下连杆销	标准
机器净重（千克）	1720

（13）DISCO 系列圆盘式割草压扁机　DISCO 割草机采用现代化技术，适用于各种大小农场。使用 DISCO 割草机或其他 CLAAS 草料收割设备，能获得高质量的草料。表 4-23 和表 4-24 是 DISCO 2650/3050/210/250/290 技术参数。

表 4-23　DISCO 2650/3050 圆盘式割草压边机技术参数

型　号	2650/2650C	2650 RC	3050/3050C
工作幅宽（米）	2.60	2.60	3.00
动力输出轴转速（转/分）	540/1000	540	540/1000
刀盘数量	6	6	7
刀片固定方式,螺丝固定	标配	—	—
增加切刀更换系统		标配	
割茬高度（毫米）		40	
割茬高度调整范围（毫米）		30～70	
带滑行装置割茬高度（毫米）		30	
草铺宽度（毫米）,无压扁器,带外部草铺刀盘	1400	—	1800
草铺宽度（毫米）,带压扁器	1200～1800		1200～2200
重量（千克）	640	—	710
带压扁器重量（千克）	940	1050	1160

续表 4-23

型 号	2650/2650C	2650 RC	3050/3050C
挡草帘	选配	—	选配
动力要求（千瓦）	33	—	40
带压扁器动力要求（千瓦）	40	40	51
液压控制单元	单作用		

表 4-24　DISCO 210/250/290 圆盘式割草压边机技术参数

型 号	210	250	290	290 RC
工作幅宽（米）	2.10	2.45	2.85	2.10
动力要求（千瓦）	30	33	37	40
挂接类型	Ⅱ类			
动力输出轴转速（转/分）	540			
刀盘数量	7	6	5	5
每个刀盘刀片数	2			
刀片尺寸（毫米）	115×48×4			
刀片固定方式	螺丝固定			
割茬高度（毫米）	40			
调整范围（毫米）	30~70			
圆盘转速（转/分）	3200			
圆周速度（米/秒）	87			
草铺平均宽度（毫米）	1300	1800	2100	1000~1450
橡胶压扁器转速（转/毫米）	—	—	—	940
重量（千克）	560	600	630	880

　　(14)CORTO 系列割草机(彩图 4-13)　带四个刀盘的前悬挂割草机的优点是能够覆盖比较大的面积，并且没有大的噪声；可以

就使用他们或者增加一个一致运行的后牵引割草机来提高速度，高产出、宽的收割幅度和固定的收割高度。CORTO 系列割草机技术参数见表 4-25。

表 4-25　CORTO 系列割草机技术规格

型号	185 N	210 N	270 N / 270 NC	310 N
工作幅宽（米）	1.85	2.10	2.65	3.05
运输宽度（米）	—	—	—	2.45
动力要求（千瓦）	29	33	41	51
带压扁器动力要求（千瓦）	34	40	51	—
动力输出轴转速（转/分）	540	540	540/1000 可选	1000
切割滚筒数量	2	2	4	4
每个滚筒切刀数量	3	4	3	3
割茬高度（毫米）	30/42	—	—	—
带滑动盘的割茬高度（毫米）	25	—	—	—
草铺宽度（毫米），无压扁器，无草铺圆盘	800	900	—	2200
草铺宽度（毫米），无压扁器，带一对草铺圆盘	—	—	1300	1500
草铺宽度（毫米），无压扁器，带两对草铺圆盘	—	—	700	900
草铺宽度（毫米），带压扁器	900	900	1350～2650	—
重量（千克）	481	529	840	950
附加装置，压扁器	—			
滚筒转速（转/分）	936	936	936	—
带压扁器时重量（千克）	626	674	1028	—
挡草帘	—	—	NC 系列可选配	—

三、搂草机

(一)搂草技术要求及搂草机的分类

搂草机是将割草机割下的牧草搂集成草条,以便于集堆、捡拾压捆或集垛。搂草的时间可由当地自然条件确定,可以在割草同时,也可以在牧草稍晾干之后。

搂草机的技术要求如下:搂集干净,牧草损失率小于 3% ～ 5%;搂集的牧草清洁,不带陈草和泥土;草条要连续,松散,每米重量应均匀一致,外形整齐,牧草移动距离要小。

搂草机根据草条形成的方向可分为横向搂草机和侧向搂草机两大类。

横向搂草机搂集的草条与机器前进方向相垂直,它形成的草条不太整齐和均匀,陈草多,牧草损失也大,且不易与捡拾作业配套。但结构简单,工作幅可以很大,适于天然草原作业。

侧向搂草机搂集成的草条与机器前进方向平行。草条外形整齐,松散,均匀。牧草移动距离小,污染少,适于高产天然草原和种植草场作业。此外,多数侧向搂草机还能进行翻草作业,可对牧草进行摊晒,以加速其干燥。

为反应主要工作部件的工作原理和工作方式,干草调制机械可分为垂直旋转式、水平旋转式和其他三个大类。其分类见图 4-7。

我国目前应用较多的是 9LC-2.1 畜力横向搂草机、9LC-6 型和 9LC-9 型机引横向搂草机。近年来,我国有些单位和工厂已开始研制旋转式、指盘式、滚筒式侧向搂草机。

(二)横向搂草机

1. 横向搂草机的草条形成过程 横向搂草机的主要工作部

干草调制机械

垂直旋转式 ─ 水平旋转式 ─ 其他

指盘式搂草机／直角滚筒摊搂草机／斜角滚筒摊搂草机／多转子摊搂草机／双转子滚筒摊搂草机／双转子挡屏摊搂草机／多转子摊晒机／悬臂式搂草机／叉式摊晒机／传送带式摊搂草机／横向搂草机

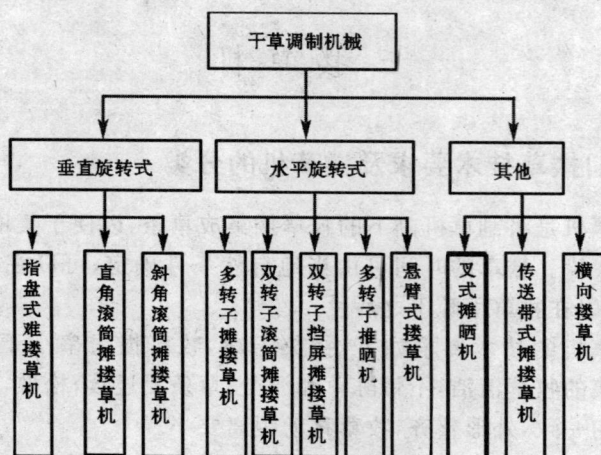

图 4-7　干草调制机械分类

件是弹齿,弹齿是一个弧形钢齿,搂草机的搂草器就是由许多弹齿构成,各弹齿间距 70～90 毫米,相互平行地安装在回转梁上,形成一曲面,当搂草机工作时,搂草器弹齿尖端触地,将割草机割下的草铺搂成横向草条。

2. 横向搂草机的调整和使用(以 9LC-6 型为例)(图 4-8)　①调整连杆的长度,使两段搂草器升起位置一致;并保持弹齿与地面的距离为 10～20 毫米。②调整接叉,使两边操纵链长短一致,保证两段搂草器升降一致。③调整拉钩,使大拉簧具有一定初拉力,保证滚轮与凸轮盘的接触紧密。④机器工作时,最好采用环形作业,并应使第二圈草条与前一圈草条对接,以保持草条的连续和直线性。草条之间距离一般为 15～18 米为宜。机器尽可能沿垂直牧草倒的方向前进。

3. 国产横向搂草机的技术性能　我国常用横向搂草机的技术性能见表 4-26。

三、搂草机

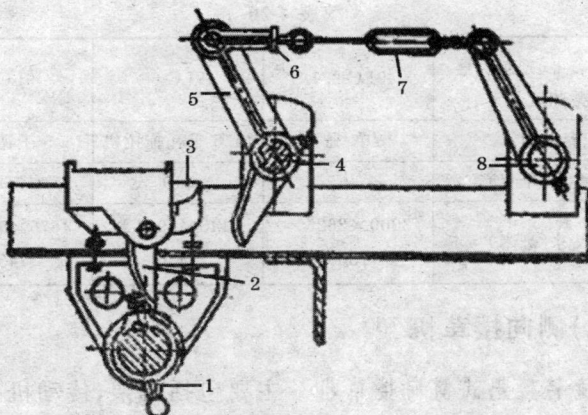

图 4-8 横向搂草机升降机构控制部分

1. 拨杆 2. 拨爪 3. 闸杆 4. 控制轴 5. 杠杆
6. 接叉 7. 操纵链 8. 中间轴

表 4-26 常用横向搂草机技术参数

技术规格＼型号	9LC-2.1	9LC-6	9LC-9
搂草机组数	1	1	3
工作幅宽（米）	2.1	6	9
弹齿距离（毫米）	60	71	70
弹齿数（根）	36	84	128
弹齿型式	标准	标准	螺线
工作阻力（千克）	50 以下	150～190	—
工作速度（千米/小时）	—	5～6	8～9
生产率（公顷/小时）	0.9～1.0	3～3.6	7.2～8.1

续表 4-26

技术规格 ＼ 型号	9LC-2.1	9LC-6	9LC-9
配套动力	单马	14.5千瓦拖拉机	14.5千瓦拖拉机
机器重量(千克)	—	610	760
外形尺寸(毫米)	3000×2625× 1300	5143×5996× 1430	4675×5120× 1430

(三)侧向搂草机

1. 旋转搂耙式侧向搂草机　主要包括机架、传动机构,搂耙等部分(图4-9)。机架由支承轮支持。工作时,拖拉机一面牵引机器前进,一面驱动搂耙作逆时针方向旋转。当搂耙运动到机器右侧和前面时,搂齿垂直并接近地面,进行搂草。当搂耙运动到机器左侧时,搂耙抬起,同时弹齿后倾成水平状态,将搂集牧草置于草条上。为使形成的草条整齐,在形成草条的一侧设有挡屏。挡屏通过支杆固定在机架上。

2. 指盘式侧向搂草机　指盘式搂草机(图4-10)由机架、指盘、升降机构、牵引装置等组成。其主要工作部件为圆盘。在圆盘周围固定有弹齿。指盘活套在曲轴上,并可在曲轴上自由回转。曲轴另一端与机架铰接。利用弹簧来调整弹齿对地面的压力。各指盘之间互相叠置排列,以免漏草。指盘组中心连线与机器前进方向成135°的夹角。搂草时,指盘受地面阻力的推动而回转,将牧草搂向一侧形成草条。

这种搂草机结构简单,无传动机构,草条连续,外形整齐,适于高速(10～12千米/小时)作业。主要用于搂集高产牧草。改变指盘相对位置,它还可进行翻草作业。

3. 滚筒式侧向搂草机　滚筒式侧向搂草机由机架、传动机构,起落机构、弹齿倾斜调整机构等组成(图4-11)。其主要工作

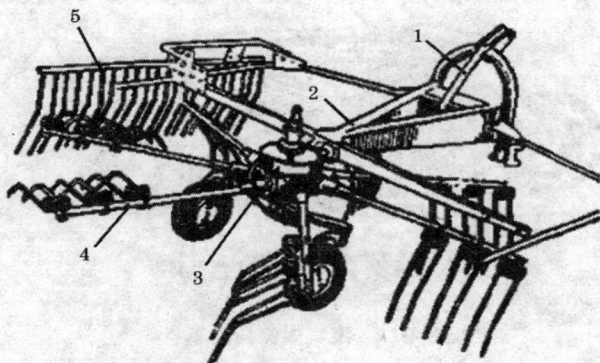

图 4-9　旋转搂耙式搂草机
1. 万向节轴　2. 机架　3. 传动箱　4. 搂耙　5. 挡屏

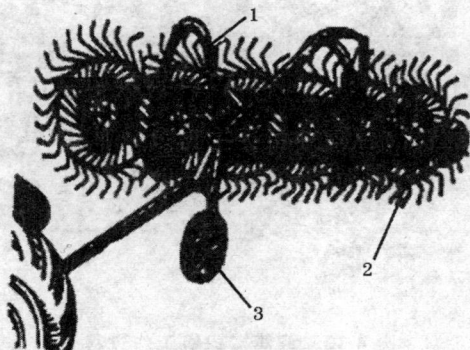

图 4-10　牵引式指盘摊搂草机
1. 机架　2. 指盘　3. 地轮

部件为搂草滚筒。工作时，搂草滚筒一面回转，一面与机器成某一倾斜角度(45°、90°、100°等)前进。牧草在弹齿作用下，连续不断地被弹齿向前和向侧面拨动，最后形成草条(图 4-12)。当用来进行翻草作业时，滚筒高速反向回转，将牧草翻动，以加速干燥。

图 4-11　滚筒式侧向搂草机

1. 滚筒　2. 传动机构　3. 机架　4. 升降机构

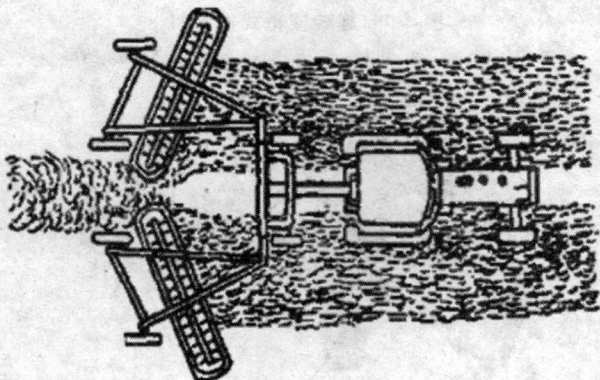

图 4-12　滚筒搂草机工作过程

(四)常用搂草机简介

1. MGR 型旋转式搂草机(彩图 4-14)　MGR 2500 型搂草机具有如下特点:一机多用,具有搂草、摊晒、反转三种功能;搂草均匀干净,减少作物损失,提高工作效率;操作简单,性能稳定、耐用性好;配套动力范围广(13.32～37 千瓦拖拉机);拥有集草优良的凸轮结构,能与拖拉机的动作配合,具有自动跟踪的振摆机构;通

三、搂草机

过一次操作切换可进行反转摊晒作业,有适应性良好的自由转动轮。

表 4-27　旋转式搂草机技术参数

型　号	MGR 2500	MGR 4000
搂草宽度(厘米)	250	400
摊晒宽度(厘米)	160	—
外形尺寸(长×宽×高)(厘米) 作业时 搬运时	210×250×95 210×195×95	401×353.9×119.6 317×186×158
重量(千克)	160	490
齿簧数	12	24
作业速度(千米/小时)	4~8	4~8
配套动力	13~36.25千瓦拖拉机	25.4~56千瓦拖拉机
匹配PTO转速(转/分)	540	350~540

2. VOLTO 系列摊晒机(彩图 4-15)　VOLTO 翻草机系列提供了现代化的技术,高质量和舒适的操作性能;保证公路运输的节臂,附带的持续润滑装置和免保养的回转体传动系统,能够提供4.5~13 米的工作宽度来与之前的 DISCO 或者 CORTO 割草机的收割宽度相配合。即使是在最大的面积上工作也能够防止割下来的草行被翻乱。

除了三点悬挂的翻晒机以外,还提供了工作宽度大于 13 米的VOLITO 宽系列。即使是最小的拖拉机也能用来拖动强大的VOLTO 翻晒机,具有高效的作业性能。表 4-28 为 VOLTO 系列摊晒机技术规格。

表 4-28　VOLTO 系列摊晒机技术参数

型　号	VOLTO 64	VOLTO 770 T	VOLTO 870 T	VOLTO 1050 T
挂接方式	三点悬挂	仿形感应	—	—
工作幅宽（米）	—	带翻晒臂	—	—
运输宽度（米）	6.40	7.70	8.70	10.00
运输高度（米）	2.80	2.98		
停止时运输高度（米）	3.33	3.55	3.50	2.65
运输状态时运输高度（米）	—	—	—	2.90
运输长度（米）	—	4.10	3.95	4.20
动力要求（千瓦）	22	37	44	55
翻晒转子数量（个）	6		8	
每个翻晒转子上弹齿臂数量	6	7	6	7
动力输出轴转速（转/分）	540	—	—	1000
地头铺散				
车轮定位	标配			
机械式作物保护	选配			
液压式作物保护	选配			
驱动系统				
PERMALINK	—	标配	标配	
双方向接头	标配	右侧一个	—	标配
重量（千克）	730	1260	1370	1360
液压连接				
折叠系统	1xs. a.	1xd. a.	1xd. a.	1xs. a. + 1xd. a.
液压式作物保护（可选）	1xd. a.	1xs. a.	1xs. a.	-

3. LINER 系列搂草机　LINER 系列搂草机的特色是从 1 个搂耙的搂草机到 2 个搂耙，中间或旁边都可以搂草，再到 4 个搂耙

的大面积搂草机,它为改进整个收获过程的工作能力提供了理想的条件。其技术参数见表 4-29。

表 4-29　LINER 系列搂草机技术参数

型　号	470 S	470 T	650 Twin	3000
挂接方式/附件	三点悬挂/摆动	牵引杆	牵引杆	仿形感应/搂草臂
工作幅宽(米)(DIN)	4.60		3.50～6.30	9.90～12.50
草铺宽度(米)	—	—		1.20～2.30
运输宽度(米)	—	—	3.00	
无弹齿杆时运输宽度(米)	2.20			—
无弹齿杆时运输高度(米)	—		—	3.90
停车时长度(米)(运输位置)	—	—	8.00	8.40
动力要求(千瓦)	44	26	37	55
刀盘数量	1	1	2	4
每个搂草转子弹齿杆数量	13	13	11	11
每个架子上双弹齿数量	4			
挡草帘	布帘			
草铺位置	左侧			中央
动力输出轴转速(转/分)	540			
仿形系统	标配		标配/后置/万向式	四轮底盘/万向式/悬挂
重量(千克)	640	680	1400	4140

4. John Deere 系列产品　John Deere 牵引式指盘搂草机主要有 702 型和 704 型,该系列机型一般有 8～10 个大直径指盘,用于单列搂草,结构紧凑,运输方便。John Deere 705 型系列搂草机采用标准液压系统调整草条宽度,6 齿条的齿盘搂草干净,搂草高

度可调,容易运输。

　John Deere 搂草机系列机型主要技术参数及其与国外同类产品比较见表 4-30 和表 4-31。

表 4-30　John Deere 侧喂入式搂草机与国外同类产品比较

公司	型号	类型	传输	高度(米)	长度(米)	运输宽度(米)	作业幅宽(米)	重量(带前导轮)(千克)	作业速度(千米/小时)	搂齿梁	齿
John Deere	54	转鼓	左支撑	1.04	2.08	3.05	2.59	279	11.27	5	90/135
Hesston	3830	平行杆	右支撑	1.37	带 U 形夹 3.3；带脚轮 4.06	3.30	2.89	—	—	5	100/可选 150
Hesston	3831	平行杆	右支撑	1.37	带 U 形夹 3.3；带脚轮 4.06	3.30	2.89	—	—	5	100/可选 150
Vermeer	R-9	转鼓	左支撑	1.37	3.05	3.89	2.9		11.26	5	100
New Holland	57	转鼓	左支撑	1.02	1.95	3.12	2.59	—	3~13	N/A	90
John Deere	705	转鼓	中心	1.60	6.25	2.49	5.49~7.01	—	—	6/转鼓	120/转鼓
New Holland	216	转鼓	中心	1.62	6.73	3.04	8.22	—		N/A 220(标准)	120(可选)
Vermeer	R-24	转鼓	中心	1.88	6.25	3.10	5.5~7.3	—	—	6/转鼓	120/转鼓
Vermeer	R-23	转鼓	中心	1.60	6.20	2.13	5.5~7.3	—	—	6/转鼓	120/转鼓

表 4-31　John Deere 侧喂入式搂草机与国外同类产品比较

公司	John Deere	Hesston	Hesston	M&W	M&W	M&W	Vermeer
型号	702(8 轮)	3971	3972	ER8	RC4564	RC4565	WR20
最小牵引功率(千瓦)	10.89	14.5	14.5	21.75	21.75	29	14.5
运输宽度(米)	3.1	2.9	2.8	3.86	3.2	3.66	3.2
作业幅宽(米)	5.38	3.81~5.24	3.81~5.21	6.1	5.41	6.4	5.4~6
最小液压系统	1000	一套远程控制	一双或一套远程控制	N/A	1scV	1scV	N/A
重量(千克)	472	585	757	544	626	717	471
地轮数	2	—	—	N/A	2	2	2

四、集草机和垛草机

　　除了割搂以外,散长草收获法收获牧草的其他机械设备主要是集草机和垛草机。

(一)集草机

　　集草机功用是将搂草机搂成的草条推集成小堆或把小堆集成大堆。集草机分为畜力和机力两种。机力集草机又分为前悬挂和后悬挂两种。我国牧区前悬挂集草机应用较多,现以 9JX-3.0 前悬挂集草机为例介绍其使用。

　　9JX-3.0 前悬挂集草机悬挂在东方红-28 拖拉机前面进行工作,工作幅宽为 3 米,每次集草量为 300~500 千克,工作时离地间隙为 300 毫米。每小时可集草 10 吨左右。它的构造简单,对地形适应性也较好。

（二）垛 草 机

在散草收获中为了贮存和便于管理，在牧草湿度降低到14％～15％时要进行垛草。垛草在我国当前牧草收获中仍占有一定地位。

垛草机可分为起重机式、鼓风机式、输送带式、通用升降式和液压推举式等多种型式。目前仍在使用的只有液压推举式垛草机，下面介绍常用的 9D-0.3 液压推举式垛草机使用。

9D-0.3 液压推举式垛草机是我国生产的机具。这种垛草机工作时对牧草内部的搅动较少。因此，牧草营养部分的损失比其他型式垛草机少。该机与东方红-28 拖拉机配套使用，生产率每小时为 9 吨，工作幅宽为 2.5 米，推举高度 4.5 米，每次可推举300 千克牧草。它主要用于把集草器堆集起来的牧草垛成大垛。加上料斗，也可以完成运肥等工作。

（三）草捆捡拾装载机

草捆的装载和贮存是消耗劳动最大的作业。为了实现从收获到贮存过程的全盘机械化，国内外研究和生产过多种型式的草捆装载机具。例如垂直输送式装载机，液压和机械式草捆抛掷器和其他更为先进的草捆自动捡拾装卸车等。

垂直输送式装载机是将装载机附装在拖车上，当机组在田间向前运动时草捆被捡拾起托并提升到一定高度，在车上的一人或二人用手来堆垛草捆。这种方法比较简单，但仍需大量体力劳动，适于草场面积不多经营规模较小的牧场。

草捆抛掷器（图 4-13）能将草捆从压捆机直接扔到后挂的拖车中。抛扔的距离可由驾驶员在座位上加以调节，以便不用人力而将草捆无规则地装满车厢。草捆抛掷器的一种常见形式是具有两层向上倾斜的平输送带。它们在很大速度下相反连续运转，当草捆接触到皮带的上面和下面时便被扔到拖车中。

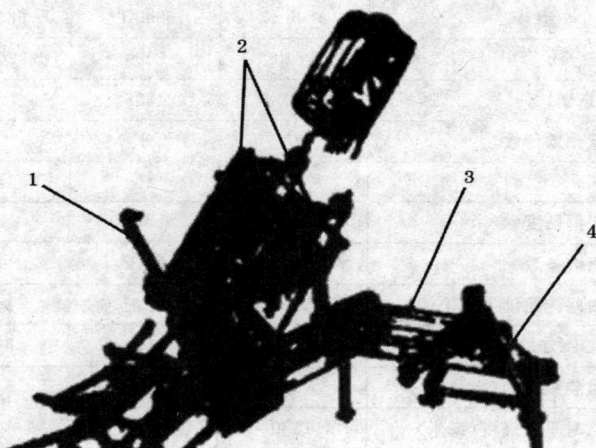

图 4-13　皮带式草捆捡拾抛掷机

1. 调解杆　2. 皮带　3. 机架　4. 挂接装置　5. 收捆器

有些草捆抛掷器具有间歇动作的液压抛掷臂。当草捆接触到触发杆时,抛掷臂开始动作,将草捆扔到拖车内。

对大型圆草捆,一般使用前悬挂式(叉式和夹持式)装载机进行装运。

(四)主要集草机械简介

1. QUANTUM 系列集草车 (彩图 4-16)　QUANTUM 装载运输车可以整理,切割并装载饲料,快速的运输和闪电般的卸载,从割草到储藏,为牧草收获提供了可靠的收割体系。其技术参数见表 4-32。

表 4-32　QUANTUM 系列集草车技术参数

型号	3800 K	6800 P	6800 S
捡拾宽度（毫米）	1800	2000	2000
转子宽度（毫米）	1586		
每个转子上弹齿行数	9		
切刀数（同一水平面）	33	40	40
理论最小切割长度（毫米）	45	38	38
刮刀工作面链条数	2×2		
刮刀工作面两速驱动	—	标配	标配
装载能力（DIN 11741）（米³）	31.8	40.0	38.0
中等压缩时装载能力（米³）	—	72.0	64.6
配标准轮胎时平台高度（毫米）	1180	1490	1490
总长度（毫米）	9250	10100	10500
配标准轮胎时总宽度（毫米）	2550		
配标准轮胎时总高度（毫米）	—	3990	3990
配 500/50-17 轮胎时总高度（毫米）	3410	—	—
最大毛重（吨）		20	20
配 17 英寸轮胎时最大毛重			
压缩空气式毛重（吨）	11	—	—
液压制动式毛重（挂接）（吨）	11	—	—
无配重重量（千克）	5560	8270	9220

2. SCORPION 系列伸缩臂叉车（彩图 4-17）　由于紧凑的结构，很好的灵活性和动力，它们不但取代了传统的拖拉机和从前面装入的联合机，更成为了众所周知的日常使用的"苦力"。叉车为农场和承包者提供了农田转移和运输最有效的解决方案。其技术参数见表 4-33。

表 4-33　SCORPION 系列伸缩臂叉车技术参数

型号	7030	7040	7045	9040
提升力（千克）	3.3	4	4.4	4
提升高度（米）	7.1	7.1	7.1	8.97
发动机输出千瓦（ISO 9249 标准）	88	88	103	88/103
标准轮胎	17.5L- 24 AS			
最大轮胎	600/50-22.5 16PR			
液压齿轮泵 110 升	变量阀		-	-
变量泵 150 升	变量阀			
每分钟流量（升/分）	110	110/150 P	150	150
压力，巴	210	250		
变速箱	VARIPOWER	VARIPOWER/PLUS		
地面速度（千米/小时）	0～40			
最大转弯半径（米）	3.6	3.6	3.6	3.85
无配重最大重量（千克）	7.5	7.8	8.1	8.6

五、捡拾集垛收获工艺的机械设备

　　捡拾集垛法是国外 20 世纪 70 年代开始推广的一种牧草收获工艺。它也是一种散草收获法，但比过去的分段作业收获有更高的劳动生产率和较少的牧草花叶损失，和压捆法相比，其压成垛的紧密度约为草捆的 1/3，可收集较高湿度的干草，营养物质损失也少，且从收获到喂饲都可实现机械化。因此是很有前途的一种收获方法。

　　除了割搂以外，该工艺的机械设备主要是捡拾集垛车、运垛车、切垛喂饲机。这些机器我国已有引进。

(一)捡拾集垛车

捡拾集垛车有两种,一种是非压缩式,如图 4-14 是一台单轴高装载草车,装载容积为 30 米³。它由捡拾器、输送机构、切碎机构、车底传送机构和卸草计量装置等组成。另一种是压缩式,由连枷式捡拾器、矩形断面的风送导管、导向罩、压缩顶盖、顶盖后门、车厢,车厢后门、卸垛链板输送器等组成。在本工艺过程中一般应用后者。

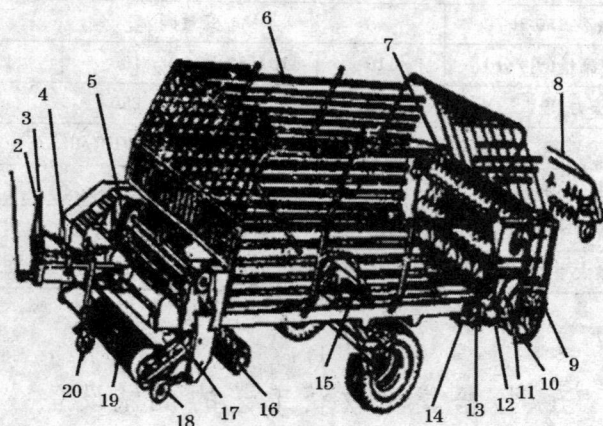

图 4-14　多用途散草装运车构造

1. 牵引杆　2. 捡拾器提升杆　3. 车底传送带操纵杆　4. 手制动装置

5. 链齿式输送器　6. 加高档栅　7. 卸草分配器　8. 附加计量辊

9. 制锁装置　10. 横向搅龙　11. 传送带操纵杆(后)　12. 计量机构操纵杆

13. 减速箱变速杆　14. 减速箱　15. 传送链　16. 切碎器

17. 输送传动离合杆　18. 地轮　19. 捡拾器　20. 自位支承轮

(二)运垛车

捡拾集垛车形成的草垛置于一定地点,当需要喂饲时可用运垛车运至喂饲地点。运垛车是支持在两轮上的大平台,平台上有两条由液压马达驱功的带爪的输送链,尾部有捡拾滚和支持滚。可利用一油缸使平台向后倾斜或转平。工作时,拖拉机将运垛车尾部退向草垛,用油缸使平台倾斜,其尾部支持滚触地,捡拾滚插入垛底部,靠输送链向车上移动草垛,待草垛移上平台后,停止输送链,使平台转平,即可进行运输。

(三)切垛喂饲机

切垛喂饲机用来将草垛逐层切碎,并将碎草用链板输送器送向一侧地面或饲槽,进行喂饲。它和运垛车联成机组后使用。它和运垛车联成机组后的切垛喂饲机外貌。工作时运垛车挂在切垛机上,草垛可由运垛车的输送链逐渐间歇地移动,切垛机上的一与垛宽等长的高速回转的切碎滚箱,将草垛的草切碎,抛入下面的输送器送向一侧进行喂饲。切碎滚筒可利用油缸升降,似便逐层切碎,而运垛车输送器的间歇移动即为草垛的进给运动。

(四)国内外主要捡拾集垛收获机械设备介绍

1. MF800 系列装载设备(彩图 4-18) MF800 系列部件特点:多功能铲头装载量分别为 0.61 米³、0.70 米³、0.8 米³ 和 0.9 米³;配重器无料重量 125 千克,全载重量可达 925 千克;货板装运叉宽度 1.1 米,装载能力为 1 000 千克和 1 600 千克;草捆抓取装置可液压控制及锁定,容易调整;装载斗装载量为 0.44 米³ 和 0.78 米³。其技术参数见表 4-34。

表 4-34　MF800 系列装载设备技术参数

型号	拖拉机马力	举升重量（千克）		举升高（米）	铲料角（度）	倾斜角（度）	提升油缸（毫米）	载重（千克）
		离地	最大离度					
MF831	40～60	2100	1580	3.38	24	36	70	350
MF879	140～250	3500	2400	4.45	38	61	90	800

2. 纽荷兰自动集捆车（彩图 4-19）　主要技术参数见表 4-35。

表 4-35　纽荷兰自动集捆车技术参数

型　号		1089	1095
356×457×914	25～27.2	161	
356×457×965	27.2～34.1	161	
356×457×1041	31.8～34.1	161	
381×559×1168	40.9～59	—	84
381×584×1168	52.2～61.3	84	—
406×457×914	31.8～34.1	161	
406×457×965	34.1～36.3	161	—
406×584×1168	56.8～65.8	—	74
空车时（千克）		7180	6913
长度（厘米）		942	642
最小宽度（厘米）		302	285
高度（厘米）		429	429
轮距（厘米）			
前轮		204	204
后轮		177	177
地隙（厘米）			
前轴		24	24

续表 4-35

型　号	1089	1095
变速箱	35	35
轴距（厘米）	447	447
前刹车	—	—
后刹车	15	15
自调节	15 * 6	15 * 6
发动机		
	7.5 升	7.5 升
	NEW Holland	NEW Holland
轮胎		
前轮	39.5×15-19.5	39.5×15-19.5
后轮	40×19-19.5	40×19-19.5

注：* 表示不适合此机型。

3. VFN5000、VFN8000 饲草车箱　主要特点：在任何工作状况下，Nogueria 公司生产饲草车箱耐用性与持久性好；所有的型式皆被赋予由后方卸物的金属垫带，具可拆卸的超规模横向拖拉器；装配有可接合的千斤顶，与可拆卸的辕杆，以获得较高的安全性和连接至拖曳车的便易性；也拥有含钉形保险丝的安全装置；自动而且可逆向卸货；"后方盖"具备朝向两侧全面的开展，轻易地释放出饲草所有的流出量。侧边出口以便在日常处理之工作中填满槽沟，后方出口，方便装满贮藏室；三种选择性的侧边卸货（到槽沟）系统，带来高效率及无浪费的卸货。

VFN8000 型采用有"双轮并排式"车轮，2 轴车轮，前轴可旋转，而后轴可接全，操作方便，减少工作时间，增加运输中安全性及提供不平地面较大的稳定性；上方超载设备使装载容量从 8 米增高为 12 米。VFN5000、VFH8000 饲草车箱技术参数见表 4-36。

表 4-36　VFN5000、VFN8000 饲草车箱技术参数

型　号	VFN5000	VFN8000
装载容量(米³)	5	8
卸货时间(分)	2.5	4
在能量插座的旋转(转/分)	540	540
发动机功率(在能量插座)(千瓦)	39.87	39.87
卸货的高度(毫米)	651~900	700
定量器的容量(米³)	0.65	0.65
全长(毫米)	5900	6700
长度(驼架)(毫米)	4200	5100
全宽(依卸货送带而定)(毫米)	2400~2500	2400~2500
宽度(车轴)(毫米)	1900	1900
高度(依定量器的使用而定)(毫米)	2000~2450	2100
无定量器(千克)	1460	1980
带定量器(千克)	1550	2060
轮胎		
10.5×16×8	02	04

4. 美国约翰·迪尔 200 型和 300 型集垛车　其技术规格如下:连枷式捡拾器转速:1 540 转/分;捡拾器宽度为 2 米,顶盖压缩力为 12.9 公斤/厘米²。200 型草垛尺寸为 4.3×2.6×3.4 米(长×宽×高),垛重 3 吨,拖拉机功率 43.5 千瓦,300 型草垛尺寸 6.3×2.6×3.4 米,垛重 6 吨,拖拉机功率 61.6 千瓦。

美国约翰迪尔公司的 SW-200 集垛车配套的 SM-200 型运垛车。其载重量为 3.6 吨,拖拉机功率 43.5 千瓦以上。

(五)草捆搬运与堆垛机的使用

1. 牵引式小方捆拾检与堆垛车 由拖拉机进行牵引作业,用于小型方捆检拾与堆垛,投资相对较低。

2. 自走式小型方捆拾检与堆垛车 自走式,无需其他机械牵引,用于小方捆的拾检与堆垛,作业率效较高,但该机投资大。

3. 多功能装载堆垛机 用于大方捆或圆捆的装卸与堆垛,升降臂伸缩范围大,可完成多种作业项目,操纵灵活方便,投资较大。

六、青饲料收获机械

(一)青饲料收获的工艺及其设备

青饲料含有丰富的营养,是家畜饲料中重要组成部分。发展青饲料生产对提高畜群的生产能力具有很大的作用。青饲料收获有如下几种。

1. 青割 用青草喂饲家畜主要有两种方式:一是放牧;二是割后再喂,称为青饲。根据资料,家畜青饲比放牧增重快,增产幅度为 $15\%\sim22\%$;先割草再放牧,生产能力可提高 $20\%\sim40\%$。因此国外有些国家提倡青饲,以使牧草达到合理利用。

青割所用的设备主要是青饲料收获机和自卸拖车,利用青饲料收获机收割青饲料同时切碎,并抛送到挂结在后面的自卸拖车内,拖车装满后,由拖拉机送至喂饲地点自动卸出或直接卸入饲槽喂饲。

2. 制干草 制干草是贮存青饲料的一种方法。

3. 制干草粉 近年来,许多国家发展了青绿饲料的高温干燥,然后制成干草粉,或进一步压制颗粒或草饼,以满足现代化畜牧业生产的需要。高温干燥和制干草粉可使牧草的营养成分损失少，并便于机械化喂饲，但能量消耗和成本较高。

制干草粉是在上述青割工艺的基础上，用干燥机干燥，和用粉碎机粉碎，或进一步用压粒机压粒。

4. 青贮 青贮也是一种贮存青饲料的方法，在养牛和养猪业中应用较多。青贮的原料是青玉米、青草或其他青绿饲料。青贮料的收获有分段收获和联合收获两种。分段收获是将青贮作物用人工或收割机割下，运回场内，用铡草机切碎再装入各种青贮建筑物内，它的设备简单，但劳动生产率低，收获时间长。联合收获是用青饲料收获机收割同时切碎，抛入后面的自卸拖车，再拉回场内直接卸入或通过风送机吹入青贮建筑物，整个过程可以达到全盘的机械化。

上述的设备将放在第六章内阐述，本节主要讲青饲料收获机。

（二）青饲料收获机

1. 青饲料收获机的种类 青饲料收获机的种类很多，目前常见的主要有两种：甩刀式青饲料收获机和通用型青饲料收获机。

甩刀式青饲料收获机可利用同一部件进行收割切碎和抛送，因此其结构很简单。但它只能用来收获青绿牧草，以及青绿的燕麦、甜菜茎叶等饲料作物，不适于青玉米等高秆作物。

通用型青饲料收获机一般是在同一机身上配用 3 种附件，以适应不同类型的青饲料收获。一是全幅割台，用来收获牧草及平播的饲料作物；二是中耕作物割台，用来收获青玉米等青贮作物；三是捡拾装置，用来收获已集成草条的牧草，以便进行在国外较盛行的低水分青贮料等。通用型青饲料收获机的 3 种附件主要用来收割或捡拾，切碎和抛送部件则皆安在机身上，其结构较甩刀式复杂，但它适应性广，因此国外应用很普遍。

2. 甩刀式青饲料收获机 甩刀式青饲料收获机主要用来收

获青绿的牧草、燕麦、甜菜茎叶等饲料。这种青饲料收获机有单切式和双切式两种。

甩刀式青饲料收获机使用前,应根据地面平整的情况及牧草收割的要求来调节割茬的高低,一般可以调节行走轮支架改变甩刀转子相对地面的位置来实现。有的收获机上甩刀转速可用变速箱来改变,高产牧草用高速,低产的如块根茎叶等用低速。行走轮距一般也可调整,割平播牧草时,在不压未割牧草的条件下应尽量加宽轮距,以增加机器稳定性,割垄播作物时,行走轮应走在垄沟处。

中耕作物割台用来收割青玉米,作为青贮料。行数多为2行,大型者可达3～4行。这一附件由切割器和夹持机构组成。工作时青贮玉米由切割器割下后被夹持机构输入机身。作物稠密时作业速度应稍低,国产甩刀式收获机作业速度为4千米/小时左右。作业时可根据拖车的装车情况,拉动拉杆改变排料槽控制口角度,控制口向下倾斜时喷至近处,向上时喷出较远。应避免甩刀刮地,刀片磨损时应磨锐或更换。运输时甩刀离地间隙应不小于200毫米。运输速度不大于12千米/小时。

(三)通用型青饲料收获机

通用型青饲料收获机可用来收获各种青饲料和青贮料。有牵引式、悬挂式和自走式三种型式。它一般有3个附件和1个机身组成,机身可和任一附件进行组合。

全幅割台用来收割细茎秆牧草或平播的饲料作物,这一附件和干草收获机械中的集条式割草机类似,包括往复式切割器、拨禾轮和两端向中央输送的搅龙。切割器也可采用回转式,此时可以取消拨禾轮,因为回转式切割器本身有向后拨草的作用。工作时饲料由切割器收割后被拨向后,由搅龙向中央集中,再被喂入机身。全幅割台工作幅多为1.5～2米,大型者可达3.3～4.2米。

捡拾装置用来捡拾由集条式割草机形成的草条,用于低水分青贮等。这一附件包括捡拾器和两端向中央输送的搅龙。工作时草条被捡拾后由搅龙集向中央,再被喂入机身。捡拾器的结构和干草捡拾压捆机中的类似。

机身的主要工作部件是喂入装置和切碎抛送装置,机身和上述中的任一附件组合,可将喂入的各种青饲料和青贮料切成碎段,然后抛送入挂在后面的拖车内。在机身上除这些部件以外还有机架,行走轮,传动部分等,自走式收获机在机身上还安有发动机和操纵部分。在3个附件中,全幅割台和捡拾装置和干草收获机械中某些机器类似。

我国研制的4QS型青饲料收获机系属于通用型。该机有机身以及全幅割台、中耕作物割台和捡拾装置三种附件。全幅割台的切割器为往复式。中耕作物割台的切割器为双圆盘式,夹持机构为链条波型皮带式。喂入装置为两对喂入辊式,喂入口宽度600毫米。切碎抛送装置为直接抛送的滚刀式,有六把平面切刀,切刀仰角30°,切刀的倾角8°,滚筒直径600毫米,宽650毫米,转速1 120转/分。该机全幅割台的割幅为1.8米,中耕作物割台一次能收获两行。由东方红-25或铁牛-55拖拉机牵引,每班生产率收获青贮玉米为4.5~5公顷/班,收获青饲料为6.05~6.5公顷/班。该机可改变刀数(6、3、2)来变更三种切碎段长度。

(四)国外青饲料收获机发展概况

国外的青饲料收获机应用日益广泛。甩刀式青饲料切碎机由切碎质量差和碎段长度不均,又不适于高秆饲料作物,应用受到影响。二次切割型,切割质量有所改善。因其结构简单,仍在继续采用。

通用型青饲料收获机因其适用性广,切割质量较好,应用较广。目前需要量最大的是所需功率为29~43.5千瓦的侧悬挂式青饲料收获机。56～72.5千瓦的牵引式通用型青饲料收获机也很受欢迎。

目前的青饲料收获机又提出精确切碎型和细切型两种类型。精确切碎型是切碎段长度精确可调,可用改变切刀数目和改变传动链轮来调整碎段长度,碎段长度种类可达10种,细切型青饲料收获机通常前面只配捡拾装置,用于捡拾草条切碎和抛入拖车。它采用细切型滚刀式切割器共有36把短刀片,互相错开地分成3排,刀片为内凹形,为直接抛送式,它的底刃有前后2个,固定在外壳上,后底刃也可除去。滚筒直径大(735毫米)转速高(1 000转/分),如按2个底刃,每排刀片相对应的底刃每分钟有24 000次切割,因此可以达到细碎。

二次切割型甩刀式青饲料收获机也有采用细切型切碎器的。

(五)主要青贮收获机械简介

1. JAGUAR 系列自走式青贮收获机(彩图 4-20) 具有技术先进、功率强劲、作业效率高、可靠及维护保养便捷等特点。强大的奔驰发动机,直接的动力传动,流畅的物流,保证了高效率;合理的刀片布置,锋利耐磨的刀片,确保物料切得均匀细碎,油耗低。其技术参数见表4-37。

表 4-37　JAGUAR 系列自走式青贮收获机技术参数

型　号	830	850	870	890	900
发动机	奔驰 OM 457 LA	奔驰 OM 457 LA	奔驰 OM 457 LA	奔驰 OM 502 LA	奔驰 OM 502 LA
功率 (DIN 千瓦)	236	286	322	370	445
气缸数	6缸直列	6缸直列	6缸直列	V 型 8 缸	V 型 8 缸
排量(升)	12	12	12	16	16

续表 4-37

型　号	830	850	870	890	900
行驶速度 （千米/小时）	Profistar/ Speedstar 20/40	Profistar/ Speedstar 20/40	Profistar/ Speedstar 20/40	Profistar/ Speedstar 20/40	Profistar/ Speedstar 20/40
燃油箱 容积（升）	920＋150	920＋150	920＋150	920＋150	920＋150
驱动方式	静液压驱动	静液压驱动	静液压驱动	静液压驱动	静液压驱动
添加剂水 箱容积（升）	410	410	410	410	410
不对行玉米 割台幅宽（米）	4.5/6	4.5/6	4.5/6	4.5/6	4.5/6
玉米自动 对行割台	选配	选配	标配	标配	标配
捡拾器 幅宽（米）	2.2/3.0/ 3.8/4.3	2.2/3.0/ 3.8/4.3	2.2/3.0/ 3.8/4.3	2.2/3.0/ 3.8/4.3	2.2/3.0/ 3.8/4.3
压力控制自动 降低仿形机构	标配	标配	标配	标配	标配
进料室宽 度（毫米）	750	750	750	750	750
进料预压 紧辊数量	4	4	4	4	4
进料变速 箱档位数	6	6	6	6	6
切段长度 （毫米）	4/5.5/7/9/ 14/17	4/5.5/7/9/ 14/17	4/5.5/7/9/ 14/17	4/5.5/7/9/ 14/17	4/5.5/7/9/ 14/17

2. Q9L-2.1 型青贮饲料收获机（彩图 4-21）　该机型主要用于

青贮饲料作物的田间收获,可一次完成切割、喂入、铡切、揉搓、抛送等作业,适用于青饲料作物种植面积较大的区域,用于收获青贮玉米、高粱等高秆、粗茎作物,也可用于收获摘穗后的玉米秸秆(即平常所说的黄贮);该机采用不对行的方式收获饲料作物,从而适应了在我国不同地区青贮玉米种植行距不一致的情况。其特点:有两种工作状态,后悬挂收获状态,保证了收获损失率小;侧牵引收获状态,提高了收获效率;不对行收获割台降低了农艺要求和驾驶员的劳动强度;全液压控制系统使操作简单可靠;齐全的安全保护装置,避免了部件损坏;物料长度可方便调整;全部齿轮、链条传动、没有使用皮带,减少了动力损失,降低故障;配有每小时 30 吨切碎能力的粉碎箱,物料经揉搓后提高了饲料的利用率;操作保养程序简单,维修方便,割台与物料粉碎箱可方便的分离;国际通用的二类、三类挂接点,而且悬挂位置可调,可快速与进口、国产拖拉机挂结;零配件齐全,服务到位。

第五章　牧草种子收获机及种子加工设备

　　牧草生产机械作为草业产业化的重要载体和手段,在草产业建设中具有十分重要的位置。它是以机械化高效作业为手段,集优质牧草种植、草地改良、饲草料收获、加工储藏等项技术措施为一体的综合配套技术。牧草机械主要分为三大类,即牧草种子收获与加工设备、草原保护与建设设备、牧草收获与加工设备等。

一、牧草种子收获机械

(一)牧草种子的特性

　　牧草种子生长情况复杂,有些草籽不成穗状。在植株上位置分散,有些同株上的种子成熟期不同,种子成熟了茎叶还较绿,水分含量还比较高,有些产量特低,谷草比特别小。另外,牧草种子物理特性也比较复杂,有些种子几何尺寸很小,重量轻,形状不规则,有些种子带绒、带毛、带芒、带刺,这些特性给草籽的采收带来很大困难。

(二)牧草种子收获方法

　　目前,国际上采用的牧草种子收获工艺概括起来有 4 种:用联合收割机直接收获法;使用专用的草籽采集机不切割直接收获法;采用割晒机及改装后的联合收割机分段收获法;落地收获法。

　　这几种收获方法都有一定的适应范围,也都存在各自的优缺点。联合收割机直接收获法适应于与粮食种子相似的草籽,如燕麦草籽,但对其他牧草效果不佳,当然对于收获季节多雨地区来说这可能是最佳选择。用草籽采集机收获草种,最大的特点是不切割牧草,草地上的牧草可以继续放牧或收割打捆,而且节省劳力,但它的缺点是只适应于收获生长在牧草顶端的种子,如羊草等。分段收获法的特点适应范围广,它最大的优点是:在风干期间利用种子在植株上的后熟作用,使种子成熟趋于一致,这对保证种子的质量有很大益处;风干的牧草有利于脱粒,减少种子损失,提高种子净度;风干后的种子含水率较低,这样减少了烘干过程的时间和能耗。分段收获的缺点是不适应雨季作业。落地收获法主要是针对一些牧草草籽在植株上分散不成穗状,而且成熟期以不同的特点而采取的特殊工艺。这种工艺就是等种子成熟落地后,用一些专用设备进行收获。这种工艺在澳大利亚收获地三叶草籽时应用较多,一般采用气吸式装置。

(三)牧草种子收获设备分类

1. 改装联合收割机 该机主要由收割台、脱粒机构、传动装置、牵引底架、液压系统、操纵台、尾罩等组成。

2. 专用牧草种子采集机 主要有单刷式牧草种子收获机、双刷式牧草种子收获机、旋转梳齿式牧草种子收获机、击杆梳齿式牧草种子收获机、帆布带夹持式牧草种子收获机、真空种子收获机。

(四)国内外主要种子收获机械介绍

1. 神农 4LSC 系列牧草种子收获机(彩图 5-1) 4LSC 系列草籽牧草收割机,采用了国际先进的梳脱收获技术和通用底盘行走机构,在国内首次实现了草籽收获与牧草收割两种功能为一体。在禾本科牧草种子成熟后,先对种子进行收获,收获过程中基本不伤茎秆和子叶。收获后牧草处于生长状态。待牧草成熟后,将收获机的梳脱台换为本公司生产的切割器,可将牧草割下成行铺放,可广泛用于全国各地牧区草籽收获和牧草收割,其产品综合技术水平居国内领先,梳脱台达到国际先进水平,工作可靠,为我国广大牧区实现草籽与牧草收获的机械化提供了理想机械。表 5-1、表 5-2 是 4LSC 系列牧草种子收获机的主要技术参数。由于该机采用了先进的梳脱技术,因此该机具有以下特点:效率高;省动力;适应性强;作业成本降低;性能指标优越。

表 5-1　4LSC 系列牧草种子收获机技术参数

型　号	作业幅宽(米)	纯工作小时生产率(公顷/小时)	总损失率(%)	配套动力(千瓦)
4LSC-200	2	0.7~1.0	<3	29.4
4LSC-300	3	1~1.5	<3	29

表 5-2　4LSC 之前身 4LS 系列产品技术参数

型　号	割幅(米)	损失率		含杂率(%)	破碎率(%)	效率(亩/小时)	配套动力(千瓦)
		小麦	水稻				
4LS-130	1.3	<2.7%	<2.3%	<3	<0.5	3~5	18~20
4LS-160	1.6	<2.7%	<2.3%	<3	<0.5	4~8	30

2. 9ZQ-2. 7 型苜蓿类草籽采集机　特点:①采集机可直接下田采集收获,无需提前喷药干燥或割晒铺条干燥,因此使用本机可以避免苜蓿在田间喷药干燥或割晒铺条干燥时因刮风、下雨等自然因素造成的损失。并具有环保、省劳力等特点。②采集机属于割前脱荚收获机具,种籽采集后,苜蓿草可以被继续收获利用,因此使用本机,种子、苜蓿草可分别收获利用,经济效益高。③采集机依靠滚筒梳刷脱粒种荚,植株不全部喂入脱粒,因此本机具有功耗小,作业成本低等优点。

主要技术指标:工作幅宽为最大 2.7 米;草的高度范围是

500～1 500 毫米；牧草行距范围是 350～1 000 毫米；损失率小于等于 6%；配套动力大于等于 36 千瓦；重量为 3 吨。

3.5TQ-110 型苜蓿种荚脱粒清选机 该机生产能力为 300 千克/小时，净度大于等于 70%，配套动力为 0.55 千瓦＋7.5 千瓦，重量为 0.7 吨。

4.9ZQ-3.0 型草籽收获机 特点：该机具有梳脱、吹送、风选、收集四种功能，适用于天然、人工草场作业，主要用于羊草、披碱草等草籽的收获。该机结构紧凑，工作效率高，损失率低，目前在生产中已广泛使用。其主要技术指标见表 5-3。

表 5-3 9ZQ-3.0 型草籽收获机技术参数

工作幅宽（米）	3
配套动力（千瓦）	≥25.9(拖拉机)
最高工作速度（千米/小时）	9
损失率（%）	2
草籽槽有效容积（米³）	4.5
外形尺寸(长×宽×高)(毫米)	4000×4500×2300
牧草高度范围(毫米)	450～1300
整机重量（吨）	2

二、牧草种子加工机械

(一)牧草种子加工处理工艺

收获后的牧草种子必须尽快进行加工，否则由于草种湿度较大堆积起来容易发霉变质，导致种子失去生命力。同时只有加工后种子才具备贮存条件，也只有通过加工后的种子才能成为商品。

　　牧草的加工处理包括烘干、除芒或绒毛、清选、分级、拌药、包衣、丸粒化及包装等内容。根据牧草种子的特点,目前常见的加工处理工艺有:①不需除芒的种子。进料→输送→初选→输送→精选→提升→窝服选→出料。②需要除芒的种子。进料→输送→初选→除芒→输送→精选→提升→窝眼选→出料。

　　烘干是牧草种子加工中的一个重要工序,烘干后的草籽不仅便于加工,而且加工后能长期保存。一般田间收获的草籽湿度在18%以上,有的高达30%以上,加工前必须把湿度降低到12%～13%。目前普遍采用40℃～45℃热空气烘干,平均每小时可降低湿度2%。热空气烘干的形式有多种,有的采用装箱成行布置或平面布置底部通风;有的采用装箱立体布置底部通风;也有的采用连续烘干装置。目前的加热装置大部分以油或煤为燃料来加热空气,也有的用精选草籽时选出来的废料作燃料,烘干后的草籽要进行湿度检查,湿度符合要求才能进入初选机。

　　初选机用来清除草籽中的较大杂质,如破碎的叶子和茎秆等。初选机全部采用筛选,有的初选机在进料装置后部设一长度1米左右逐蒿器,用来清除茎秆。经过初选机处理的种子进入除芒机或刷种机。对于要求较高或难以清选的草籽,还要增加一些特殊清选工序,最常用的是重力清选机。重力清选对清除沙粒,清除尺寸和形状与正常草籽非常接近的杂草种子是很有效的。

　　通过清选后的草籽需要拌药或包衣,拌药和包衣是增产增收的重要措施,拌药、包衣一般在拌药机或包衣机上进行。对一些小粒种子以及一些不规则的种子,为便于播种要进行丸粒化。

(二)种子加工成套设备

　　1. 种子加工成套设备组成　种子加工成套设备由各种单机、提升输送系统、电力拖动系统、除尘系统、除杂系统、平台支架等部分组成。

（1）各种单机　各种单机是直接对种子进行清选加工的设备，包括以下几种设备。

①烘干机和烘干室。干燥种子用的烘干机和烘干室，要求温度调节灵敏、准确，作业时种子的温度绝对不能超过 43℃，当干燥水分较高的种子时温度还相应要低一些，这些做法都是为了保护种子的发芽率。烘干机对种子的破损主要来自排种机构，因此要注意排粮机构的形式和质量。水稻干燥时容易产生爆腰现象，所以用于水稻种子的烘干机一定要有较大的缓苏段。

②脱粒机。脱粒时要使种子机械损伤率最小，必须保证两个条件：一是脱粒机工作时，进料应当保持均匀并在满负荷下工作；二是种子的水分在 18％～20％。因此，在选购脱粒机时应当正确选择脱粒机的生产率。

③预清机。与一般种子清选机相比，预清机的加工能力大，筛片倾角大，筛片面积较小，风选部分效果较差。国内没有专门生产的预清机，一些厂家用风筛清选机作预清机用。但是要注意，预清机往往要加工高水分的种子，高水分种子的流动性较差，要求预清机要有较好的适应能力。

④风筛清选机。由于近年来种子加工的基本原理没有大的变化，除在制造时采用一些新材料、新工艺和增加自动控制技术外，风筛清选机的结构没有根本性的变化。为了提高加工后种子的质量，各国生产的风筛清选机都在风选部分做了改进，有利于提高种子加工质量。国内外普遍使用的风筛清选机多为中等振动频率（300～400 转/分）、振动幅度（20 毫米左右），高振频小振幅的机器（如瑞士布勒公司和石家庄种子机械厂的产品）多用于粮食加工。特别是国产设备，由于橡胶减振机构质量差，不但易坏，而且减振效果不好，更易对机架造成损坏。风筛清选机的喂入部分是造成种子破损的主要部位。

　　⑤窝眼筒清选机。它是用来进行长度清选的设备，广泛使用于种子加工。窝眼筒有整筒式、两片式和带有锥度的。一般来说，选小籽粒应当选择整筒式窝眼筒。窝眼筒径向跳动过大（不圆）时，筒内的 V 型接料槽工作边是造成种子破损的主要部位。

　　⑥重力式清选机。重力式清选机有振动频率、振动幅度、纵向倾角、横向倾角、风量 5 个调整参数，相互之间互有影响，调整麻烦；为了迅速准确地调整好使用参数，增加了提针式风量表和数字式振动频率表；为了解决正压式重力式清选机对环境的污染，增加了振动台面与机架间的软连接的全封闭除尘罩；一般地说，三角形台面除重杂质效果较好，矩形台面除轻杂质效果较好，且生产率较大。

　　重力式清选机有正压和负压两种，因为负压式（如石家庄种子机械厂生产的设备）要求机器密封，而且功率消耗大，所以目前在国内外多使用正压式重力清选机。重力式清选机的台面运动轨迹和风量的均匀分布对清选质量影响很大，国内产品恰恰在这两方面较差。

　　⑦种子包衣机。目前国外已经有新型的种子包衣机，特点是：采用定量计量泵强制输送种衣剂，代替原有的机械翻倒式加药机构；一些机型取消了雾化装置；搅拌部分多采用滚筒式，体积很大，可以做到种子成膜后再排出；有的包衣机采用喷药搅拌再喷药再搅拌的工艺，最多可达 10 次之多，因此不管哪类形状的种子包衣合格率都可以达到 100%。

　　（2）提升输送系统　提升输送系统的作用是把被加工的种子输送到指定的位置，成套设备就是靠它串成一条流水线的，主要包括以下几种设备。

　　① 提升机。除部分蔬菜种子加工成套设备使用悬挂式提升机外，绝大部分种子加工成套设备都使用斗式提升机。所以，提升皮带的线速度不能快，一般要求不超过 1 米/秒。工作时，种子

不应从筒体倒流回提升机的底部。应当注意的是，有一些厂家为了节省原材料，使用了容积小的畚斗，因为提升量不够，就提高提升皮带的速度，结果大大增加了种子的破损率。

为了减少种子的破损率，提升机的底轮应改用鼠笼型，畚斗与皮带之间应加垫。为了清理方便，提升机的底部最好是可以全部敞开的抽屉式结构。

②皮带输送机。种子加工成套设备中配备皮带输送机，主要用于输送加工后袋装的种子。这种皮带输送机分水平式和倾式两种，可以进行长距离的输送、码垛和装车等作业。皮带输送机每台的输送长度有 5 米、6 米、7 米、8 米 4 种；带宽有 300 毫米（适合输送 25 千克的袋子）、400 毫米（适合输送 50 千克的袋子）、500 毫米（适合输送 50 千克 以上的袋子）3 种。

③振动输送机。振动输送机是正向机械式输送器，由电机驱动偏心杆使输送槽往复振动，使物料不断地向前移动。

(3)电力拖动系统　电力拖动系统以简单、易操作为原则，由于种子加工设备并不复杂，安装上价格高昂的可编程序控制器进行全自动控制实际意义不大。为了工人操作方便，不产生误操作，可以选用带提示的控制方法。

(4)除尘系统　种子加工中产生的灰尘大量的是颖壳和尘土，不能简单地选配工业上用的除尘设备，否则投资大效果并不一定好。经常采用的有以下三种：

①布袋除尘。效果好，但是设备投资大，功率消耗大，在大城市建种子加工厂时可考虑选用。

②旋风集尘器（刹克龙）除尘。

③除尘风机除尘。

(5)除杂系统　目前国内选用的种子加工成套设备都没有配备专门的除杂系统，而是采用麻袋接杂质，人工清除的办法。在蔬菜种子加工成套设备中，有采用塑料桶接杂的，既美观又实用。

2. 种子加工成套设备的特点　第一,根据种类种子外形尺寸的区别,对种子的宽度、厚度及长度进行彻底分选,得到外形基本均匀一致的籽粒。第二,根据种子本身容重的不同,进行比重分选,得到饱满健壮的成品种子。以牧草而言,按外形尺寸可分大、中、小三级,也可分大圆、大扁、中圆、中扁、小圆、小扁六级。第三,根据衣剂与种子的配比要求,对种子进行拌药包衣,达到灭菌防病的作用。第四,结合种子商品化要求,对种子进行定量包装,入库或销售。第五,成套设备可采用平面布置或立式布置,结构紧凑,占地面积小,集中电器控制,操作方便,自动化程度高,采用集中集尘,车间工作环境好。

3. 种子成套设备分类　种子加工成套设备根据用户种子品种、年产量的不同,分为 1 吨/小时、3 吨/小时、5 吨/小时三种不同的生产能力;经过加工后的种子,无论在外形尺寸上,还是内存质量上,均比加工前有较大的提高,特别适用于机械化播种;种子净度提高 2%～5%,千粒重提高 5 克左右,用种量减少 10%～20%,一般可增产 4%～8%。

4. 应用条件　种子加工成套设备的适用范围较广,小到油菜、各类牧草、白菜、萝卜等种子加工,大到小麦、水稻、豆类、花生等种子加工均能满足加工要求。

5. 工艺流程　工艺流程见图 5-1。

(三)国产种子加工机械介绍

1. 牧草种子加工成套设备(彩图 5-4)　其技术参数见表 5-4。

```
┌─────────────────┐
│     喂料斗       │
└────────┬────────┘                    ┌──────┐
┌────────┴────────┐                    │      │
│     清选机       │                    │ 除   │
└────────┬────────┘                    │      │
┌────────┴────────┐                    │ 尘   │
│   窝眼分选机组    │──────────────────  │      │
└────────┬────────┘                    │ 系   │
┌────────┴────────┐                    │      │
│   重力式分选机    │──────────────────  │ 统   │
└────────┬────────┘                    │      │
┌────────┴────────┐                    └──────┘
│   圆筒分缓机      │
└────────┬────────┘
┌────────┴────────┐
│     贮料仓       │
└────────┬────────┘
┌────────┴────────┐
│   皮带输送机      │
└────────┬────────┘
┌────────┴────────┐
│     包衣机       │
└────────┬────────┘
┌────────┴────────┐
│    称重包装       │
└────────┬────────┘
┌────────┴────────┐
│    成品入库       │
└─────────────────┘
```

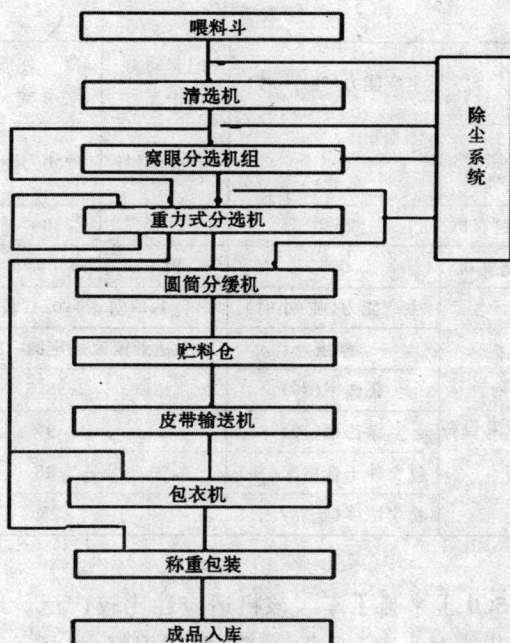

图 5-1　种子加工工艺流程

表 5-4　牧草种子加工成套设备技术参数

设　备	生产能力（吨/小时）	配套动力（千瓦）	外形尺寸（长×宽×高）（毫米）
5X-5 型清选机	5	7.5	3100×2200×2200
5XZJ-3 型清选机	3	7	3200×1800×2800
9CM-300 型除芒机	0.3	9.4	1600×2200×3200
5ZX-5 型重力分级机	1.5～5	7.7	2500×1700×1700
9CM300 型窝眼清选机	3	2.2	5200×1300×2500

续表 5-4

设 备	生产能力(吨/小时)	配套动力(千瓦)	外形尺寸(长×宽×高)(毫米)
5YS-500 型丸化种子分级机	0.5	0.55	2000×810×1420
5HSHB-5A 型包衣机	2～5	2.45	2300×500×2300
5ZW-1000 型制丸机	0.5	1.4	1600×1400×1900

9CJT-300 型牧草种子加工成套设备	生产能力(吨/小时)	1.5(苜蓿);0.4(披碱草)
	净度	达到国家规定的一级以上
	获选率(%)	＞98.5
	除芒率(%)	＞97
	包衣种子合格率(%)	＞98
	粉尘浓度(毫克/米³)	＜5

2. 5XT-5. 0 玉米加工车 该机适应性比较广泛。通过更换筛片和风量调节能对小麦、玉米、高粱、脱绒棉籽、水稻等种子进行清选。其技术参数见表 5-5。

表 5-5 5XT-5.0 玉米加工车技术参数

生产率(千克/小时)	5000
电机总功率(千瓦)	13
筛箱振动频率(次/分)	390
筛箱振幅(毫米)	20
外行尺寸(长×宽×高)(毫米)	3340×1860×3170
机器净重(千克)	1250

3. 5CMA-2. 0 型水稻除芒机 该机适应于带芒水稻种子的加工及其他带芒种子的加工,通过除芒,风选,达到对作物的除芒目

的。该机既可作为与种子加工成套设备配套使用,也可作为单机使用。其技术参数见表5-6。

表 5-6　5CMA-2.0 型水稻除芒机技术参数

生产率(千克/小时)	2000～3000
电机总功率(千瓦)	6
除芒率(%)	20
外行尺寸(长×宽×高)(毫米)	3340×1860×3170
机器净重(千克)	600

4.5XQS-300 型比重去石机　技术参数见表5-7。

表 5-7　5XQS-300 型比重去石机

生产率(吨/小时)	0.3(蔬菜种子)
工作台尺寸(长×宽)(毫米)	600×1215
工作台倾角	2°～6°
振动频率(转/分)	400～600
振幅(毫米)	5
风量(米³/小时)	3000
配套动力(千瓦)	0.5
外形尺寸(长×宽×高)(千瓦)	1450×800×1250
重量(千克)	250

5.5XZD-5.0(3.0)型比重式清选机(彩图5-5)　技术参数见表5-8。

表 5-8　5XZD-5.0(3.0)型比重式清选机技术参数

生产率(千克/小时)	动力	风量(米³/小时)	筛床振动频率(次/分)
5000(3000)	电机总功率(千瓦):9(4.75) 筛床振动电机功率(千瓦):1.5(0.75) 转速(转/分):910 风机电机型号:Y132M-4-B3(Y112M-4) 风机电机功率(千瓦):7.5(4) 风机电机转速(转/分):1440	19000(15000)	400～800
筛床振幅(毫米)	筛床角度调整	筛网	外形尺寸(长×宽×高)(毫米)
600	A纵=0°-7′ A横=0°-7′	选小麦:14目 选棉籽:7目 选蔬菜籽:40目 筛面面积:2.1(1.3)米³	2361×1838×1455 (1915×1295×1166)

6.5XS-5.0型清选机　技术参数见表5-9。

表 5-9　5XS-5.0型清选机技术参数

生产率(吨/小时)	5
风机转速(转/分)	1400
筛层数	3
下层筛尺寸(长×宽)(毫米)	879×1424
配套动力(千瓦)	7
外形尺寸(长×宽×高)(毫米)	2808×2635×2533
重量(千克)	2000

7.5XF-1.3A复式精选机

种子精选机的工作原理是利用种子和其他夹杂物的物理机械性能的不同来进行的。本机利用以下几种特性实现分离:①风选主要是按重量及空气动力学特性,通过改变吸风道截面积大小得到不同气流速度而达到提升种子和精选的目的。②筛选是利用种子和混杂物之间在几何尺寸上的差别,通过一定规格的孔来分离杂物和瘦籽粒的。本机所用的筛片有圆孔和长孔两种。③筒选是按种子长度进行分离的。

用途:该机通过筛片更换和风量调节,能对小麦、水稻、高粱、豆类、胡麻、油菜、牧草等种子及颗粒状化肥进行精选、分级,有利于机械化精量播种。

技术特点:具有适应性强、精选精度高、费用低等特点。技术参数见表 5-10。

表 5-10 5XF-1.3A 复式精选机技术参数

生产率(千克/小时)	1250
电机总功率(千瓦)	4
外形尺寸(长×宽×高)(毫米)	5212×1763×2417
重量(千克)	850
风机转速(转/分)	1100～900
筛箱振幅(转/分)	15～17
筛箱振动频率(次/分)	420
窝眼筒转速(转/分)	32
机器净重(千克)	850

8. 5X-0.7 风筛式清选机 工作原理是该机利用种子和其他夹杂物的物理机械性能的不同来进行清选的。风选是按重量及空气动力学特性分离。筛选是利用种子和混杂物之间在几何尺寸上的差别按一定规格的长孔和圆孔来筛选的。

用途:适用于小麦、玉米、水稻等种子的清选。其技术参数见表 5-11。

表 5-11　5X-0.7 风筛式清选机技术参数

生产率（千克/小时）	700（用于清选小麦）
筛箱频率（次/分）	420
筛箱振幅（毫米）	15～17
上筛倾角	3°35′/6°25′
下筛倾角	7°15′
前滑板倾角	7°15′
后滑板倾角	6°15′
清筛形式	上筛:敲击锤,下筛:排刷
风机转速（转/分）	1100～1500
外形尺寸（长×宽×高）（毫米）	2670×1260×2620
净重（千克）	420

9. 窝眼清选机（彩图 5-6）　其技术参数见表 5-12。

表 5-12　窝眼清选机技术参数

型　号	5W-5.0	5W-3.0
生产率（千克/小时）	5000	—
电机总功率（千瓦）	2.2	1.5
外形尺寸（长×宽×高）（毫米）	4390×1088×2402	3784×918×2062
滚筒转速（转/分）	28～5.8	
转速调整（转/分）	±0.5	
机器净重（千克）	2000	1500

　　10. 5BY-5.0V/8.0V/12V 种子包衣机（彩图 5-7）　技术特点：①采用独特的双级超速雾化装置,使种子和药液在高速旋转下,形成锥桶形幕状带的种子与雾化后的药液充分结合,极大地提高了药液与种子的附着力和包衣均匀度。②采用了先进的弹性搅龙包

· 160 ·

衣输送装置,更适合于易破碎的种子的包衣,清机方便,无破碎。整机采用全封闭式结构,避免了因种衣剂气味泄出对人员的危害。③设计了可调流量的蠕动计量泵供药,药体不接触泵体,保证了精确的药种配比,解决了以往柱塞泵因药液堵塞单向阀易出现的机械故障。药种配比在 1:20～125(范围内可调)。④电气控制设置了物料及药液流量传感器,大大地提高了机械的稳定性、可靠性和适应性。⑤该机除具有上述特点外,还可减少包衣剂损失15%。

其技术参数见表 5-13。

表 5-13　5BY-5.0V/8.0V/12V 技术参数

型　号	生产率 (千克/小时)	电机总功率(千瓦)	外行尺寸 (毫米)	重量 (千克)	搅拌轴转速(转/分)	药种配比范围
5BY-5.0V 型	5000	1.68	2080×780×2150	250	280～380	1:25～200
5BY-8.0V 型	8000	3.54	2370×800×2120	—	660 1:20～200	—
5BY-12V 型	4000～12000	4.24	—	—	—	—

11. 种子加工成套设备　其主要技术参数见表 5-14。

表 5-14　种子加工成套设备技术参数

型　号	生产率 (吨/小时)	配套动力 (千瓦)	外形尺寸(长×宽×高)(毫米)
5XT-3.0	3	39.74	14400×5000×6800
5XT-5.0	5	39.74	14400×5000×6800

12. 5W-5.0B 窝眼式清选机　5W-5.0B 窝眼机该机为 5W-

5.0A 窝眼分级机的基础上组合成的机型,呈倒品字形。可与其他清选设备配套组成种子加工组,同时又可作为单机独立操作。

该机结构先进,性能稳定,使用可靠,操作方便,适合现代种子加工的要求,是对小麦、水稻等农作物及蔬菜、花卉、牧草等种子按长度进行清选分级的理想设备。其技术参数见表 5-15。

表 5-15　5W-5.0B 窝眼式清选机技术参数

生产率(千克/小时)	5000
电机总功率(千瓦)	3.3
外形尺寸(长×宽×高)(毫米)	5012×3720×4600
滚筒转速(转/分)	12~60
滚筒直径(毫米)	800
滚筒长度(毫米)	2712

13.5XF-1.3K 种子清选机　本机采用橡胶球清筛,通过更换筛片和调节风量,适用于清选一些苜蓿种子。其技术参数见表 5-16。

表 5-16　5XF-1.3K 种子清选机技术参数

生产率(千克/小时)	250(苜蓿)
电机总功率(千瓦)	4
外形尺寸(长×宽×高)(毫米)	5212×1763×2417
重量(千克)	850
风机转速(转/分)	110~900
筛箱振幅(毫米)	420
筛箱振动频率(次/分)	15~17

14. 德国佩特库斯 PETKUS 公司牧草种子加工机械　PET-KUS 公司牧草种子加工机械有:U 系列风筛清选机(集初清-60

吨/小时、精选-20 吨/小时、种子清选-8 吨/小时功能于一身),用于任何作物种子。窝眼清选机(1.25～12 吨/小时);除芒机和磨光机,用于蔬菜和花草种子的清选;重力式清选机(0.2～12 吨/小时);包衣机/丸化机(批量式和连续式)(2～30 吨/小时);谷物干燥机和种子干燥机,采用连续工作方式对谷物种子进行烘干。

(1)输送设备,斗式提升机、斗链提升机、管道式输送机和皮带式输送机。

(2)除尘系统。

种子成套设备还有:ZTM-4.0 型种子加工设备,生产能力 4 吨/小时,装机容量为 35 千瓦;ZTM-1.5 型种子加工设备,生产能力 1.5 吨/小时。

第六章 饲草产品加工机械

牧草加工是牧草生产的重要环节,是实现养殖业所需饲草年度均衡供应、改善和提高牧草饲用价值和利用率的重要手段。牧草加工机械化对实现草业专业化、商品化、产业化经营具有重要意义。目前对饲草加工机械需求十分迫切,基于国内外现状,饲草产品加工机械主要包括饲草青贮机械、烘干机械、干草加工机械、混合饲草加工机械及氨化饲草加工机械。

一、饲草切碎机械

将各种牧草、秸秆饲料切碎成段的机械,称为饲草切碎机械。饲草切碎机械在我国生产和使用已有 50 多年的历史,是我国广大农村和牧场应用较多、发展较快的一种饲草饲料加工机械。

(一)饲草切碎机械的技术要求

1. 切碎质量 切碎段长度整齐一致,即要求不产生长草,或长草尽量的少。长草过多,饲喂时不被牲畜采食,连同其上的精料也就浪费了。对于青贮饲料,切碎段长草少,可以保证紧密度,防止青贮质量变坏。对于多汁的青饲料,还要求切碎时汁水不挤流,以免降低饲料质量,增大营养物质的损失。对于秸秆和干草,还要求茎秆破裂开,破茎率要高。

2. 切碎长度 切碎段长度可根据需要而调整,因为不同饲料、饲喂对象和方式,要求的切碎段长度也不同,故要求切碎机械能方便地调整切碎长度。

3. 生产率 生产率高，一方面每小时内切碎的饲料要多；另一方面要求自动喂入及自动卸出，以减少操作人员、减轻辅助工序的工作量。这对带有突击性的青贮切碎作业来说，尤其显得重要。

4. 结构要求 结构简单，操作安全，移置和保养方便。

（二）切碎机械的种类

切碎机械的种类可按以下方式分类：①按机型大小可分为小型、中型、大型三种；②按用途不同分为青饲切碎机和秸秆切碎机两种；③按喂入方式不同分为人工喂入式、半自动喂入式和自动喂入式三种；④按切碎段处理方式不同分为自落式、风送式和抛送式三种；⑤按满足不同切碎工艺要求分为切碎机、粉碎机、揉搓机（也有称作揉碎机或揉草机）和揉切机；⑥按固定方式可分固定式和移动式。大中型饲草切碎机为了便于青贮作业常为移动式，小型铡草机常为固定式。

（三）饲草切碎机械

饲草切碎机也称作切草机。通常所说的铡草机、青饲切碎机、秸秆切碎机等都属于饲草切碎机。铡草机是一种小型切碎机，体小轻便，机动灵活，适合于广大农村农牧民用来铡切麦草、稻草、谷草、豆秸、花生蔓等。青饲切碎机又称青贮切碎机，为大中型切碎机，结构比较完善，生产效率高，并能自动喂入饲料和抛送切碎段，适宜切碎青玉米、青苜蓿等青刈和青贮饲料。秸秆切碎机一般可用于铡切干秸秆与青贮料两用，故又称秸秆青贮饲料切碎机。

饲草切碎机按切碎器型式不同分为轮刀（圆盘）式、滚刀（滚筒）式两种。大、中型切碎机为了抛送青贮料一般都为轮刀式，而小型铡草机则两者都有但以滚刀式居多。图6-1为滚刀式饲草切碎机和轮刀式饲草切碎机的示意图。

饲草切碎机由喂入装置、切碎器、传动装置和机架等部分组成,大、中型切碎机还有茎秆喂入输送器和碎段抛送器等。

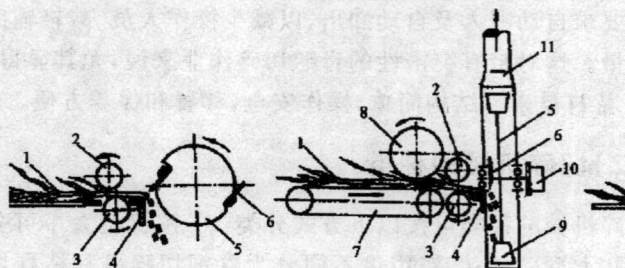

图 6-1 牧草切碎机工作示意图

1. 牧草 2. 上喂入辊 3. 下喂入辊
4. 定刀 5. 滚筒或圆盘 6. 动刀 7. 链板输送器
8. 压草辊 9. 抛送叶板 10. 皮带轮 11. 抛送管

1. 滚刀式切碎机 滚刀式切碎机工作时,滚筒回转,其动刀片刃线运动的轨迹呈圆柱形或近似圆柱形。上下喂入辊相对回转,将牧草压紧和卷入,送至定刀上,由动定刀构成的切割副切碎,碎段落入排出槽排出,或由抛送器抛送至指定地点。有的滚刀式切碎机在喂入辊前设链板秸秆输送器,使牧草喂入均匀连续、省力安全。显然,当滚筒转速和动刀数目不变时,加大喂入牧草速度将使碎段变长,反之则短。滚刀式切碎机的结构优点是滚筒轴与喂入辊、输送链的轴平行,所以传动较简单、结构紧凑。图 6-2 是ZC-0.95型铡草机滚刀式切碎机结构图。

2. 轮刀式切碎机 图 6-3 表示了装有凹曲线刀片的轮刀式切碎机,它由刀盘(1)、动刀片(2)、抛送叶板(3)等组成。刀盘上安装动刀片和叶板。定刀片(4)固定在机械上。在轮刀式切碎器中,某切割点的滑切角 τ 将等于刀刃于该点的切线与该点半径线的夹角,而推挤角 x 则等于刀刃于该点的切线与定刀刃线的夹角。凸

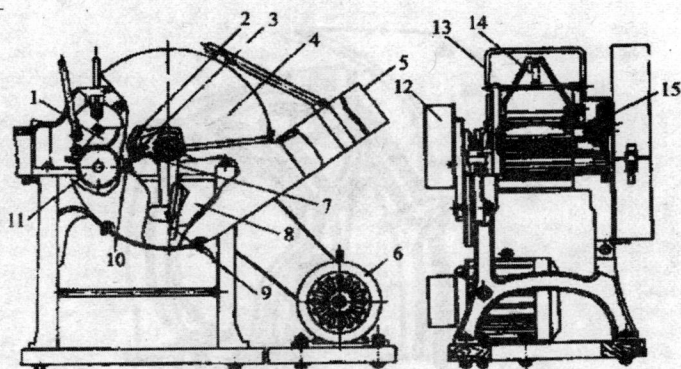

图 6-2　ZC-0.95 型铡草机滚刀式切碎机结构图

1. 上喂入辊　2. 刀片顶丝　3. 刀片固定螺栓
4. 风扇外壳　5. 抛送筒　6. 电动机　7. 刀片
8. 接草斗　9. 风扇叶片　10. 定刀片　11. 下喂入辊
12. 皮带轮　13. 抓形离合器手柄　14. 喂入辊弹簧
15. 十字沟槽联轴节

曲线刀片在开始切割时,切割点的回转半径较小,但其滑切角 τ 较小(切割阻力较大);而切割终了时,切割点回转半径,但滑切角 τ 较大(切割阻力较小),这就使整个切割过程阻力矩较为均匀,这是凸曲线刀片的优点,但它在切割开始和切割终了时推挤角均大于 50°,引起对饲料的推挤,尤其是切割后期,将饲料推向喂入口的一角,引起刀片负荷集中和集中磨损。凹曲线刀片的滑切角变化规律不如凸曲线刀片理想,但它的推挤角始终较小,故不会产生推挤饲料的现象。

(四)饲草粉碎机

1. 饲草粉碎的方式　饲草饲料的粉碎方式主要有击碎、磨碎、压碎、锯切碎 4 种(图 6-3)。击碎适用于硬而脆的谷物饲料,锯切碎适用于大块的脆性饲料,压碎和磨碎适用于韧性饲料。

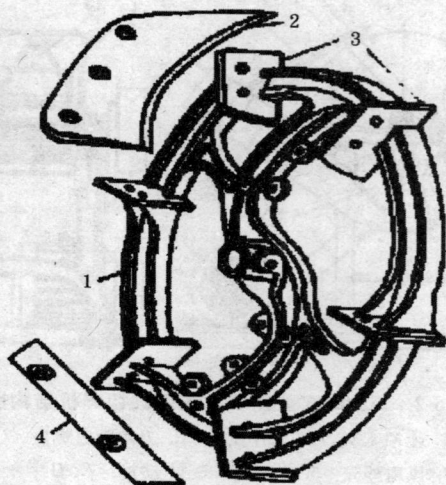

图 6-3　装有凹曲线刀片的轮刀式切碎器
1. 刀盘　2. 动刀片　3. 抛送叶板　4. 定刀片

2. 粉碎的影响因素

（1）被粉碎饲料的种类　粉碎不同品种的饲料,其度电产量有很大差异。谷类饲料偏高,粗饲料较低。在筛孔直径为 1.2 毫米,饲料含水率15%的情况下,不同饲料的度电产量(千克/千瓦小时)为:玉米和高粱45～60,谷壳17～22,红薯藤 12～16,玉米秸 8～12,高粱秸7～12,豆秸 6～10,玉米芯(筛孔为 2 毫米)3～4。

（2）饲料的含水率　饲料的含水率愈高,粉碎机的生产率和度电产量愈低。一般要求粉碎时饲料含水率不超过 15%。

（3）粉碎机的主轴转速　每一种型号的粉碎机,在粉碎某一类饲料时,都有一个适宜的转速。在此转速下工作电耗小,生产率高。如果过低,粉碎能力下降,排料不畅,因而生产率低。相反,如果转速过高,空载功率增加,磨损和振动加剧,耗电增加。我国近年生产的锤片式粉碎机,锤片线速度为 70～90 米/秒。

　　(4)饲草喂入量　饲草喂入量过大,粉碎室内的饲料不能及时排出,造成堵塞,影响粉碎效率。喂入量过小,粉碎机的动力不能充分利用,同样使效率降低。

　　3. 粉碎机的类型　目前,厂家生产的饲草粉碎机,往往是几种粉碎方法同时使用。常见的粉碎机类型有锤片式、劲锤式、爪式和对辊式四种。粉碎秸秆饲料,采用锤片式粉碎机最为适宜。对辊式粉碎机是由一对回转方向相反、转速不等的带有刀盘的齿辊进行粉碎,主要用于粉碎油料作物的饼渣、豆饼等,其工作原理见图 6-4(5)。

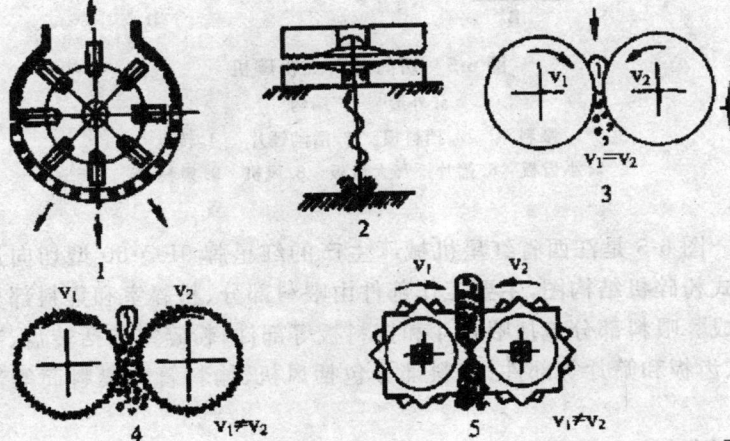

图 6-4　粉碎方法

1. 击碎　2. 磨碎　3. 压碎　4、5. 锯切碎

　　(1)锤片式粉碎机　锤片式粉碎机是一种利用高速旋转的锤片击碎饲料的机器。按其结构主要可分为两种型式,即切向进料式和轴向进料式。

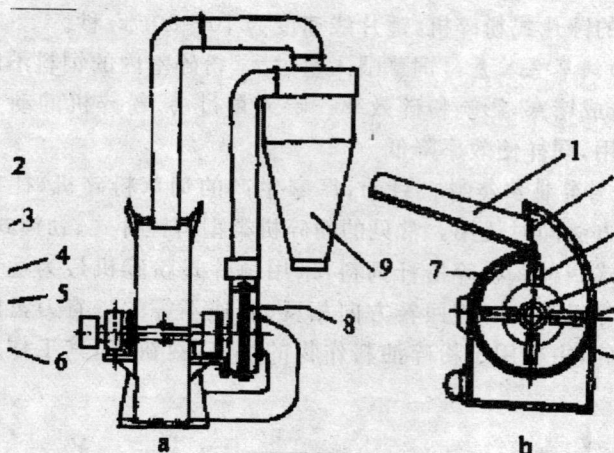

图 6-5　切向进料式粉碎机

a.外形　　b.结构

1.喂料斗　2.挡料板　3.活动锤片　4.转盘
5.小齿板　6.筛片　7.大齿板　8.风机　9.集料筒

图 6-5 是江西省红星机械厂生产的红星牌 9FQ-50 型切向进料式粉碎机结构图,主要工作部件由喂料部分、粉碎室和集料部分构成。喂料部分包括喂料斗和挡料板等部件;粉碎室包括转盘、锤片、齿板和筛片等部件;集料部分包括风机、输料管和集料筒等部件。

　　准备加工的物料从喂料斗由锤片回转圆周的切线方向喂入,并在高速回转着的锤片打击带动下进入粉碎室。进入粉碎室的饲料首次被锤片打击,得到一定程度的粉碎,同时以较高的速度甩向固定在粉碎室内部的齿板和筛片上,受到齿板的碰撞和筛片的摩擦作用而得到进一步粉碎。随后,饲料又受到高速锤片的再次打击而更细碎。如此重复进行,直到粉碎到可以通过筛孔,被排出粉碎室为止。饲料在粉碎室内被击碎的过程,同时兼有碰撞、剪切、揉搓等作用,加强了粉碎效果。饲料成品由出料口被风机吸入,经风机吹送至输料管,进入集料筒,粉气分离,再由喂料斗排出。

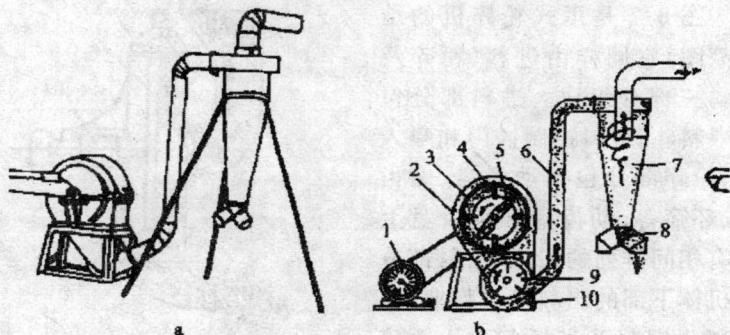

图 6-6 轴向喂入粉碎机

a. 外形　　b. 工作示意

1. 电动机　2. 机壳　3. 环筛　4. 锤片　5. 初切刀
6. 输料管　7. 集料筒　8. 排料斗和活门　9. 风机　10. 机架

图 6-6 是轴向喂入粉碎机。它与切向喂入式粉碎机的不同之处,主要是喂入方向以及入料时具有初切功能。从轴向喂料斗喂入的饲料,首先经过安装在粉碎室前端的初切装置,切成碎段,再落入粉碎室,这样可以减轻粉碎室负荷,喂入性能好,工作平稳,工效高,特别适合粉碎水分较多的秸秆饲料。

锤片式粉碎机的特点是生产率高,适应性广,粉碎粒度好,既能粉碎谷物类精饲料,又能粉碎纤维、水分较多的青草类、秸秆类饲料,因此也称为草粉机。缺点是它的动力消耗较大。

劲锤式粉碎机的结构与锤片式类似,不同之处在于它的锤片不是铰接在转盘上,而是固定安装在转盘上,因此它的粉碎能力要强些。

(2)爪式粉碎机　爪式粉碎机是利用固定在转子上的齿爪将

饲料击碎,这种粉碎机具有结构紧凑,体积小,重量轻等特点,适用于含纤维较少的精饲料。

图 6-7 是爪式粉碎机的结构简图,它同样由进料、粉碎及出料三部分组成。进料部分包括喂料斗、进料控制插门和喂入管;粉碎部分包括动齿盘、定齿盘、环筛等,动齿盘和定齿盘上安有相间排列的齿爪;出料部分为机体下部的出料管。作业时,饲料由喂料斗经插门流入粉碎室,受到齿爪的打击、碰撞、剪切和搓擦作用,逐渐碎成细粉。同时由于高速旋转的动齿盘形成的气流,使细粉通过筛圈吹出。

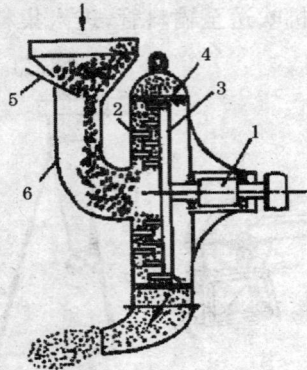

图 6-7　爪式粉碎机
1.主轴　2.定齿盘　3.动齿盘
4.筛片　5.进料控制插门　6.喂入管

(五)饲草揉切机

揉切机是中国农业大学非常规饲料研究所研制出的一种新型秸秆粗饲料加工机具。

秸秆揉切机的主要特点为:

①解决了传统铡草机破节率低而揉搓机能耗高、生产率偏低等技术难点。9LRZ-80 型秸秆揉切机加工青玉米秸秆的生产率为6～8 吨/小时,9BZ-60 型适于中等规模养殖场,生产率为3～4 吨/小时;

②具有较广泛的适应性。适用于青、干玉米秸、稻草、麦秸以及多种青绿饲料的揉切加工,对于多湿、韧性强等难加工物料(如芦苇、荆条等)也有很强的适应性;

③加工用于青贮的玉米秸秆时,比铡草机加工出的段状秸质

量好,易于压实、排出空气,能制作高质量的青贮饲料。柔软的丝状青贮料可增加牛、羊等反刍家畜的采食量和消化率;

④经揉切机加工的干黄秸秆既可直接喂饲,也可进一步加工制作高质量粗饲料。

1. 主要结构和工作原理 以 9LRZ-80 型立式秸秆揉切机为例,其结构如图 6-8。它由进料口、工作室、出料室、传动装置、机架和电机组成,进料口为一锥形圆筒,考虑到将来开发混料功能的需要,在锥形圆筒的上部装了一圈加液口。工作室中有转子轴、动刀、定刀组。动刀铰接在转子轴上,而定刀则铰接在工作室的外侧,并用弹簧拉向工作室内。出料室中装有拨料杆,拨料杆也装在转子轴上。转子旋转时,拨料杆把处理好的物料拨向出料口。传动装置选用三角皮带传动,揉切机各部件和电机安装在机架上。

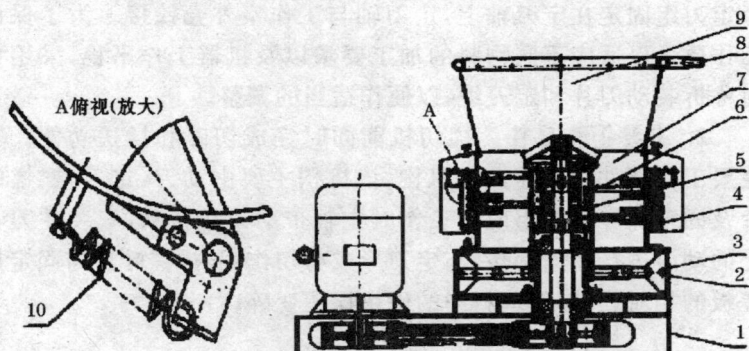

图 6-8 9LRZ-80 型立式秸秆揉切机结构图
1. 机架 2. 混料室及出口 3. 拨料杆
4. 定刀组 5. 转子轴 6. 动刀 7. 揉搓室
8. 加液口 9. 进料口 10. 拉紧弹簧

工作时,物料由进料口喂入,进入工作室,动刀在转子轴的带动下旋转,物料在动刀和定刀组之间被铡切、揉切。加工后的物料经由出料室侧壁上的出口排出。

工作原理:进入工作室的秸秆物料,一部分受到高速旋转动刀的无支承切割,另一部分受到动、定刀的铡切(包括落到动刀与定刀之间的秸秆,以及由于随动刀旋转而产生的离心力作用被甩到定刀处的秸秆)。与此同时,切碎的秸秆及一部分未切碎的秸秆在动、定刀之间以及动刀与工作室侧壁之间碰撞产生揉搓,使秸秆碎裂。当喂入的秸秆过多,或有坚硬的异物掉入工作室时,为使动刀和定刀不致损坏,设计中用一拉簧将定刀组压入工作室中。一旦定刀受力过大,则定刀克服拉簧的拉力,使拉簧伸长,将定刀的刃口退出工作室外,让硬物或秸秆通过。

因为所处理的秸秆不尽相同,有青绿多汁的,也有干燥的,有脆性易切的,也有韧性难切的,就要求动刀的数量和定刀的组数能方便调整。为此,动刀与刀轴以铰接形式相连,将 7 片定刀作为一个定刀组固定在定刀轴上,定刀轴与工作室外壳铰接。为了保证工作质量以适应不同物料的加工要求以及机器工作平稳,采用可对称拆装动刀片和定刀组,以便作适当的调整。

2. 主要工作部件 揉切机能同时完成切碎和揉搓功能。其主要工作部件是切碎揉搓机构,该机构主要由动刀、定刀、揉搓叶片及固定揉搓板等组成。工作时主轴带动刀盘转动,安装在刀盘上的动刀进行高速旋转,与定刀形成剪切作用,揉搓叶片与固定揉搓板的相对运动,使草料中的硬块揉搓变碎。

(六)典型饲草切碎、粉碎、揉切机械

1. 9ZC 系列铡草机 9ZC 系列铡草机主要用于切割麦草或稻草等牲口饲料,适合于农村养牛户、农牧场、造纸厂、农村高温积肥及秸秆还田等使用。其具有自动喂入机构,使用方便,操作安全,生产效率高,性能稳定等特点。9ZC 系列铡草机主要有 9ZC-1 型、9ZC-3 型、9ZC-6A 型、9ZC-6 型、9ZC-15 型等机型,主要技术参数见表 6-1。

一、饲草切碎机械

表 6-1　9ZC 系列铡草机主要技术参数

主要参数	9ZC-1	9ZC-3	9ZC-6A	9ZC-6	9ZC-15
刀盘转速 （转/分）	880	600	600	650	650
生产率 （千克/小时）	青玉米秆 1000	青玉米秆 3000～5000	青玉米秆 6000～8000	青玉米秆 6000～10000	青玉米秆 15000～20000
切碎长度 （毫米）	6～25	6～25	6～25	6～25	6～25
抛送高度 （米）	2～3	3～6	3～6	10～15	6～10
重量（千克）	78	300	320	1000	1200
外形尺寸 （长×宽× 高）（毫米）	1060×920 ×1570	1300×1300 ×1400	1300×1300 ×1400	2500×1800 ×1950	3000×1850 ×2200
配用电机	YIOOL-4	Y132S-4	Y132M-4	Y160M-4	Y180M-4
电机功率 （千瓦） 转速（转/分）	3 1420	5.5 1440	7.5 1440	15 1440	18.5 1460
传动皮带 （根）	B1118　1 B1524　2	B1915 3	B1915 3	C2800－3000 3	C3000－3150 3

2.9QS1300 青贮饲料切碎机　该机主要用于牧区、奶牛场、养鹿场的各种青草、干草及农作物秸秆的切碎及农村的秸秆还田和高温沤肥。性能与特点：切碎长度为 6～106 毫米，自动喂入，使用方便，操作安全，生产率高。主要技术参数见表 6-2。

表 6-2　9QS1300 青贮饲料切碎机主要技术参数

配套电机(千瓦)	11	生产率(吨/小时)	2.3～9
外形尺寸(毫米)	2835×1770×2045	切段长度(毫米)	6～106
主轴转数(转/分钟)	450	输送高度(米)	10
动刀旋转直径(毫米)	φ1296	重量(千克)	1000
切碎度(毫米)	6～106		

3. 9SC-360 型锤片式饲料揉搓机和 9SC-400 饲草揉搓机

富浪牌 9SC-360 型锤片式饲料揉搓机由河南新乡一拖生产。该揉搓机能将玉米秸、豆秸等农作物秸秆揉搓成较柔软的散碎饲料,牛、羊食用口感好,采食率高,适用于中、小型饲料厂畜牧养殖户。该机配套动力 7.5 千瓦或 12 马力柴油机,生产量 800～1 200千克/小时,转速 2 900 转/分。

9QC-400 型饲草料揉搓机能将各种青草、干草及农作物秸秆揉搓成柔软的散碎饲料,完全能够被牛、羊采食。该机结构简单,设计合理,操作方便,坚固耐用,能加工各种农作物秸秆,适用于中小型饲料厂、乡镇企业和个体户。该机主要规格及技术参数见表6-3。

表 6-3　9SC-400 饲草揉搓机技术参数

配套电机(KW)	11～15
外形尺寸(毫米)	2360×1200×1310
主轴转数(转/分)	2700
转子工作直径(毫米)	400
锤片数量(片)	36
主轴规格	308
生产率(干玉米吨/小时)	1～1.5
三角带型号、长度	B 型-1976-2014

4.9ZPR 系列圆盘式揉搓切碎机　9ZPR 系列圆盘式揉搓切碎机由喂入机构、切碎揉搓机构、磨刀机构和传动机构等部分组成。草料由喂入辊送入后,经剪切揉搓变碎后由内部风压将草料从出料筒送出。9ZPR 系列圆盘式揉搓切碎机主要技术参数见表 6-4。

表 6-4　9ZPR 系列圆盘式揉搓切碎机主要技术参数

型号	生产率(千克/小时)		配套动力(千瓦)	动刀数量	外形尺寸(长×宽×高)(毫米)	切碎长度(毫米)	主轴额定转速(转/分)	抛送距离(米)	重量千克
	干草	青贮							
9ZPR-2500	2500	25000	18.5	10	1600×1100×2950	7~30	2180	10	410
9ZPR-1000	1000	10000	11	8	1400×1100×2750	7~30	2180	10	300
9ZPR-600	600	6000	4	6	1500×800×2500	7~30	2180	3	105
9ZPR-400	400	4000	2.2	4	750×500×1000	5~30	2180	3	85
9ZPR-1	400粉碎150	4000	1.5~2.2	2 锤片8	900×800×1550	5~40	2800粉碎4000	3	80

5.9R 系列揉碎机　该系列机中加强型能将粗硬的树枝、拧条等物料加工成丝状饲料,该机在通过现场比较,揉碎性优于同类型机,其产品不仅将物料开发成最经济最优秀的饲料,也为进一步加工提供了条件。主要技术指标见表 6-5。

表 6-5　9R 系列揉碎机技术指标

生产率(吨/小时)	2
转速(转/分)	2100
配套动力	11~15 千瓦二级电机
重量(千克)	250
Ⅰ型外形尺寸(长×宽×高)(毫米)	1100×1700×1400
Ⅱ型外形尺寸(长×宽×高)(毫米)	880×1560×1200

6.9FC 型系列干草粉碎机 该系列粉碎机是粉碎多种干草及农作物秸秆等粗饲料的专用设备,也可和其他设备组成以草和秸秆为主的粗饲料加工机组,生产粉状、块状及颗粒状的饲料。其主要技术指标见表 6-6。

表 6-6 9FC 型系列干草粉碎机

生产率(千克/小时)	500
转速(转/分)	2900
配套动力	7.5 千瓦二级电机或 8.7~10.87 千瓦小四轮拖拉机
重量(千克)	250

7.93ZF-1.0 型铡切粉碎机组 其主要技术指标见表 6-7。

表 6-7 93ZF-1.0 型铡切粉碎机组技术参数

生产率(含水率 30% 以上)(千克/小时)	>1000
度电产量(千克/千瓦时)	90
转子直径(毫米)	475
转子线速度(米/秒)	0.315
主轴转速(转/分)	2600
配套动力(千瓦)	11
外形尺寸(长×宽×高)(毫米)	900×800×1200

8.9Q-60 型青干饲草切碎机 该机是进行青贮饲料的中型饲草加工机器。可切碎青干玉米秸秆、小麦秸秆、苜蓿等,其结构简单、产量高,工作方便,适应性广,运转平稳,安全性高。其主要技术指标见表 6-8。

表 6-8　9Q-60 型青干草饲草切碎机技术参数

切草效率（吨/小时）	青饲草 6～8 干饲草 2.5～3
主轴转速（转/分）	1000
切碎滚筒直径（毫米）	600
动力片数量（片）	6
配套动力（千瓦）	电动机 7.5 拖拉机 11～14.7
皮带（配小型拖拉机）（根）	B3150×3
秸秆切碎长度（毫米）	＞20
机器重量（不包括动力部分）（千克）	200
外形尺寸（不包括动力部分）（毫米）	2050×560×2620

9. 9HC-0. 8 型秸秆揉搓机　9HC-0.8 型秸秆揉搓机由段西养殖设备厂生产。该系列机型主要有自动喂料和不自动喂料两种。其主要技术参数见表 6-9。

表 6-9　9HC-0.8 型秸秆揉搓机主要技术参数

型号	9HC-0.8 型秸秆揉搓机（非自动型）	9HC-0.8 型秸秆揉搓机（自动型）
电机（千瓦）	7.5～11	7.5～11
产量（吨/小时）	青贮：3，揉草：0.8	青贮：3，揉草：0.8；粉碎玉米：1

10. 北京顺诚明星农牧机械厂多功能揉搓机　北京顺诚明星农牧机械厂生产的多功能揉搓机结构紧凑、外形独特。主要有 9FZ-40 型系列、9FZ42-40 型和 9RCJ-500 型揉搓机。表 6-10 是搓揉机型的主要技术参数。

表 6-10　北京顺诚明星农牧机械厂多功能揉搓机主要技术参数

技术参数	9FZ-40 型		9FZ42-40 型	9RCJ-500 型
配套动力（千瓦）	2.5	5.5	2.5	22
生产率（吨/小时）	0.8～1.2	1～3	1～3	4～9

11. 其他部分厂家揉搓机　主要型号及技术参数见表 6-11。

表 6-11　部分厂家揉搓机的主要型号及技术参数

型号名称	型式	主轴转速（转/秒）	生产率（千克/小时）	配套动力（千瓦）	机重（千克）	外形尺寸（毫米）（长×宽×高）	生产厂家
93RC-40 型秸秆揉搓机	锤片	2500	1000	7.5～10	120	1370×1260×4685	辽宁凤城东风要机械厂
9RC-40 型粗饲料揉碎机		2610	2000	7.5～13	130	1530×660×1265	北京市林海农牧机械厂
K-67-50 型揉搓机	混合						阿城市化建金属结构厂
9RS-1.5 型饲料揉碎机	混合	1400	1500	17～22		1600×500×1220	赤峰牧业机械总厂
9RS-0.7 型饲料揉碎机	混合	2000	700	5.5～10		1320×365×833	赤峰牧业机械总厂
9QSL-50 型多功能青干料切碎机	混合	铡切900	5000	7.5	195	2150×540×1500	黑龙江安达市牧业机械厂
9RC-40 型粗饲料揉碎机	锤片	撕碎2000	1000	7.5	160		黑龙江阿城市通用机电设备厂
9FRQ-40B 型	圆盘						吉林省九台市沐石河农具厂
93F-45 型牧草揉碎机	锤片	2500	200	4	600	1800×800×1050	陕西西安市畜牧乳品机械厂

12. AN-2201-Y(N)饲草破碎机(彩图 6-1) 爱农饲草破碎机有特殊钢刃刀片具有强力的切碎或破碎能力,分为 2 种机型。

AN-2001-N 型机为养牛专用型,2 个旋转刀片,可以将饲草破碎切断,工作时自动产生风力将破碎物吹开,并且能多档位调节破碎粒子的长度,工作效率达 1 800～2 000 千克/小时。

AN-2001-Y 型机为养羊专用型,多个旋转刀片,可以将饲草硬纤维(外皮)及内部软组织(瓤)分离破碎,工作时自动产生风力将破碎物吹开,并且能多档位调节破碎粒子的长度,破碎长度最小为 5～10 毫米,工作效率达到 1 300～1 600 千克/小时。爱农饲草破碎机身带有脚轮,移动方便。机器工作时噪音小于 70 分贝,使用动力 220 伏、2.2 千瓦的电动机,也可用柴油机驱动。刀片采用韩国进口合金刀。技术参数见表 6-12。

表 6-12 AN-2001-N-Y 饲草破碎机技术参数

机器型号	AN-2001-N-Y	投料宽度(毫米)	2500
机体尺寸 (毫米)	长:1400	主轴转数(转/分)	100～1300
	高:1000	重量(千克)	100
	宽:660	动力(千瓦)	2.18～4.55
	机身带有脚轮	制造标准	GB7681－1997

13. AN-2002-5 爱农多功能饲料制造机(彩图 6-2) 爱农多功能饲草制造机,安装了特殊钢刃刀片,具有强力的切碎、破碎及揉碎能力,并且能通过 2 个筛网变换 3 个档位调节揉碎颗粒的大小。适合加工不同含水率的秸秆、饲草、柠条、荆条、树枝等,设备可以生产锯末以及揉碎饲料。饲草、秸秆破节率达 100%,牛羊、鹿的适口性好,吸收率高,工作效率达到 1 300～1 600 千克/小时。技术参数见表 6-13。

表 6-13 AN-2002-5 爱农多功能饲料制造机技术参数

机器型号	AN-2002-5		投料宽度(毫米)	150~350
机体尺寸 (毫米)	长:900		主轴转数(转/分)	1200
	高:900		重量(千克)	100
	宽:660		动力(千瓦)	2.94~4.41
	机身带有脚轮		制造树木直径(毫米)	≤100
产量(千克)	1000~1200		噪音(分贝)	≤70

14. 9Q 系列饲料切碎机(彩图 6-3)、9QS 系列揉碎机及 9R 系列揉粉机 其主要技术参数分别见表 6-14 和表 6-15。

9Q-60 型青干饲草切碎机是参照国外机型研制而成的较为先进的机型。该机可由 12~18 马力小四轮液压悬挂,随意安放在田间、院落进行作业,也可由 7.5 千瓦电动机带动。该机与市场上销售的青贮机、铡草机相比在配套动力相同的情况下,有以下特点:①产量高于同类机型的 2~3 倍,铡切长度为 2~2.5 厘米,是奶牛最理想的进食长度。每小时铡切青玉米秆 8 吨,干玉米秆 3 吨;②安装简单,移动方便,与小四轮液压杆连接,可到田间地头铡切,也可投资进行专业铡切;③自带磨刀器,只需 3~5 分钟即可将刀片磨好,且不用卸下刀片。

表 6-14　9Q 系列饲料切碎机和 9QS 系列揉碎机主要技术参数

机　型	9Q-60 型 饲料切碎机	9Q-65 型 铡划机	9Q-55 型 铡草机	9R 系列揉碎机 （草粉机）
动力（千瓦）	18.5～22	电机 4 级， 11～15， 柴油机 11～15	电极 4 级，7.5， 四轮拖拉机 （带悬挂装置）， 8.82～14.7	15
最大理 论喂入量 （吨/小时）	18	—	—	—
理论切 碎长度 （毫米）	21	—	—	—
切草效率 （吨/小时） 干贮	4～6	2～5	2～3	1.5
青贮	10～18	8～12	6～8	
备　注				切揉玉米、 高粱、谷类、棉秆 等或粉碎成粉

表 6-15　9RS 系列饲料切碎机和 9RF 系列揉碎机主要技术参数

机　型	9RF-400 型 揉粉机	9RF-500 型 揉粉机	9RS-440 型 揉碎机	9RF-250 型 多功能粉碎机
动力	7.5～11 千瓦电 机或 8.7～14.5 千瓦拖拉机	13～17 千瓦电机 或 14.5～21.75 千瓦柴油机	11～15 电动机	2.2，Y90L-2
主轴转速（转/分）	—	—	3200	2900
切草效率 （吨/小时） 干贮	1～2	3～4	—	—
青贮	2～3	4～8	—	—
精贮	0.5	1	1～1.2	0.5
备注				

15. 玉皇牌多功能秸秆揉碎机(彩图 6-4)

表 6-16　玉皇牌多功能秸秆揉碎机性能指标

机　型		93RC-1.5	93RD-0.8
配套动力(千瓦)(全部为 4 级电机)		11	5.5
主轴转速(转/分)		2600	2740
外形尺寸(米)(长×宽×厚)		1.7×1.25×1.3	1.2×1.05×1.2
生产能力(千克/小时)	秸秆揉碎	1200～1500	800～1000
	秸秆青贮	8000～11000	4000～500
整机质量(千克)		320	140

　　该机型高生产能力、低能耗、低价位,使用寿命长;一机可多用,配套动力潜力大。可把各类秸秆物料搓成绵软的丝条状饲料,亦可把秸秆揉搓成粉状饲料及青贮。性能指标见表 6-16。

二、饲草青贮机械

　　青贮就是利用青贮收获机械将青绿牧草收获铡短,填装入青贮窖(青贮塔或青贮袋),在厌氧酸性条件下青绿牧草长期安全贮存。自 20 世纪 70 年代中期,英特包装集团首先发明了裹包青贮技术,后国外迅速发展了青贮新技术拉伸膜青贮和灌装青贮,目前世界各国使用较多。

(一)拉伸膜青贮机械

　　拉伸膜青贮由英国发明,近年由上海凯玛新型材料有限公司引进我国。拉伸膜青贮是用高压力打捆机将牧草苜蓿制成圆柱形草捆,然后采用专用裹包机、青贮拉伸膜将草捆紧裹包。若是玉米秸秆、甘蔗尾叶或芦苇等其他作物,则需先用揉碎机或切碎机将秸秆揉碎或切短,再进行打捆和裹包。圆捆青贮分大型圆捆青贮和小型圆捆青贮两种。其成套设备主要有牧草（鲜草或半干）打捆机、裹包机和切碎机、揉碎机等。大型圆捆青贮除通用割草机和搂草机外，还需大型圆捆打捆机和大型青贮裹包机，用 36～775 瓦（50 马力）以上拖拉机牵引，自动捡拾，适用于牧草、苜蓿的青贮，生产能力为 18～30 吨/小时，密度可达 0.5 克/厘米^3；小型圆捆青贮除通用割草机搂草机外，还需小型圆捆打捆机动车和小型青贮裹机，若青贮秸秆类作物，需使用揉碎机和切碎机，用 10.29 千瓦小型四轮拖拉机作动力，适用于牧草、苜蓿以及秸秆业作物，生产能力为 3 吨/小时。

（二）灌装青贮机械

将秸秆切碎后，用袋式灌装机械将秸秆高密度地装入由塑料拉伸膜制成的专用青贮袋，在厌氧条件下，实现青贮。核心设备是灌装机。适合于玉米秸秆、牧草、高粱等的大量青贮。该技术青贮含水率高达 60%～65%，一只 33 米长的青贮袋可灌装近 100 吨秸秆，灌装机灌装速度每小时 60～90 吨。大袋可装 150 吨，塑料袋每个 300 美元。1983 年内蒙古赤峰市曾从美国 AG-BAG 公司引进 150 吨的袋装设备，试用成功。现在上海凯玛新型材料有限公司经营该项业务。大型塑料袋青贮技术适宜在大型养牛场推广。

（三）圆捆青贮和袋式青贮的特点

与传统的窖贮相比，圆捆青贮和袋式青贮有以下特点：①投资少，见效快，综合效益高；②青贮质量好，粗蛋白质含量高，粗纤维含量低，消化率高，适口性好，气味芬香；③损失浪费极少，霉变损失，流液损失和饲喂损失均大大减少；④保存期长，可长达 1～2 年；⑤不受季节，日晒，降雨和地下水的影响，可在露天堆放；⑥储存方便，取饲方便；⑦节省了建窖费用和维修费用；⑧节省了集中的上窖劳力，可根据各自情况随时随地安排生产，且每批贮量应需而异；

⑨改善了环境无污染;⑩便于运输和商品化,废旧拉伸膜可再利用。

(四)国内外常用青贮机械简介

1.ENDURO 拉伸膜简介 ENDURO 拉伸膜具有更优于传统膜特性的独特性:防红外线;厚度仅为传统膜的 50%,降低成本;裹包青饲草、秸秆,易于运输、商品化;裹包青贮的饲料可保持长达 2 年;适应-30℃~50℃。ENDURO 拉伸膜规格参数见表6-17。

表 6-17　ENDURO 拉伸膜规格参数

型　号	规　格 长(米)×宽(毫米)×厚(微米)	颜　色	备　注
ENDURO-730	3100×730×12	绿色	一般裹包2~4层
ENDURO-500	3100×500×12	绿色	
ENDURO-2500	3100×250×12	绿色	

2.9BM 型包膜机简介 9BM-7050 小圆包膜机和 9BM-9085 中圆包膜机用于牧草及稻麦秸秆捆扎后的包膜。其主要技术参数见表 6-18。

表 6-18　9BM-7050 小圆包膜机和 9BM-9085 中圆包膜机主要技术参数

项　目	型　号	
	9BM-7050 小圆包膜机	9BM-9085 中圆包膜机
外形尺寸(毫米)	1 400×900×900	1 700×1 300×1 700
输入转速(转/分)	≤300	540 或 760
输入功率(千瓦)	15~35	15~35
电动机功率(千瓦)		
包膜尺寸(毫米)	φ500×700	φ900×900
包膜层数(层)	2 或 4(设定后自动)	2~4(设定后自动)
包膜时间(秒/捆)	20	40

3. 小型 MP550(进口)圆捆机(彩图 6-5) 其技术参数见表 6-19。

表 6-19 MP550(进口)小型草料青贮设备技术参数

型　号	MP550	机重(千克)	255
机器尺寸(厘米)(长×宽×高)	230×107×98	圆捆重量(千克)	40(含水量为 50%)
圆捆尺寸(厘米)(高×直径)	52×55	生产能力(千克/小时)	2 000

4. SWM0810 青贮包膜机(彩图 6-6) SWM0810 青贮包膜机由上海世达尔现代农机公司开发。SWM0810 型包膜机能动完成圆草捆的青贮裹包。包后能较长时间的贮存,拉伸膜能有效地阻隔紫外线侵入,与空气隔绝,进行厌氧发酵保持牧草的新鲜和营养成价值。该设备投资少,见效快,是奶牛养殖场上青贮项目的首选设备。其主要技术性能见表 6-20。

表 6-20 SWM0810 型包膜机主要技术性能

型　号	SWM0810
草捆尺寸(厘米)(直径×宽度)	50×70
外形尺寸(厘米)(长×宽×高)	作业时 150×87×103
重量(千克)	85
配套动力	1.4 马力汽油机或 1.1 千瓦电动机

5. 爱农 AN-35 型牧草圆捆真空装机图 其技术性能见表 6-21。

表 6-21 AN-35 型牧草圆捆真空装机技术参数

型　号	长(米)	宽(米)	高(米)	承重(千克)	胶带(米)	圆捆(米)
A-35	3.98	2.5	2.78	1400	7.5	1.2~1.65
B-35	1.62	1.38	2.78	1000	7.5	1.2~1.5
C-35	1.75	1.62	2.78	1000	7.5	1.2~1.5

6.92YL-0.5型圆草卷捆机和92YC-0.5型圆草捆薄膜缠绕机 92YL-0.5型圆草卷捆机用于含水量在30%～40%的牧草及秸秆的青贮作业,配套使用92YC-0.5可最大限度的保持牧草的营养成分,减少牧草损失,由拖拉机手一人操作即可完成。

92YC-0.5型圆草捆薄膜缠绕机与92YL-0.5型圆草捆卷捆机配套使用,使用专用塑料拉伸膜密封缠绕后的牧草青贮发酵,最大限度的保持牧草的营养成分。同时该机还可用于其他箱体业物品的密封包装。其技术指标见表6-22。

表6-22　92YL-0.5型圆草卷捆机和92YL-0.5型
圆草捆薄膜缠绕机技术指标

型　号	92YL-0.5	型　号	92YC-0.5
草捆宽度（毫米）	800	所缠圆捆直径（毫米）	500
草捆直径（毫米）	500	所缠圆捆长度（毫米）	500～800
草捆重量（千克）	30～40	所缠草捆重量（千克）	30～40
配套动力（千瓦）	10.87～13	配套动力（千瓦）	10.87～13
生产率（捆/小时）	30	生产率（捆/小时）	50～60

7. K55型圆捆缠膜机 特点:①薄膜有足够的强度,包括拉伸强度,而撕裂强度和耐穿刺性。保证牧草现场青贮过程中不破损,形成厌氧环境。②薄膜柔软,低温环境下不脆化、冻裂。③薄膜不透明,保证透光率低,并避免热积累。其技术参数见表6-23。

表6-23　K55型圆捆缠膜机性能指标

项　目	指　标	项　目	指　标
厚度（毫米）	0.025～0.030	连接形式	3点悬挂
拉伸强度（纵/横）（兆帕）	25/23	草捆宽度（毫米）	700
断裂伸长率（纵/横）（%）	400/600	草捆直径（毫米）	600

续表 6-23

项　目	指　标	项　目	指　标
撕裂强度(纵/横)(千牛/米)	150/500	薄膜层	2/4/6
强度保持率(%)	61.6	薄膜缠绕直径(毫米)	280
透光率(%)	黑<2% 其他膜<75%	外形尺寸(长×宽) (毫米)	1350×900
氧渗透性(六层膜) $cm^2/m^2 \cdot 24h$	<1400	重量(千克)	180

8. 5050 型与 5070 型圆捆包膜机　5050 型与 5070 型圆捆包膜机是青贮包膜专用设备,可将捆扎机捆扎好的鲜秸秆类和鲜草类圆草捆进行自动包膜。这种青贮方式是目前国际上最先进、最灵活,也是效果最好的青贮方法;用户可根据需要青贮时间的长短在包膜上设定好决定包膜的层数;贮存期在一年以内可包 2 层专用膜,贮存期在二年内的一定包 4 层专用膜;包膜青贮最大的敌人是包膜前草捆未打紧及在饲喂前破包,破包将会影响厌气发酵,致使霉变腐烂。因此,一旦发现破包要马上用粘贴纸封掉破口。技术参数见表 6-24。

表 6-24　5050 型、5070 型圆捆包膜机技术参数

包膜尺寸(厘米)	φ52×52	配套功率(千瓦)	1.1
包膜层数	2~4	外形尺寸(毫米)	1600×1000×700
包膜效率	40 秒/捆,2 层	机器重量(千克)	135

9. MK5050-G 型捆扎机(彩图 6-7)　该机是固定式捆扎机,是目前国内仅有的能将揉搓机揉搓后的玉米秸秆可靠捡拾、打捆的设备,捆扎后的玉米秸秆密度大,便于包膜青贮;同时对其他干鲜草类同样能进行捆扎。技术参数见表 6-25。

表 6-25　MK5050-G 型捆扎机技术参数

草捆尺寸(厘米)	φ52×52	配套动力(千瓦)	4
草捆重量(千克)	15～65	外形尺寸（毫米）	1800×150×1000
生产效率(秒/捆)	60～120	机器重量(千克)	380
工作转速(转/分)	≤360		

三、青绿饲料高温干燥机械

（一）概　述

近年来,世界许多国家大力发展青绿饲料的高温干燥和制作干草粉,压制颗粒和草饼,以满足现代化畜牧业生产的需要。

饲料干燥机是用来干燥饲料的机械设备,物料在干燥设备内部受高温干燥介质作用,水分蒸发,达到其干燥要求。干燥设备按其工作性能,分为分批式和连续式两种型式。按干燥介质的温度又可分为低温干燥机和高温干燥机,低温干燥机介质的温度一般在 130℃～150℃,可以是分批式或连续式作业,其结构多为箱式和输送链式。高温干燥介质温度为 500℃～600℃,一般为连续式作业,结构上多为气流管道式和气流滚筒式。目前饲料高温干燥广泛采用的为连续气流滚筒式高温干燥。三流程气流滚筒式高温干燥机组生产工艺过程主要组成部分有热发生器,干燥滚筒,分离器,风机,粉碎机和集粉器等。工作时,切成 10～30 毫米长的牧草或青绿作物碎段用输送器送入干燥滚筒,在滚筒内和干燥介质接触,并且一起通过滚筒的内圆筒和各圆筒之间环形空间。在与干燥介质接触的过程,完成热量交换和物料水分蒸发。图 6-9 为转筒干燥器结构。

通常,滚筒式干燥机均采用吸气式物料分离系统,它虽然在结构上增加了闭风器较为复杂,但优点是物料进入滚筒时较平稳,减少物料撞击和摩擦,此外,干燥车间内不会被粉尘污染。

气流滚筒式干燥机较其他型式干燥机结构复杂,但产品质量高,劳动消耗少。

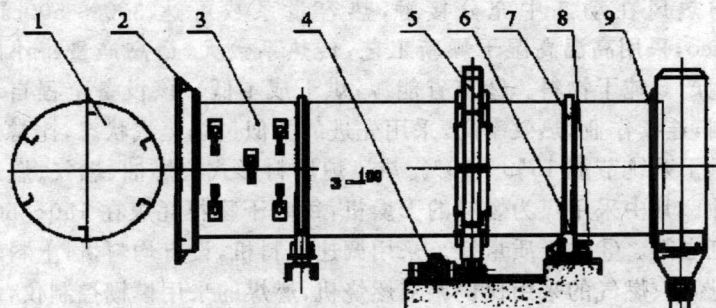

图 6-9　转筒干燥器装配图

1. 抄板　2. 进口密封装置　3. 筒体　4. 传动装置
5. 大齿　6. 托轮　7. 滚圈　8. 挡轮　9. 出口密封装置

(二)牧草高温快速烘干机组工艺流程

田间收割→运输→切碎→烘干→粉碎→造粒→筛选→成品。

鲜苜蓿草切断后,由人工或机器送入链板运输机,在运输机中部装有均料器将运输机上的苜蓿草摊平,保证均匀进料。物料经星形卸料器进入干燥机,在热风炉吸入的热风作用下,物料进入回转滚筒干燥机内筒,经中筒、外筒最后由滚筒出料口排出,由旋风收科器进行料风分离,尾气排入大气,物料经由星形卸料器排出,由冷风机吹入冷却系统,物料在定向输送中被冷却,最后由冷却旋风收集器收集并定向输送到料仓,压捆或压块后外运。

(三)牧草干燥主要设备特点及技术参数

1.HYG系列多环滚筒成套大型设备 主要特点：①干燥速度快，干燥强度大。主机采用三层滚筒套装，筒内设特殊抄板，物料与热风在动态中充分接触，热容量系数可达 $300\sim500cal/m^2hco$，采用高温高湿干燥新工艺，传热系数大，最高产量每小时可生产5吨干物料。②节省能源，烘干成本低。该设备全程自动控制，连续作业，热效率高，采用先进的类似过热蒸汽状态，比常规的烘干系统节能 $15\%\sim20\%$，热风炉燃料形式有燃油、燃气、燃煤三种。其中采用煤为燃料的干燥机，每吨干物料耗煤在 $150\sim500$ 千克之间。③烘干质量好。采用调速上料机，设有均料机，上料均匀，燃油、燃气的采用比例调节燃烧机，燃煤的采用模糊控制仪，温度可自动调控，保证烘干质量，不损失物料中的有效成分。④生产安全，工作环境好。管路设泄爆装置、自动灭火装置、生产安全可靠；全系统采用负压操作，无粉尘、无噪音，生产环境好。

该设备除烘干牧草、大麦芽苜蓿草外，还可烘其他片状、纤维状、粒状物料，如树叶、蔬菜、中草药、木屑、玉米胚、榨汁泊等多种物料。HYG系列多环滚筒成套大型设备的性能见表6-26。

表6-26 HYG系列多环滚筒成套大型设备技术参数

型 号	去水量[千克(水)/小时]	产量[千克(干料)/小时]			燃料消耗量[千克/吨(干料)]		装机容量(千瓦)		机组(长×宽×高)(燃油)(米)
		切含水70%→终含水10%	切含水60%→终含水10%	切含水50%→终含水10%	燃油	燃煤	燃油	燃煤	
HYG-6	600	300	500	750	160	357	39	53	22×6×5
HYG-12	1 200	600	1 000	1 500	160	357	66	103	24×7×6
HYG-24	2 400	1 200	2 000	3 000	160	357	97	141	26×9×7
HYG-48	4 800	2 400	4 000	6 000	160	357	123	188	28×10×7

注：发热值按 7 000kcal/kg 计算。油发热值按 10 000kcal/kg 计算。燃煤干燥设备机组一尺寸长度应加 10 米。

2. YXSG 系列旋转闪蒸干燥机 YXSG 系列旋转闪蒸干燥机是新型干燥装置,它结合了气流干燥、搅拌干燥及流态化干燥的优点,使干燥过程能有效地控制干燥程度及物料粒度,特别适用于高黏性物料,热敏性物料,并能将高黏性物料直接干燥成粉末状成品,是化工、医药、陶瓷、食品行业的理想干燥设备。其型见表 6-27,主要参数见表 6-28。

性能特点:①能处理高粘状,滤饼等物料,也可处理热敏性较强的物料。在干燥过程中物料不用稀释,减少了不少水分蒸发量,节能效果显著。②操作连续,物料干燥时间和物料颗粒度大小可调,并保证所干燥物料的各项工艺指标。③设备占地面积小、结构紧凑,生产效率高,与喷雾干燥机相比体积相同,产量是喷雾干燥机的 2 倍,能耗是喷雾干燥机的 1/3。④将物料的干燥和粉碎结合在一起连续进行。

表 6-27 旋转闪蒸干燥机系列型号表

型号	主机尺寸(毫米)	系统功率 (千瓦)	去水量 (千克/小时)
YXSG-62.6	Φ625×(3 280~6 000)	30~40	200~250
YXSG-82.6	Φ825×(4500~6000)	35~40	300~400
YXSG-100	Φ1000×(4500~6000)	38~43	500~700
YXSG-125	Φ1250×(4500~6000)	40~45	700~1000
YXSG-145	Φ1450×(4500~6000)	60~70	900~1300
YXSG-165	Φ1650×(4500~6000)	90~110	1300~1700

表 6-28 YXSG 系列旋转闪蒸干燥机主要技术参数

型　号	长 (毫米)	宽 (毫米)	高 (毫米)	功率(千瓦)		
				给料传动轴	螺旋输料器	干燥塔传动轴
YXSG500	3280	1350	3700	3	2.2	5.5

续表 6-28

型　号	长 （毫米）	宽 （毫米）	高 （毫米）	功率（千瓦）		
				给料传动轴	螺旋输料器	干燥塔传动轴
YXSG800	4321	1900	3960	7.5	4	7.5
YXSG1000	4772	2388	4918	7.5	4	11
YXSG1200	5200	2780	5250	7.5	4	15
YXSG1400	5500	3170	5590	7.5	4	18.5

3. "绿宝"A系列牧草专用干燥机　主要特点：①干燥速度快、产量大，最高产量可达到每小时5吨干料；②烘干牧草品质好，烘干后的苜蓿草色泽鲜绿，比自然晾晒的干草蛋白质含量高出50个百分点；③热效率高，烘干成本低，比常规烘干设备节能15%～20%；④生产安全可靠，由于整个系统全密封操作和实现全系统负压操作，所以生产环境好；⑤一机多用，本设备除烘干牧草外，对其他作物如棕榈叶、秸秆、中草药等有同样良好的烘干效果；⑥系统实行自动控制，可减少人工操作带来品质不稳定的弊端；⑦全部采用国产化设备，遍及全新售后服务网络。牧草经过"收割→烘干→压块→制粒"等工艺得到高品质的草产品牧草颗粒、牧草块、草圆捆及方捆。其主要技术参数见表6-29。

表 6-29　"绿宝"A系列牧草专用干燥机主要技术参数

型　号	初水分 （%）	终水分 （%）	产量（干料） 吨/小时	配套热风米 （Kcal）	总功率 （千瓦）	外形尺寸
绿宝 A-Ⅰ	约60	14	2	240×104	约60	21300×3200×4500
绿宝 A-Ⅱ	约60	14	5	600×104	约120	23100×3200×6500

4. 法国 ECO 式烘干设备　孔比公司特有的 ECO 式烘干，其优点是：①对于在烘干过程中所有可能产生的异味，均在系统内部

进行处理不会对外部环境产生影响；②在不降低使用要求的条件下，瑞士孔比公司设计制造的烘干设备比同类产品更节省能源；③可在烘干设备的基础上安装其他加工设备，使整个系统趋于多功能化。其主要技术参数见表6-30。

表6-30　ECO式烘干设备的主要技术参数

生产效率	ECO干火泵系统15吨/小时	原料	含水量60%，温度40℃	能源（天然气）	3100KJ/KH2O 13MW	产品含水率	11%
排放废气	温度160℃湿球温度58℃数量30吨/小时1.5千瓦	水蒸气	温度130℃湿球温度94℃数量20吨/小时	反回	温度68℃湿球温度68℃数量6.3吨/小时	排放	CO<100mg/Nm3tr；NO<100 mg/Nm3tr；VO<C50 mg/Nm3tr

5. 东方3号牧草(秸秆)烘干机(彩图6-8)　经过该机烘干的牧草成品颜色青绿，气味芳香，保留鲜牧草色、味及营养成分，提高采食率，起增效作用。该机日产10～16吨，配套5部电机，每部功率20.6千瓦。

6. YHLN系列逆流冷却干燥机　YHLN系列逆流冷却干燥机主要用于物料膨胀或制粒后高温颗粒的干燥和冷却。效果优于国内现有产品，降水率不低于3.5%，对生产高质量的膨化颗粒物料，延长物料储存时间，改善工艺性能，提高经济效益起到了卓越的作用。该机产量大，自动化程度高，噪音低，维修少，为国外先进国家广泛采用机型。其技术参数见表6-31。

表 6-31　YHLN 系列逆流冷却干燥机技术参数

型号	YHLN 14×14	YHLN 19×19	YHLN 19×24	YHLN 24×24	YHLN 28×28	YHLN 30×30	YHLN 36×30	YHLN 36×36
产量（吨/小时）	5	10	15	20	30	40	50	60
动力（千瓦）	1.5+0.75	1.5+0.75	2.2+0.75	2.2+1.1	3+1.1	3+1.1	4+2.2	4+1.5
停留时间（分）	5~15 可调							
吸风量（米³/小时）	10000	18000	20000	43000	55000	63000	75000	75000
风压（帕）	1700	2200	2400	1500	1550	1900	2200	2300
推荐风机型号	4-72-12 No4.5A/ 7.5 千瓦	4-72-12 No6C/ 15 千瓦	4-72-12 No8C/ 22 千瓦	4-72-12 No10C/ 30 千瓦	4-72-12 No12C/ 37 千瓦	4-72-12 No12C/ 55 千瓦	4-72-12 No.12C/ 75 千瓦	4-72-12 No12C/ 75 千瓦

7. GTH 系列滚筒烘干机　滚筒干燥机适合于烘干复合肥、鸡粪、酒糟、果渣、豆腐渣、树叶等高水分的物料，物料直接接触高温热空气，一次降水可达 70%～80%。该机热效率高，结构简单，维修方便。配上粉碎、添加、制粒工艺，可把废料制成颗粒饲料，是果汁厂、啤酒厂变废为宝、改善环境的理想设备。其技术参数见表 6-32。

表 6-32　GTH 系列滚筒烘干机规格与技术参数

型　号	GTH-0.5	GTH-1	GTH-1.5	GTH-2	GTH-2.5
干物料产量（吨/小时）	0.5	1	1.5	2	2.5
供热量（10⁶ 千焦/小时）	10	15	20	30	35
热风温度（℃）	≤700				
煤耗（千克/小时）	300~400	500~600	700~850	1100~1200	1400~1500

8.JLG 系列燃煤热风炉　燃煤热风炉结构合理,燃烧充分,适应煤种广,整体热效率高,采用整体结构全钢换热器,占地面积小,安装维修方便。可与各种烘干机配套用于粮食、食品、饲料等行业。其规格与技术参数见表 6-33。

表 6-33　JLG 系列燃煤热风炉规格与技术参数

型　号		JLG-2	JLG-3	JLG-4	JLG-5	JLG-6	JLG-8	JLG-10	JLG-12
发热量	10^6 千焦/小时	5	7.5	10	12.5	15	20	25	30
	10^4 千卡/小时	120	180	240	300	360	480	600	720
装机容量(千瓦)		13.1	23.1	26.6	32.1	40.5	55	73.8	73.8

9.SSL 系列手烧炉　手烧炉是为小型烘干机提供热源的。该机型换热器直接安装于燃烧室上,采用多种保温措施,具有热效率较高,占地面积小,价格低廉的优点。其规格与技术参数见表 6-34。

表 6-34　SSL 系列手烧炉规格与技术参数

型　号	SSL-30	SSL-60	SSL-75	SSL-100	SSL-120
发热量(10^4千卡/小时)	30	60	75	100	120
机容量(千瓦)	1.1	1.5	2.2	3	3
外形尺寸(长×宽×高)(米)	1.2×1.2×3.5	1.8×1.4×6.5	2.1×1.7×7	2.3×1.85×7	2.5×2×7

10.JRF 间接加热热风炉　该炉采用了集燃烧与换热为一体,以炉体高温部位进行换热的最新间接加热技术。烟气各走其道,加热绝对无污染,热效率高达 65%～80%,升温快,体积小,安装方便,使用可靠,且价格低(与 1 吨锅炉相比,该加热系统只相当于

锅炉加热系统价格的一半）。采取了耐高温措施,从而使其寿命比列管式热风炉大大提高,输出热风温度可达 300℃,采用特殊设计输出热风温度可达 500℃～800℃,同时采用了烟气纵向冲刷热片和负压吸式排烟方式,换热部位不积灰尘,无须清理,热性能稳定。可使用各种煤或柴作燃料,并配有二次进风装置,燃烧完全。该炉为通用性热风加热装置,与各种物料的干燥设备配套使用。广泛用于粮食、种子、饲料、果品、脱水蔬菜、香菇、木耳、银耳、茶叶、烟叶等农产品、食品、医药药品、化工原料、轻重工业产品的加热除湿。还可用于各种设施的加热以及库房除湿等。其技术参数见表6-35。

表 6-35　JRF 系列热风炉技术参数及价格表

型　号	输出热量 (10^4 千卡/小时)	热风温度 (℃)	耗煤量 (千克/小时)	热效率 (%)	参考价格 (万元)
JRF-3A	10～14	60～120	6～8	60	0.6
JRF-5A	18～23	60～120	12～14	60	0.82
JRF-8A	30～35	60～120	19～22	60	1.5
JRF-15A	54～75	60～200	30～45	65	3
JRF-30A,B	105～147	60～200	70～85	70	6(7.5)
JRF-60A,B	230～272	60～200	150～175	70	8(9.8)
JRF-80A,B	314～356	60～200	180～200	70	10.5
JRF-80B	314～356	60～200	180～200	70	16.7
JRF-100B	377～460	60～200	220～290	70	24.2
JRF-160B	620～712	60～200	410～460	70	32.2
JRF-200B	816～858	60～200	500～525	70	38.8
JRF-300B	1200～1290	60～200	750～790	70	48.8
JRF-400B	1600～1710	60～200	980～1080	70	58.6

注:※环境基准温度标准按18℃。煤的热值以5 500千卡/千克计算。
　　A-手烧方式,B-机烧方式,所需热风温若超过200℃,应采用不锈钢内胆。

11. 93QH 系列牧草烘干机组 93QH 系列牧草烘干机组具有高温、无污染、快速干燥的显著特点。它以煤作为能源,用干净的热空气作为干燥介质,使新鲜牧草在几十秒钟至几分钟之内即可加工成气味芬芳、无任何污染、符合国际等级标准的优质绿色草粉和草捆或草颗粒。该机组采用国际先进技术,体现了快速、高效、低耗、电测、温控、操作方便、寿命长、维修少、自动化程度高的整体优化设计的指导思想,全套机组由高温热风炉、铡草、升运、除铁、烘干、粉碎、检斤以及自动测温、显示、报警、监控等二十多个单机组合而成。

其生产工艺流程如图 6-10 所示。

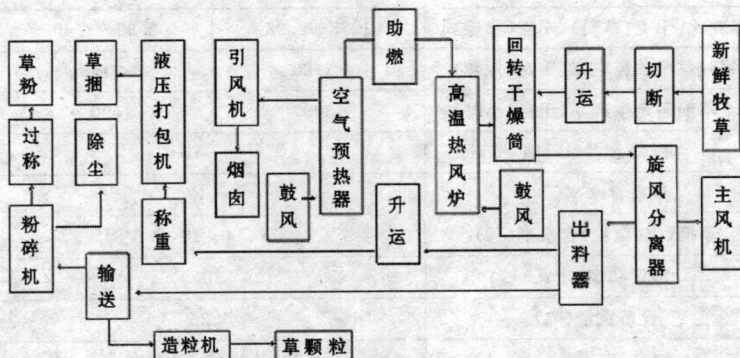

图 6-10　93QH 系列牧草烘干机组生产工艺流程

机组主要特点:①采用国际流行的高温快速烘干技术。该机组吸取了国外烘干机组的优点,结合我国国情,精心设计,使牧草在烘干装置内只需几十秒至几分钟内就可以完成传热传质的干燥过程,从而较好地保持了鲜牧草原有的营养成分。②以煤做能源,成本低,符合中国国情。③用干净的热空气做干燥介质。该机组可提供 500°C 以上的热空气做干燥介质,对干燥物料无污染。④风温可控。物料在干燥过程中的温度可在电控台直接测出。有超温报警和风温控制装置,从而保证草产品的干燥质量。⑤可连续生产,自动化程度较高。⑥核心设备高温热风炉采用耐高温金属材料和独有的强化换热技术,工作可靠,故障少,维修部件少,热效率高、寿命长。⑦采用重力和旋风二级分离组合式分离器,既干净了物料,又有利于环境保护。

主要能耗指标见表 6-36。

表 6-36 93QH 系列烘干机组的主要能耗指标

参数名称	指 标	
	93QH-300 型	93QH-500 型
鲜草生产率(千克/小时)	1000	1500
煤耗比[千克(草粉),千克(标煤)]	1.78~2.22	2.95~3.45
每吨草粉的耗电率(千瓦时/吨)	<120	<150
干草粉额定生产率(千克/小时)	300	500
鲜草含水率(%)	60~70	
草粉含水率(%)	9~12	
草捆(饼、颗粒)含水率(%)	14~18	
额定功率(千瓦)	70	
设备重量(吨)	约 25	
电源	380/220 伏,50 赫兹	

93QH-1000 型燃油(气)牧草烘干机组,它采用燃油(气)高温热风炉作为热源,柴油、重油或可燃气体等作为燃料,可以在夏天烘干苜蓿等牧草,冬天烘干玉米秸秆等物料,填补了我国使用油(气)进行烘干领域的空白。与燃煤热风炉相比具有如下特点:①产量大,每小时产 1 吨干草,按每天生产 10 小时算,日吞吐鲜草约 30 吨左右;②燃料供应系统和运行系统简单,利于采用自动化控制系统;③点火启动迅速;④炉温均匀;⑤输送和燃烧前后的辅

助设备简单,大大降低了基建投资及钢材耗量;⑥燃料中的灰分和硫分含量及燃烧产生的烟气粉尘量极少,大大减轻了对环境的污染;⑦在正常生产、正常操作和充分掺混空气的情况下,与直接燃煤相比,油、气、煤的耗能比为 0.61 : 0.96 : 1.0,节约了能源。结合当前形势,我国西部地区作为烘干设备的主要市场,其油、气资源非常丰富,价格相对便宜,满足了许多用户的迫切需求。

四、牧草水分测定仪

牧草在脱水过程中随时要掌握牧草含水量变化,是青干草生产、加工、调制、贮藏等过程中重要的工作之一。利用电子水分快速测定仪,测定操作方便快捷,准确,因此,在牧草生产中应用广泛。

电子水分测定仪由主机(含水量显示)、导线、手柄和探头等组成。水分测幅为 10%～40%,精度在 2 个百分点以内。可与手柄连接的探头有 2 种:一种探杆探头,为 25 厘米长的杆,用于测量草捆的水分;另一种是探针探头,圆盘形,盘上有 6 根约 1.5 厘米的探针,用于测量散干草的水分。

便携式牧草水分测定仪,经济实用,可迅速测出牧草水分含量(10%～80%),确保牧草产品的品质。该仪器操作简便,可即时读取数据,提供温度和湿度参数,并可储存 50 组检测结果,显示其平均值、最大值和最小值。

(一)F-2000 干草水分测定仪(彩图 6-9)

技术指标:①可测试苜蓿湿度范围 8%～40%;②可测试麻蛇草湿度 8%～23%;③数码液晶读数;④内设刻度检测装置;⑤有温度平衡线路配置;⑥有测量功率的设置;⑦使用 9 伏电池;⑧能读取 100 组数据平均值;⑨显示平均值和最大值。

(二)F-6/6-30干草水分测定仪

技术指标：①可测试苜蓿湿度范围6％～30％；②可显示13％～40％的水分范围；③刻度读数器；④内设刻度检测装置；⑤有温度平衡线路配置；⑥测量功率的设置。

(三)DHT-1型手持饲草水分检测仪(彩图6-10)

DHT-1手持饲草水分测定仪是美国FARMEX公司生产专门测定干饲草、湿饲草、烟草水分的仪器。它是饲草种植单位、加工单位、购销单位、牧场管理部门和养牛场和养羊场等单位必备的检测仪器。

水分测定仪由机身和探头两部分组成，方便携带，检测饲草的水分自动显示在显示屏上。

特点：①可拆卸探头，方便携带；②检测速度快；③带背光灯，可在夜间使用；④LED大屏幕显示；⑤可测含水量和温度。

技术参数：①直接读数的湿度和温度显示器；②由探针传导单独的电子模数；③粗糙的外表探针杆由铝工艺制成；④坚固的仿枪柄式手柄；⑤探针长度有3种模式可选：18英寸，24英寸，32英寸；⑥探头能正确穿入标准贮藏包装：苜蓿捆，梯牧草和三叶干草内；⑦测定范围：湿度：14％～44％；⑧温度：0℃～121℃；⑨探头尺寸为50厘米；⑩9伏碱性电池。

(四)BHT-1水分测定仪

技术指标：①当干草打包时可直接读出湿度；②每3秒到5秒更新并显示读数；③供夜间使用的屏幕显示灯；④内置的刻度按钮；⑤测试范围：湿度8％～44％；⑥湿度上下限指示器；⑦带有调整旋钮的显示模块支撑装置；⑧包括时间耐用的传感衬垫和不锈钢部件；⑨方捆机、圆捆机都适用。

(五)HMT-2 水分测定仪

指标:①湿度测定最低可达 8%;②供夜间使用的屏幕显
置的刻度按钮;④针对圆草捆的 20 英寸粗糙表面探针;
⑤直接读数的湿度和温度显示器;⑥能正确穿入标准贮藏包装:苜
蓿捆、梯牧草和三叶草干肉;⑦湿度测定范围为 8%～44%;⑧温
度 0℃～121℃;⑨湿度上下限指示器。

(六)干草水分测定器

技术指标:①测定项目为干草;②测定范围为 12%～41.5%;
③数字液晶显示方式;④电源:电池 9V;⑤准确度±0.5%;⑥机
体尺寸为 120 毫米×70 毫米×25 毫米;⑦探测器总长为 470 毫
米;⑧机体重量 200 克,携带用包 510 克,探测器重 292 克。

五、干草捆加工机械

在适宜时期刈割,经自然晾晒或人工干燥调制而成的能长期
贮存的牧草,为了便于运输和储存,需用打捆机把牧草压缩成捆,
目前国内主要应用小方捆捡拾打捆机。打捆机工作时,拖拉机牵
引打捆机沿草条前进,捡拾器的弹齿拾起草条,并由喂入器的拔叉
连续地将草送入压捆室内,再通过活塞往复运动,将喂入的草压缩
成捆,根据设置好的草捆长度,打结器定时将打捆绳自动捆好草捆
并通过压缩室外的放捆板放在地上。优质干草是指我国兴起的新
型草产业的主导产品,在国外早得到广泛应用,其他产品(草粉草、
颗粒、草块等)基本上都是以它的基础加工出的。草捆加工主要通
过自然干燥法利用捡拾压捆机打成低密度草捆。

(一)打捆机械的种类

1. 根据打捆形状不同分类 可分为方捆打捆机和圆捆打捆机。方捆打捆机又分为小型、中型、大型方捆打捆机。

小型方捆打捆机所打草捆质量一般为 18～82 千克,草捆截面尺寸为(36～41)厘米×(46～56)厘米,长度在 31～132 厘米可调节。由于草捆较小,可在牧草水分相对较高时进行打捆作业,牧草的收获质量较高,喂饲方便,造价相对较低,投资较小;适于长途运输,需要拖拉机的动力输出轴功率较小,最小动力输出功率为 25.7 千瓦;草捆可采用人工装卸,不足之处是打捆作业及草捆搬运作业需要较多的劳力。

中型方捆打捆机所打草捆质量为 454 千克左右,草捆截面尺寸为 80 厘米×87 厘米,长度在 250 厘米左右。

大型方捆打捆机所打草捆质量为 510～998 千克,草捆截面尺寸为(80～120)厘米×(70～127)厘米,长度达到 250～274 厘米。中、大型方捆作业效率较高,运输方便,可直接打包,制作青贮饲料;打捆机的造价相对较高,投资较高,需要拖拉机发动机功率较大,中型打捆机需要 73.5 千瓦以上拖拉机进行配套,而大型打捆机则需 147 千瓦以上拖拉机进行配套;草捆必须采用机械化装卸与搬运。

圆捆打捆机作业效率比小型方捆打捆机高,可在打捆后进行打包,直接制作青贮饲料;配套拖拉机功率高于小型方捆打捆机,低于大型方捆打捆机;草捆必须采用机械化装卸与搬运,不适于长途运输。

2. 根据草捆密度分类 主要类别有:低密度干草压机,草捆密度一般为 100～200 千克/米³;中密度干草压捆机,草捆密度一般为 240～400 千克/米³;高密度二次压捆机,其打的草捆密度达 380～500 千克/米³。

(二)打捆机的使用状况

打捆机采用压缩的加工方式,将松散与密度低的牧草压缩成高密度草捆,解决了贮存和运输的问题。

现在生产上通常用的小型方草捆机,用 50 马力拖拉机牵引和驱动完成捡拾压捆,草捆重 15~20 千克。国外农场养畜的农户采用方型压草捆机,草捆规格为 1.22 米×1.22 米×(2~2.8)米,重约 0.9 吨,也常用大圆柱形打捆机,草捆长 1.0~1.7 米,直径 1.0~1.8 米,草捆重 0.6~0.9 吨。目前生产用的多是由拖拉机牵引和驱动的自动捡拾压捆机,体现该项技术的不断进步是自动捡拾压捆机核心部件——自动打结器的不断改进。

中国科学院草原研究所研制成功 9JK-1.7 型捡拾压捆。作业效率高、正常作业每小时打捆 8~10 吨,工作性能稳定,其售价低于国外同类产品的 50%。为适应我国农村牧草收获和加工的需要还陆续引进和研制了一批小型打捆机,如石家庄农牧销售研制的小型圆草捆机和克劳沃集团引进的小型打捆机。

(三)捡拾压捆机

1. 分类 干草压捆机可分为固定式压捆机和捡拾压捆机两种,固定式压捆机一般是用来将收获好的干草压制捆后运至其他缺草地区,在牧草收获工艺中主要指的是捡拾压捆机。

田间捡拾压捆机,根据压成的草捆形状,又可分方捆活塞式压捆机和圆捆卷压式压捆机。方捆活塞式压捆机按活塞的运动形式又有直线往复式和圆弧摆动式之分。目前,广泛采用的是直线运动的活塞式方捆捡拾压捆机和卷压式圆捆压捆机。

2. 捡拾压捆机的选择应满足的技术条件 捡拾草条干净,遗漏率低;草捆的密度适宜,不发生霉烂;草捆成层压缩,开捆后容易脱散;捆绳结可靠,装卸和运输的过程中不散捆;作业经济指标良好。

3. 捡拾压捆机进行捡拾压捆的工作条件　牧草割倒后应铺成草条,可用搂草机进行搂集,草条的宽度在 1～1.5 米,草条厚度均匀,每米草条重量在 3～5 千克时,机器的作业效率最高,苜蓿的含水率为 20%～25%,若含水率高,打出的草捆容易发生霉烂;若含水率低,则打捆时,苜蓿豆科叶片损失较大。

4. 方捆活塞式捡拾压捆机　我国研制的 9JK-1.7 型捡拾压捆机方捆活塞式压捆机,该机适合于在侧向搂草机搂集的草条上捡拾压捆牧草。该机主要由弹齿滚筒式捡拾器、输送喂入器、压捆室、打结机构、机架、传动系统、安全装置和牵引装置等组成,该机可配置割草机或联合收获机以实现牧草或秸秆的联合作业。工作时,机器沿草条前进捡拾器弹齿将牧草捡拾起来,并连续地导向输送喂入装置,输送喂入装置在活塞回行时把牧草从侧面喂入到压缩室内。在曲柄连杆择优选用和下,活塞作往复运动,把压缩室内的牧草压成草捆。根据所要求的草捆长度,打捆机构定时起作用,自动用捆绳捆邦草捆。捆好的草捆被后面陆续成捆的草捆不断地推向压缩室出口,经过放捆板落在地面上或推送到拖车上。

5. 圆捆卷压式捡拾压捆机

圆捆卷压式捡拾压捆机按草捆成型过程可分内卷绕式和外卷绕式两种。按卷压室型式又可为皮带式、卷辊式和带他输送式。

内卷绕式捡拾压捆机,卷压室由几根长皮带组成。卷捆时卷压室容积由小变大,对牧草始终保持有压力,因此其卷捆的芯部也有一定的紧密度。这种圆捆卷压式压捆机草捆密度较高,长期存放不易变形,但结构较复杂,要求牧草较干净。

外卷绕式捡拾压捆机,卷压室由几组短皮带或若干钢制卷辊组成。卷压室尺寸固定不变,开始卷捆时对牧草没有压力,等到充满卷压室后开始加压,形成一个芯部疏松,外部紧密的圆形草捆。所以它透气性好,易于保存,但草捆较易变形。

圆捆卷压式捡拾压捆机卷压成的圆柱形大草捆直径可达 2 米

左右,所以卸下的草捆类似于小草垛,它与方捆活塞式压捆机比较有以下特点:①牧草叶子损失较少,能把牧草最大限度地收集;②生产率较高;③机器构造比较简单,使用调整方便;④草捆便于饲养牲畜,散饲时很容易铺开,架饲时牲畜可围栏而食,损失较少;⑤长期露天存放,不怕风吹雨淋;⑥对捆绳要求较低,用量也少。

(四)国内外常用的打捆机械

1. 美诺5120圆捆机 特点:①工作效率高,可达1.33公顷/小时;②使用范围广,适用各种软秆作物(牧草、甘蔗叶、麦秸、稻秸、豆秸等);③打捆直径可调,密度高,分布均匀,自动卸捆;④绕线准确可靠,绕线间距可调;⑤宽幅、低平弹齿捡拾器动作轻柔,捡拾准确可靠,最大限度减少作物损失。技术参数见表6-37。

表6-37 美诺5120圆捆机技术参数

整机尺寸(米)	$3.55 \times 2.75 \times 2.5$	最大工作行走速度(千米/小时)	$6 \sim 9$
整机质量(千克)	2135	最大草捆直径(米)	1.1
配套动力(千瓦)	$\geqslant 32.625$	草捆密度(吨/米³)	$\geqslant 0.18$
动力输出轴(转/分)	540	捡拾宽度(米)	1.5
工作效率(公顷/小时)	$0.9 \sim 1.3$		

2. BC5000系列小方捆打捆机 纽荷兰在美国成功地研制出世界第一台自动捡拾的小方捆打捆机。2009年推出了新型的BC5000系列小方捆打捆机,新机型的改进之处在于:①全新设计的可弹起的齿轮箱盖板,便于维护;②改进后的打结器齿轮传动机构,使得捡拾器传动皮带更便于维护;③更为坚固的压捆室轨道架;④表面突起的草捆挡块,更为耐磨,提高了打捆柱塞的性能;⑤易于靠近的打捆柱塞轴承,便于维护与保养;⑥全新液压管存贮槽;⑦全新设计的蓝色贴纸;⑧可选装的改进照明的卤素工作灯;

⑨可选装的道路照明灯组。主要参数见表 6-38。

表 6-38　BC5000 系列小方捆打捆机主要参数

	型　号	BC5050	BC5060	BC5070	BC5080
草捆尺寸	横截面(高×宽)(厘米)	36×46	36×46	36×46	41×48
	长度(厘米)	31～132(可调)			
"超级清扫器"捡拾器	捡拾器宽度(米)	1.65	1.65	1.9	1.9
	捡拾宽度(米)	1.8	1.8	2.0	2
	弹齿数	4 根齿杆,88 个齿	5 根齿杆,110 个齿	6 根齿杆,156 个齿	
	浮动防缠绕装置	8 根杆	8 根杆	13 根杆	13 根杆
	传动	V 型皮带-滚子链-拨禾轮传动		—	—
	仿形轮	3×12;半气动	3×12;半气动	15×6×6	15×6×6
打捆柱塞	行程长度(厘米)	76.2	76.2	76.2	76.2
	速度(540 转/分)	79 个冲程/分	93 个冲程/分	93 个冲程/分	93 个冲程/分
打结机构	类型	绳子打结器	绳子或铁丝打结器		绳子打结器(重型)
	保护	剪切螺栓	剪切螺栓	剪切螺栓	剪切螺
	绳容量(捆)	4	6	8	8
	铁丝容量(盘)	4	4	4	—
主传动	飞轮直径(厘米)	56	56	56	56
	动力输出轴	3 个万向节	3 个万向节	3 个万向节	3 个万向节
	保护	剪切螺栓、过载滑动离合器			
	齿轮箱	滚子轴承;油浸,热处理合金钢			
尺寸	最大高度(厘米)	146	178	180	180
	宽度(厘米)	275	279	304	304

续表 6-38

型　号		BC5050	BC5060	BC5070	BC5080
大约重量	3 段动力输出轴，绳型（千克）	1399	1542	1685	1905
	3 段动力输出轴，铁丝型（千克）	—	1603	1746	—
推荐运输速度（千米/小时）		32	32	32	32
保证打捆机作业效率的最小拖拉机 PTO 功率（马力/千瓦）		35/26	62/45	75/56	80/60

3.9JK-1.7 方捆捡拾打捆机　主要特点：①直推活塞式打捆机，50 马力拖拉机拖带作业，适用于麦秸和饲草的捡拾打捆；②可靠性高，使用寿命长，功率大，草捆结实，使用范围广；③独特设计的草捆压缩室，保证草捆密度均匀及较佳的草捆外形；④宽幅、低平的弹齿捡拾器对宽大草条都能适用，动作轻柔和、减少作物损伤；⑤打结器结构简单，牢固，维护方便；⑥标准捡拾定位轮捡拾器接近地面，充分将草捡拾干净。技术参数见表 6-39。

表 6-39　9JK-1.7 方捆捡拾打捆机技术参数

项　目		参数指标
草捆尺寸	横截面（高×宽）（厘米）	36×49
	长度（厘米）	50～120（可调）
捡拾器	捡拾幅宽（米）	1.7
	弹齿数	5 根齿杆 65 个弹齿
	防缠绕装置（根）	12
仿形轮		自动

续表 6-39

项　目		参数指标
打捆活塞	活塞行程(厘米)	70
	频率(次/分)	86
打结器	类型	绳子 D 型打结器
	数量(个)	2
	保护	剪切螺栓
	捆绳容量(捆)	6
轮胎规格(厘米)	左轮胎	10～15
	右轮胎	6.5～15
	仿形轮	3.5～10
机器尺寸	机器长度(米)	5.3
	机器宽度(米)	2.65
	机器高度(米)	1.67
整机重量(千克)		1690
配套动力		最小 36.25 千瓦拖拉机

4.9 YFQ-1.9 型方捆打捆机(彩图 6-11) 该机与传统方捆机(侧牵引)相比具有如下特点:①进口德国打结器和主要传动系统,整机性能稳定,成捆率高;②整机具有对称纵轴线,行驶稳定性好,容易牵引,能适应在小块和不规则地块上作业;③采用宽幅达1.95 米的宽型低平弹齿滚筒式捡拾器,两侧配有仿形轮,不仅降低草条漏捡的损失,而且由于减少了干草捡拾时的提升高度,使草条很少紊乱,减少了花叶之间的揉搓脱落;④打捆室和穿针有足够高的离地间隙,在低畦地段作业,穿针不会碰地,因而取消了传统的穿针保护架,捡拾器配有仿形轮,可以在低洼不平的地段作业;⑤草条从捡拾到形成草捆落地始终使牧草在机内沿直线运动,草条输送、打捆工艺合理,有利于提高活塞的往复频率,提高生产能

力。该机主要技术指标见表 6-40。

表 6-40 9YFQ-1.9 型方捆打捆机主要技术指标

打捆室	横截面积(高×宽)(毫米)	360×460
	草捆长度(毫米)	310～1300
	草捆密度(千克/米³)	120～180
捡拾器	外侧挡板间的宽度(毫米)	2264
	内侧挡板间的宽度(毫米)	1928
	弹齿杆数量和弹齿	3条,84个
	搅龙直径(毫米)	280(外径)
	仿形轮(个)	2(每边一个)
喂入器	结构型式	曲柄摇杆式,4个喂入叉
	喂入室容积(厘米³)	2851
活塞	工作速率(往复次数)(次/分)	100 次
	工作行程长度(毫米)	550
打捆机构(绳)	打结器数量(个)	2
	捆绳箱容量(卷)	6
配套拖拉机	动力输出轴转速(转/分)	540
	功率	26 千瓦以上
打捆机	外形尺寸(长×宽×高)(毫米)	3300×2350×1725
	重量(吨)	1.7

5. THB 型方捆打捆机 THB 型方捆打捆机主要用于捡拾各类牧草及水稻、小麦秸秆,能自动连续作业,打成方草捆,便于运输贮存和深加工。适合在农场、草场条件下作业,可根据作物条件、运输和贮存要求,调整草捆的长度和密度。

特点:①捡拾机构自动捡拾,喂入量大,捡拾方便,减少作物损失,生产效率高;②一机多用,可用于牧草和水稻、小麦秸秆的打捆;③日本 STAR 原装正品的打结器打结可靠,草捆尺寸均匀,结实牢固;④操作简单,性能稳定,齿轮传动系统耐用性好;⑤配套动力范围广(30～80 马力拖拉机)。该机主要技术性能见表 6-41。

表 6-41　HTB2060 型方捆打捆机主要技术性能

型　号	THB2060	THB3060
截面尺寸(厘米)	32×42	36×48
草捆长度(厘米)	30～100(可调)	60～120(可调)
外形尺寸(长×宽×高)(厘米)	410×215×130	500×280×140
重量(千克)	1030	1460
捡拾宽度(张口)(厘米)	144	180
弹齿数	32	44
弹齿条排数	4	4
打压头冲程(厘米)	60	70
打压头速度(次/分)	92	90
作业速度(千米/小时)	4～10	4～15
轮胎尺寸	10/80-12-6PR(左侧)	11L-15-8PR(左侧)
	7.00-12-6PR(右侧)	7.00-12-6PR(右侧)
配套动力	18.12～36.25 千瓦拖拉机	21.75～56 千瓦拖拉机
匹配 PTO 转速(转/分)	540	540

6. MRB 型牵引式圆捆机(彩图 6-12)　特点:①一机多用,可用于牧草及水稻、小麦、平方米秸秆的打捆;②草捆结实,草捆密度可根据需要进行调节;③喂入量,减少作物损失,生产效率高;④整机性能稳定,可靠性耐用性好;⑤配套动力范围广。该机机型主要技术性能表 6-42。

表 6-42　MRB0850、MRB0870 牵引式圆捆机主要技术性能

型　号	MRB0850	MRB0870
草捆尺寸(直径×宽度)(厘米)	$\phi50×70$	$\phi61×70$
外形尺寸(长×宽×高)(厘米)	115×130×120	130×130×135
重量(千克)	390	440
捡拾宽度(厘米)	80	80
作业速度(千米/小时)	2～5	2～5
轮胎尺寸	16×6.50-8-4PR	16×6.50-8-4PR
配套动力	18.12～36.25 千瓦拖拉机	18.12～36.25 千瓦拖拉机
匹配 PTO 转速(转/分)	540	540

7.9KF-840 方草捆捆扎机　方草捆压捆机能自动完成牧草、水稻、小麦、玉米秸秆的捡拾、压捆、捆扎和放捆过程,广泛应用于青牧草和水稻、小麦秸秆的收集捆扎,便于工作于运输、贮存及深加工。该机结构合理,性能可靠,灵活机动,操作简单,效率高,消耗少,能与国内外多种拖拉机相连接,适合在我国各种地域条件下作业。其主要技术参数见表 6-43。

表 6-43　9KF-840 方草捆捆扎机主要技术参数

截面尺寸(宽×高)(厘米)	32×42
草捆长度(厘米)	30～100(可调)
外形尺寸(长×宽×高)(厘米)	420×180×140
重量(千克)	780
捡拾宽度(张口)(厘米)	85
草捆重量(千克)	10～20(60 厘米长时)
打结时间(秒)	0.7
打压头冲程(厘米)	60

续表 6-43

打压头速度（次/分）	92
作业速度（千米/小时）	4～10
输入转速（转/分）	540
传动轴	6 键/8 键供供选择
配套动力（千瓦）	≥14.5

8. 9KYQ-7050、9085 圆草捆捆扎机　其主要技术参数见表 6-44。

表 6-44　9KYQ-7050、9085 圆草捆捆扎机技术参数

型　号	小型捆扎机 9KYQ-7050	中型捆扎机 9KYQ-9085
外形尺寸（长×宽×高）（毫米）	1180×1330×1180	2400×1900×1700
输入转速（转/分）	标准转速 540(750)	540
输入功率（千瓦）	12～35	15～35
捆扎尺寸（毫米）	φ500×700	φ850×900
捡拾宽度（毫米）	700～800	900×400
草捆重量（千克）	20	95
工作速度（千米/小时）	2～5	2～5

9. 国产 9Y、9JYG、9CY 型打捆机　主要特点：①采用减速机变速传动，进料、压实及成捆能随较大的冲击力，坚固耐用；②由动力牵引能移动作业场所。此三种机型的技术参数见表 6-45、表 6-46。

五、干草捆加工机械

表 6-45 国产 9Y 型方捆打捆机技术参数

型　号	配用动力(KW)	挤压次数(次/分)	最大压力(T)	打捆重量(千克/捆)	班产量(吨)	外形尺寸(长×宽×高)(毫米)
9Y2	电动机 Y1800 M-4 1450r/m'm 18.5 千瓦或 25 马力柴油机	32	80	25～30	12～16	6500× 1700×2350
9Y1.6	1450r/m'm；11.3 千瓦或 18 马力柴油机	32	80	25～30	8～12	5850× 1700×2350

表 6-46　9JYG 圆草捆机性能参数

型　号	9JYG-0.5 型	9JYG-0.9 型	9JYQ-1.5 型
配套动力(千瓦)	14(轮式拖拉机)	20(轮式拖拉机)	20(轮式拖拉机)
草捆尺寸(直径×长度)(毫米)	ϕ500×800	ϕ900×1230	ϕ1500×1230
捡拾宽度(毫米)	800	1550	1550
草捆重量(千克)	20	95	45
生产率(千米/小时)	2～5	2～5	4～6

9CY100 型为可移动式方捆打捆机,是以秸秆、牧草为主要原料,生产草块的加工设备,产量 0.3～0.5 吨/小时,功率为 15 千瓦。

10. 爱农 AN-20、AN-30 系列方捆捆草机　爱农 AN-20 系列方捆捆草机特点:油压升降装置在驾驶楼内可操作;防止超负荷运转装置。其主要技术参数见表 6-47。

表 6-47　爱农 AN-20 系列方捆捆草机技术参数

型　号	方 AN-20-130 型	方 AN-20-155 型	方 AN-20-170 型
外形尺寸（长×宽×高）（厘米）	414×170×160	415×230×170	415×245×170
捆扎大小（厘米）	36×46	86×46	36×46
作业宽幅（厘米）	130	155	170
草捆重量（千克）	0～25	0～25	0～45
捆草长度（厘米）	20～120	20～120	20～120

爱农 AN-30 系列圆捆捆草机特点：干、青草均可作业。其技术参数见表 6-48。

表 6-48　AN-30 系列圆捆捆草机技术参数表

型　号	圆 AN-30A	圆 AN-30B	圆 AN-30C
外形尺寸（长×宽×高）（厘米）	405×227×238	402×256×267	390×228×262
捆扎大小（厘米）	725×122	900—160×120	120×50
作业宽幅（厘米）	160	210	210
草捆重量（千克）	180～1250	180～1250	180～1250
捆草长度（厘米）	20～120	20～120	20～120

11. 纽荷兰小方捆打捆机（彩图 6-13）　主要特点：①"超级清扫式"捡拾器、弯曲的弹齿可将其他普通捡拾器无法捡拾的短小作物拾起。②在密封轴承上运转的打捆柱塞保证各种作物的草捆紧密和一致，同时使所需保养与调整降低到最低程度。③各种打捆机上的宽型捡拾器，可捡拾各种作物较宽的条铺，与具有高喂入量特性的喂入系统相互配合，使得打捆机的作业效率高。④规整、致密、高质量的草捆为下一步的自动捡拾、堆垛及长途运输创造了有利条件。其技术参数见表 6-49。

五、干草捆加工机械

表 6-49   纽荷兰小方捆打捆机技术参数

机　型		565 型	570 型	575 型	580 型
草捆尺寸	横截面(高×宽)(厘米)	36×46	36×46	36×46	41×46
	长度(厘米)	31~132(可调)	31~132(可调)	31~132(可调)	31~132(可调)
捡拾器	捡拾器宽(米)	1.65	1.65	1.9	1.9
	捡拾宽度(米)	1.80	1.80	2.0	2.0
	弹齿数	4 根齿杆,88 个齿	5 根齿杆,110 个齿	6 根齿杆,156 个齿	
	浮动防缠绕装置	8 根杆	8 根杆	13 根杆	13 根杆
	传动	V 型皮带—滚子链—"捡拾轮"		—	—
	仿形轮	3.00×12;半气动	3.00×12;半气动	15×6×6	15×6×6
打捆柱塞	行程长度(厘米)	76.2	76.2	76.2	76.2
	速度(540 转/分)	79 个冲程/分	93 个冲程/分	93 个冲程/分	93 个冲程/分
打结机构	类型	绳子打结器	绳子打结器或铁丝打结器	绳子打结器	绳子打结器(重型)
	保护	剪切螺栓	绳子打结器	绳子打结器	绳子打结器
	绳容量(捆)	4	6	6	6
	铁丝容量(盘)		4	4	
主传动	飞轮直径(厘米)	56	56	56	56
	动力输出轴	3 个万向节	3 个万向节	3 个万向节	3 个万向节
	保护	剪切螺栓、过载滑动离合器			
	齿轮箱	滚子轴承;油浸,热处理合金钢			
尺寸	最大高度(厘米)	146	178	180	180
	宽度(厘米)	275	279	304	304

续表 6-49

机　型		565 型	570 型	575 型	580 型
大约重量	3 段动力输出轴,绳型	1423	1540	1619	—
	3 段动力输出轴,铁丝型	1485	1601	1681	1611
	推荐运输速度(千米/小时)	32	32	32	32
	最小拖拉机功率(千瓦)	26	45	56	60

12. 纽荷兰圆捆打捆机(彩图 6-14)　主要特点:①具有可变压捆室,将生产率和草捆质量提高,该系列产品的压捆室具有连续的卷带和压制功能,草捆质量好,同时装有 Crop Cutter 和 Bale Commamd Plus 控制和监测系统,可实现双绳捆扎方式和网绳捆扎方式之间的转换;②品种齐全,适应性、耐用性高;③具有坚固的接头皮带,成捆紧密、统一;④山坡作业时,草捆也保持一定形状和位置;⑤658 型为全能机型,从干牧草到茎秆到青贮可处理各种作物,成捆重可达 908 千克,且带有标准循环皮带。

其主要机型有 638、648 和 658 等,所需拖拉机动力输出轴功率为 29.4～58.8 千瓦。主要技术参数见表 6-50。

表 6-50　纽荷兰圆捆打捆机主要技术参数

捆的尺寸	638	638 高湿度	648	648青贮作物	658	678
直径(毫米)	762～219	762～219	915～1524	915～1524	915～1778	915～1524
宽度(毫米)	1182	1182	1182	1182	1182	1562
重量(千克)	136～340	136～340	181～544	181～816	181～862	227～793
密度	可调	可调	可调	可调	可调	可调
成捆密度控制						
张紧系统	两复式拉簧	两复式拉簧	一个拉簧	一个拉簧	两复式拉簧	两复式拉簧

续表 6-50

捆的尺寸	638	638 高湿度	648	648 青贮作物	658	678
张紧系统压力 (千克/厘米²)	不适用	不适用	63～176	63～176	63～176	84～310
打捆尺寸和重量						
全长(毫米)	3340	3340	4100	4190	4490	4100
全宽(毫米)	2134	2261	2294	2294	2378	2758
重量	1338	1368	1336	2009	2390	2217
拾合器						
全长(毫米)	1524	1524	1844	1944	1944	2244
两侧板弹齿 宽度(毫米)	1133	1133	1133	1534	1534	1534
两侧板间 宽度(毫米)	67	67	67	67	67	67
两弹齿间 宽度(毫米)	4	4	6	4	4	6
弹齿杆数	72	72	108	96	96	144
弹齿数	4	4	6	4	4	6
捡拾器轮胎	4.00×8 4 层橡胶 胎面	4.00×8 4 层橡胶 胎面	4.00×8 4 层橡胶 胎面	4.00×8 4 层橡胶 胎面	4.00×8 4 层橡胶 胎面	4.00×8 4 层橡胶 胎面
拨禾轮直径						
内侧护板(毫米)	406	406	406	250	250	406
保护装置	可调滑动 离合器	可调滑动 离合器	可调滑动 离合器	可调棘轮 离合器	可调棘轮 离合器	可调棘轮 离合器

13. 约翰·迪尔小方捆机(彩图 6-15) 特点:①偏置式设计可方便的观察草条喂入及草捆的形成状况;②宽幅、低平的弹齿捡

拾器动作轻柔,更大程度地降低作物的损失;③独特设计的锥形草条仓,可充分保证草捆密度均匀,外形均一;④打结器的设计结构简单、牢固,打结成功率高,易于维修。其技术参数见表 6-51 和表6-52。

表 6-51　约翰·迪尔 328、338、348 型小方捆机技术参数

型 号		328	338	348
草捆尺寸	横截面(厘米)	36×46		
	长度(可调)(米)	31～127		
捡拾器	内面宽度(米)	1.6	1.6	1.6
	张口宽度(米)	1.9	1.9	1.9
	弹齿数	104	104	156
	弹齿条排数	4	6	6
	高度调整	手柄调节/液压调节(选装)		
	高度调整的范围(厘米)	13		
	油缸直径(厘米)(选装)	31		
搅龙	直径(厘米)	41	41	41
	长度(米)	1.5		
打压头	冲程(厘米)	76		
	速度(正常装满时速度)(次/分)	80	80	93
	滚轮/防磨垫	密封式滚珠轴承滚轮(底)和防磨垫(顶)		
飞轮	直径(厘米)	69		
	重量(千克)	103	103	134
长度(米)		3.4～5.8		
动力输出轴转速(转/分)		540		

五、干草捆加工机械

续表 6-51

传动装置	齿轮	钢切密封式齿轮		
	变速箱(1)	3.8		
	重量	—		
	宽度(米)	2.7	2.7	2.7
	高度(最大值)(米)	1.7	1.7	1.7
绳捆型 (千克)	最小	1208	1272	1411
	最大	1294	1348	1506
轮胎 (标准)	右胎	5.90×15, 4层	26×12.00−12, 4层	26×12.00−12, 4层
	左胎	6.70×15,6层	11L×14,6层	11L×14,6层
	漂浮式(右胎)	26×12.00−12,4层		
	(左胎)	11L×14,6层		
最小拖拉机匹配马力(发动机)		40		

表 6-52 约翰·迪尔 349、359、459 型小方捆机技术参数

	型号	349	359	459
草捆尺寸	横截面(厘米)	36×46		
	长度(可调)(米)	0.30×1.30		
捡拾器	内面宽度(米)	1.75	1.75	2
	张口宽度(米)	1.56	1.56	1.8
	弹齿数	96	144	168
	弹齿条排数	4	6	6
搅龙	长度(米)	1.3		
	打压头			
	冲程(厘米)	76		
	速度(正常装满时速度) (次/分)	80	92	100

续表 6-52

型号		349	359	459
飞轮	直径(厘米)		69	
	重量(千克)	103	135	135
整机尺寸	长度(米)(运输状态)	4.78	4.78	5.14
	宽度(米)	2.59	2.59	2.91
	高度(最大值)(米)	1.4	1.4	1.47
	草捆箱容量(捆)	4	4	6
整机重量(千克)(绳捆型)		1254	1425	1505
轮胎(标准)	右胎		7.00×12	
	左胎		10.00/75×15.3	
最理想拖拉机匹配(千瓦)(动力输出)		29	36	43.5

14. 德国威力格尔打捆机简介　主要特点:德国威力格尔公司生产的打捆机在进料处设有铰龙,设有梳理齿,不易造成由于喂入量太大而导致打捆机内部出现故障;决定打捆机密度的主要是活塞的行程和活塞的运动的频率;每小时作业 2.67～4.00 公顷。

表 6-53　德国威力格尔公司打捆机技术参数

型　号	AP530 型	D4000 型
草捆尺寸(长×宽×高)(厘米)	80×70×90～250	36×48×50～120
草捆重量(千克)	12～35	
捡拾宽度(厘米)	173	230
打结卷的容量	8	18
捡拾器外齿间的距离(厘米)	142	192
捡拾器齿排数	5	螺旋式进料
每排齿数	21	28
轮距(毫米)	2240	
动力要求(千瓦)	36.25	65.25

15. 格林纳尼 3690 型方草捆打捆机 该机采用新型钢材,重量轻,此优点在于最小的土壤压力,特别适用松软土质,拖拉机动力损耗小,紧凑的设计缩小了打捆机的尺寸,更方便了运输、存放和田间作业。可靠性高、质量稳定。其技术参数见表 6-54。

表 6-54 格林纳尼 3690 型方草捆打捆机技术参数

草捆截面尺寸(毫米)	360×460	压捆活塞行程(毫米)	660
机具重量(千克)	1280	压捆活塞速度(次/分)	100
捡拾宽度(毫米)	1700	PTO 最小动力(千瓦)	29
草捆重量(千克)	25～35 kg(苜蓿草);20～25 kg(稻草、麦秸)	外形尺寸(运输)(毫米)	4140×2450×1720

16. 英之杰 MF139 小型打捆机 特点:中心对称构造易于运输及作业;草条直线输送、简便、可靠性高、减少草条断碎;独特设计的草条压缩室,保证草捆密度均匀及较佳的草捆外形;宽幅、低平的弹齿捡拾器对宽大草铺都能适用,动作柔和,减少作物损伤;较高的离地间隙防止打捆绳针碰坏,甚至在不平的地势都运转自如;打结器结构简单、牢固、维护方便;标准捡拾定位轮捡拾器接近地面运行,充分将草捡拾干净。其主要技术参数见表 6-55。

表 6-55 MF139 小型打捆机技术参数

总宽(毫米)	25565	草捆尺寸	
总长		横截面(长×宽)(毫米)	356×457
不带滑槽(毫米)	4267	草捆长度(毫米)	305～1321
带滑槽(毫米)	5182	密度控制	液压
带滑槽抛向器(毫米)	6096	捡拾器	
总高(毫米)	1651	侧板至侧板宽度(毫米)	1928

续表 6-55

重量(千克)	1497	捡拾弹齿宽度(毫米)	1728
打捆机拄塞		弹齿压板	4
速度(行程/分)	100	弹齿数量(双)	56
行程(毫米)	550	弹齿间距(毫米)	66
滚子	8个密封球轴承	螺杆直径(毫米)	280
		安全装置	扭矩限制器
喂料系统		轮胎	
搂草器	曲轴式,4齿	标准型	11L×14
安全装置	保险螺丝	浮动型	31×13.5—15
打结装置		捡拾型	3×12
型式	打结器	所需拖拉机	
绳子类型	塑料或剑麻	马力(最小)	35
绳子铁丝	6捆	动力输出轴(转/分)	540
安全装置	保险螺丝	可供选择	挂车联结器
		附件	照明设备

17. VARIANT 系列圆捆打捆机 其主要技术参数见表6-56。

表 6-56 VARIANT 系列圆捆打捆机技术参数

型 号	350	370	360RC	365RC
捡拾宽度(米)		2.1		
喂入系统	喂入辊	喂入辊	旋转切割	高密度旋转切割
切刀数量	—	—	14	14
捆室皮带数	5	5	4	4
草捆密度	液压+弹簧		强力液压系统+弹簧	
草捆尺寸(米)				

续表 6-56

型　号	350	370	360RC	365RC
控制终端	0.9～1.55	0.9～1.80	0.9～1.55	0.9～1.55
最大轮胎尺寸 500/50－17 F＋	CST/CMT		CMT	COMMUNICATOR

18. MARKANT 打捆机　主要特点：生产效率高，操作方便，使用可靠，草捆密实，形状正规，便于运输并能长期保存；捡拾器捡拾作物干净，草捆长度调节范围宽，从 0.40～1.10 米，调节打捆机尾部的两只曲柄把就可以按需要调整适合不同要求的草捆压实度；CLASS 打结器，能够保证整机在恶劣环境中可靠运行。其主要技术参数见表 6-57。

表 6-57　MARKANT 打捆机主要技术参数

型　号	MARKANT 55	MARKANT 65
捡拾宽度（米）	1.65	1.85
喂入器内齿	3	3
喂入器外齿	2	2
活塞冲程次数（次/分）	93	93
草捆室规格（宽×高）（厘米）	46×36	46×36
草捆长度（米）	0.4～1.1	0.4～1.1
绳箱容量（卷）	6	8
右轮胎	10.0/80－12 4 PR	10.0/80－12 4 PR
左轮胎	11.5/80－15.3 6 PR	11.5/80－15.3 6 PR
长（米）	4.57	4.72
宽（米）	2.51	2.72
高（米）	1.37	1.41
轮距宽（米）	2.19	2.40
重量（千克）	1.290	1.460

19. ROLLANT 系列圆捆打捆机 其技术参数见表 6-58。

表 6-58 ROLLANT 系列圆捆打捆机技术参数

型　号	340	340 R	350 RC
捡拾宽度（米）	1.85	2.10	2.10
喂入系统	喂入耙	喂入辊	旋转切割
切刀数量	—	—	14
反向旋转	—	—	选配
压辊数量	16		
MPS Ⅱ	—	标配	—
草捆直径（米）	1.25		
草捆滑道	标配		
链条润滑	标配		
轮胎最大尺寸	19/45-17		

20. MF185 大型方形打捆机（彩图 6-16） 特点：①宽大捡拾器、不伤作物；②双结打结器、保证密度草捆输出；③草捆外形方正美观、密度均匀。

工作过程：捡拾器将草料捡起，经双集料搅龙送至搂草腔入口处；搂草叉将入口处的草料拨入搂草腔；搂草叉不断将草料喂、初步压缩至预定密度；喂入叉将预压缩的草块拨入压缩腔，供柱塞最后压缩。

基本特性：草捆横截面积为（800×875）毫米^2；草捆长度可达 2 500 毫米；1 000 转/分达传动轴-21 花键；2 500 毫米捡拾宽度、4 弹齿压板共 112 个弹齿和双集料搅龙；定位轮和捡拾高度液压控制；4 齿搂草叉将草料喂入压缩腔；柱塞往复速度 41 行程/分，行程为 710 毫米；打结机构包括 4 个加强型双结打结器，2 个液压油缸控制草捆密度，密度自动液压监视柱塞和自动控制，可容纳 16

捆绳的箱子;标准草捆滑槽;集中润滑系统;草捆计数器;夜间作业照明;主牵引梁提升;21.5×15.1 浮动轮胎;至少需要 120 马力以上的拖拉机牵引。

21. AP-41N 捡拾压捆机 适用于各种农作物,带有自动仿形装置,捡拾更干净。其主要技术参数见表 6-59。

表 6-59 AP-41N 捡拾压捆机技术参数

机器尺寸		草捆尺寸	
长度(米)	4.56	横截面积(宽×高)(厘米)	30×40
宽度(米)	2.30	草捆长度(厘米)	50~100(可调)
高度(米)	1.73	密度控制	液压
重量(千克)	980	捡拾器	
打捆挂塞		捡拾幅宽(米)	1.4
速度(转/分)	110	弹齿数	4 根齿杆,88 齿
选种长度(厘米)	76.2	76.2	8 根杆
喂料系统			仿形轮
搂草器	曲轴式,4 齿	弹齿间距(毫米)	66
安全装置	保险螺丝	螺杆直径(毫米)	280
		安全装置	扭矩限制器
打结装置			
类型	绳子 C 型打结器	工作效率(公顷/小时)	1.33~1.67
保护	剪切螺栓	最小拖拉机 PTO 功率(千瓦)	25.4
容量(绳)	6 捆		

22. 93QH 系列饲草液压打包机 它是一种将松散的干牧草压缩后打成紧包(亦可用于其他纤维形物料,如皮棉、短绒、稻、麦、

玉米秸秆等的打包压缩),所生产出的产品的规格是按国际出口标准设计的;以方便储存、运输的融机械、电子、液压等技术于一体的先进设备。它主要由底盘、压料箱、液压系统、电控系统、行程控制装置及压料、出料装置构成。具有压紧力大,密度高、自动化程度高、工作可靠、操作简单、维修方便等特点。其主要技术参数见表6-60。

表6-60 93QH 系列饲草液压打包机技术参数

型号	93QH-500 型	93QH-500A 型	93QH-1000 型	备注
脱水量(千克/小时)	800～1000	1000～1200	2000～2400	
耗煤量(千克/小时)	180	270	540	标煤
耗电量(千瓦/小时)	40	40～50	100～120	
热风炉燃烧热量(万大卡/小时)	110	160	320	
热风出口热量(万大卡/小时)	80	120	240	
热效率(%)	72.70	75	75	
供热温度(℃)	500～550	500～550	500～550	

(五)打 捆 绳

为了适用于生产需要,作为打捆机必须的附件打捆绳,要求质量高,均匀度要好,拉力要大,不出现坍塌乱绳。如由北京市通州农业机械局扶持生产的旭原牌打捆绳,用于国外引进的牧草打捆机,打捆绳直径3毫米,拉力大于150千克,长度300米/千克。该产品均匀度好,价格合理,国外进口的打捆机上应用不出现坍塌乱绳现象。

1. 专用打捆绳(彩图 6-17) 我国自主开发打捆专用绳,质量可靠,价格合理,适用于国内外各型方捆机。草捆绳材料为塑料,拉力为1 470千克,长度为290米/千克,捆绳直径3.5毫米,整捆绳规格:φ240×280毫米。

2. 专用麻绳 标准式样,三股中粗黄麻绳,直径为 3 毫米,每捆用量 50～80 克。

六、高密度二次压捆机

(一)概　述

1. 技术简介 干草经过捡拾压捆机一次压捆后,草捆的密度在 150～180 千克/米³,适用短途运输。干草捆二次加压技术就是使用高密度二次压捆机对一次压捆后的草捆再次加压,使其密度达到 320～380 千克/米³,也有的二次达到 380～500 千克/米³,每捆重量约为 25～35 千克,这个密度使得运输成本降低一半左右,并达到出口标准。

2. 应用条件 干草捆运输距离超过 500 千米,就应该使用高密度二次压捆机。其作业对象是捡拾压捆机加工后的草捆,一般来说,高密度二次压捆机的截面尺寸应与捡拾压捆机的截面尺寸相吻合,要求一次压捆的草捆长度在 70 厘米以下,捆绳应比一次压捆的捆绳要粗一倍,若用铁丝应退火处理。

3. 工艺流程 高密度二次压捆机(以国产 9YD-200 型高密度二次压捆机为例)的工艺流程如下:电动机或柴油机驱动高压柱塞泵,带动油缸作直线运动,油缸在工作行程时是低速高压,返回行程时是高速低压。

(二)典型国内外二次压捆机

1. 9YD-200 型高密度二次压捆机(彩图 6-18) 该机由电动机驱动液压系统,油缸推动活塞,将两捆草捆(长度 140 厘米左右),挤压成为长度 40 厘米的一个草捆,然后用 3 道绳子或铁丝手工捆扎。其主要技术指标见表 6-61。

主要特点：①液压驱动，一个液压工作站和一个动力站；②油缸工作行程时低速高压，返回行程时高速低压；③配重装置可将上盖很轻松的打开；④两个草捆压成一个，不用开包，减少损失；⑤操作简单，保养方便，作业效率高，安全性好。

表 6-61　9YD-200 型高密度二次压捆机技术参数

草捆参数	
横截面(高×宽)(厘米)	50×37
长度(厘米)	40
密度(千克/立方米)	320～380
油　缸	
行程(厘米)	100
移动速度(厘米/分钟)	200
液压油	30#机油
捆　绳	
数量	3
材料	聚丙烯
打结方式	手工
机器尺寸(长×宽×高)(米)	2.8×1.2×1.4
整机重量(千克)	1850
配套动力(千瓦)	4sey 22kv 电机
动力要求(千瓦)	柴油机 22

2. WELGER AP530 高密度压捆机　特点：①生产能力持久，可靠性高；②经济实用的打结器；③捡拾装置本有减振器；④所有的轴同时驱动；⑤自动安全装置。其技术参数见表 6-62。

六、高密度二次压捆机

表 6-62　WELGER AP530 高密度压捆机技术参数

型　号		AP530	AP630	AP730	AP830
草捆尺寸	横截面（高×宽）（厘米）	36×48	36×49	36×49	36×49
	长度（米）	0.50～1.20	0.50～1.20	0.50～1.20	0.50～1.20
	重量（千克）	10～30	12～35	12～35	12～35
打结器	剑麻绳（米/千克）	125～200	125～200	125～200	125～200
	塑料绳（米/千克）	250～400	250～400	250～400	250～400
	线绳消耗（米/捆）	504/100			
	绳容量（捆）	8	14	14	18
	PTO动力输出（转/分）	540	540	540	540
	进料率（/分）	100	90	90	90
	交叉进草打包机（个）	2	2	2	2
捡拾器	宽度（米）	1.73	1.80	1.80	2.05
	捡拾宽度（米）	1.42	1.54	1.54	1.79
	齿排数（个）	5	5	5	5
	每排齿数（个）	21	25	25	29
	齿距（毫米）	71	64	64	64
压捆机	重量（千克）	1700	1870	2110	2210
	作业长度（米）	4.65	5.30	5.60	5.60
	宽度（米）	2.52	2.65	2.65	2.95
	无斜道的高度（米）	1.63	1.67	1.67	1.67
轮胎	左轮	10.0/75-12	10.0/75-15.3	11.5/80-15.3	115/80-15.3
	右轮	7.00—12	7.00—12	8.00—12	8.00—12
	轨距（米）	2.24	2.35	2.35	2.60

3. 9KB-2.0型多功能高密度压捆机（彩图 6-19）　该机在国内外首次将排压技术引入压捆机，性能水平先进、适应性广。该机已在生产中得到了广泛的推广应用，受到用户极大的关注和欢迎。其技术参数见表 6-63。

表 6-63　9KB-2.0型多功能高密度压捆机技术参数

配套动力（千瓦）	22 千瓦液压站	草捆密度（千克/立方米）	300～400
外形尺寸（毫米）	7350×1500×2100	捆重（千克）	35～45
长度（毫米）	600～700	生 产 率（千克/小时）	2000

4. GKY-2 饲草二次高密度压捆机（彩图 6-46）　主要特点：①草捆压缩密度为 300～400 千克/米^3，便于贮存，能大幅度降低运费；②压制过程叶茎保持原样，不受损失；③草捆质量好，可减少搬运中的损失；④可直接压制草段、捆，扩宽了使用范围；⑤生产效率为 1.2～1.6 吨/小时；⑥配用电力为 22 千瓦，适合乡村普通电力；⑦具有移动性能、方便作业，减少草捆搬运，机动灵活性强；⑧操作人员少，劳动强度低；⑨草捆压制过程有自动和手动共四种机型，可供用户选择。其技术指标见表 6-64。

表 6-64　GXY-2 饲草二次高密度压捆机技术参数

生产率（吨/小时）	1.6～2.0	配套动力（千瓦）	22 千瓦适合乡村普通电力
草捆压缩密度（千克/立方米）	350～400	外形尺寸（毫米）	5300×2700×1750
草捆出口尺寸（厘米）	40×45×50	机器重量（千克）	4000

5. 92FY-80 型电动液压卧式打包机　基本操作流程：将牧草铡至 2～3 厘米，装入打包机机腔，在确定工作人员安全后，启动电动机，油泵在电动机的驱动下，液压油由换向阀控制"定向移动"。通过管道进入油缸上油口或下油口，推动活塞进行往返运动，挤压

牧草成块打包。

特点：①采用 7.5 千瓦电机,柴油、电动两用;②可与三轮车、拖拉机配套使用;③续料方便,打包时效高,每台时产量为 12～18 包,为 1～1.5 吨/小时;④操作简单安全,高度低,稳定性好;⑤移动方便,场地不限;⑥压缩打包的捆为 80 千克左右,也可根据用户要求定做,装卸运输方便。

6. GKY1 型牧草高密度压捆机 主要特点:①草捆压缩密度为 300～400 千克/米³,便于贮存,能大幅度降低运费;②压制过程叶茎保持原样,不受损失;③草捆质量好,可减少搬运中的损失;④可直接压制草段、捆,扩宽了使用范围;⑤生产效率为 1.5～2.0 吨/小时;⑥配用电力为 22 千瓦,适合乡村普通电力;⑦具有移动性能、方便作业,减少草捆搬运,机动灵活性强;⑧操作人员少,劳动强度低;⑨草捆压制过程有自动和手动共四种机型,可供用户选择。其技术参数见表 6-65。

表 6-65　CKY1 型牧草高密度压捆机技术参数

生产率(吨/小时)	2.0	配套动力(千瓦)	15～22
草捆压缩密度(千克/米³)	300～400	控制系统	手动或自动
适应环境温度(℃)	−30～50	草捆成型	打捆绳或袋装

7. SGKJY-1.5 计量移动式散草段高密度打捆机 该机能够解决分散地块牧草加工问题困扰。其主要性能参数见表 6-66。

表 6-66　SGKJY-1.5 计量移动式牧草段高密度打捆机技术参数

生产率(吨/小时)	2.0	配套动力(千瓦)	电机 18.75
草捆密度(千克/米³)	350～400	入料状态	散草段
产量(吨/小时)	1.5～1.8	电子称重	显示每捆重量,累计重量,获得稳定的密度
压缩方式	液压	移动方式	牵引或草垛之间用人工推动

8. EYY2Z 型牧草高密度压捆机　该机具有压缩速度快,生产效率高,节能,成型好,密度高等优点。该机配有上等的液压和电气元件,性能较高,是国内理想的草捆二次加压设备。

基本技术特点:①适合约翰·迪尔、纽荷兰等机型打出的一次小方捆,即草捆规格为:360 毫米×460 毫米×(600~950)毫米,特型可按用户的草捆规格设计;②人工加草,每次加入 2~3 捆;③液压式自动控制压缩过程;④人工捆绳人工套袋均可;⑤配有行走装置,可牵引移动,使该机靠近草垛作业,减少搬运;⑥配备动力约为 6 千瓦时/吨,主电机 18.75 千瓦,冷却电机 250 瓦;⑦草捆密度为 350~420 千克/米³,草捆形状方正,压缩过程无损失;⑧产量为 2.5~3.0 吨/小时;⑨2~3 名操作人员。

9. STEFFEN SYSTEMS 1200G 型压捆系统　特点:①在这种类型的压捆机上使用打结器是 STEFFEN SYSTEMS 成功的关键。与其他打捆方式比较,用打结器和捆绳成本低,而且压出的草捆密质、均一,维修量减少,且无需特别的工具和培训。②各组件质量好,使用"感压"液压机,反应时间快,减缓增温。设备所有组件都比要求质量高 50%,可延长使用寿命。③MODEL65/65-N 型可一次抓 10 个以上草捆,用于草捆向上叠高、装卸卡车;④ MODEL100 型可将草捆举高 5.4 米;⑤MODEL200/400 型是专用装运草捆机,可装卸各种大小草捆;200 型可抓举 900 千克,举高 6.3 米;400 型可抓举 1 800 千克,举高 7.5 米。

10. 东方 4 号-2000 型牧草秸秆打块机　该机具有稳定、可靠、耐用、维护方便、易操作的优点,既可电动,亦可采用柴油机对牧草及其他秸秆进行打块。其技术参数见表 6-67。

六、高密度二次压捆机

表 6-67 东方 4 号-2000 型牧草秸秆打块机技术参数

配备动力(千瓦)	18.5
配备柴油机(马力)	25
挤压频率(次/分)	35
最大压力(千牛)	3600
外形尺寸(长×宽×高)(毫米)	7200×2350×1650
成块尺寸(长×宽×高)(毫米)	650×360×460
成块密度(吨/米³)	0.35
成块重量(千克)	35

11. LMC-Cooper/库伯系列牧草高密度二次加压系统 其技术参数见表 6-68。

表 6-68 LMC-Cooper/库伯系列牧草高密度二次加压系统技术参数

型 号	LMC-Cooper Model 550	LMC-Cooper Model 480-2T	LMC-Cooper Model 850-3T	LMC-Cooper Model 9600-3T
产量(吨/小时)	5	8~12	12~14	16~18

12. 9YKG-2 型高密度压捆机 该机主要适用于牧草、稻草、麦秆、玉米秸秆等的压捆包装。该机结构设计合理,加工装配精度高,抗冲击、耐磨损,使用维修方便,是牧场、造纸厂、草业加工专业户的首选机型。其主要技术参数见表 6-69。

表 6-69 9YKG-2 型高密度压捆机技术参数

生产率(千克/小时)	1500~2000; (50~60 捆/小时)	配套动力	电机 18.5 或 25 马力 柴油机(2200 转/分)
草捆密度(千克/米³)	300~400	草捆规格(高×宽×长)	460×360×500~600
机器重量(千克)	4800	压缩次数(次/分)	30

续表 6-69

生产率(千克/小时)	1500～2000; (50～60 捆/小时)	配套动力	电机 18.5 或 25 马力 柴油机(2200 转/分)
捆绳方式	φ3 毫米(铅丝) 长 2100 毫米	捆扎方式	手工
活塞行程(毫米)	620		

13. YD-40 固定式液压打捆机　特点:采用双油缸设计,一个油缸用于草捆压缩,另一油缸用来从侧面将压缩草捆快速推出;操作简便;主要用于牧草捆的二次压缩。其主要技术参数见表 6-70。

表 6-70　YD-40 固定式液压打捆机技术参数

工作压力(吨)	40	饲草方草捆外形尺寸 (高×宽×长)(毫米)	500×400×500
液压油缸数量(个)	2	整机质量(千克)	电动机驱动型:1580
驱动方式(千瓦)	15～18		柴油机驱动型:1640

14. HLY-1700 两用型高密度牧草压捆机　由中国农业机械化科学研究院北京华联机电技术装备公司开发研制生产的牧草机械,它是由液压、槽体、底盘和电控四部分组成的专用牧草加工机械,它是融机械、电子、液压等技术于一体的先进设备。具有耗电量少,占地面积小、产量高、移动方便、操作简单等优点,是高密度草捆加工的理想设备。

与同类产品比较,具备以下特点:①两个草捆同时装入槽箱压制,不必分两次将两个草捆压制成一捆,节约人工和电力,生产效率大大提高。②理想的液压系统,解决了油温过高的问题。③实际耗电量每小时 10 千瓦。④可以用作散草压捆。其主要技术指标见表 6-71。

六、高密度二次压捆机

表 6-71　HLY-1700 两用型高密度牧草压捆机技术参数

配套动力(千瓦)	15	槽箱长度(毫米)	1700
液压泵(升/分)	63,变量泵	草捆密度(千克/米³)	350～500
整机尺寸(长×宽×高) (毫米)	5500× 2200×1500	出料口尺寸(长×宽) (毫米)	400×400
整机重量(吨)	3	生产效率(吨/小时)	1.8～2.4

15. 法国库恩高密度打捆机　其主要技术指标见表 6-72。

表 6-72　法国库恩高密度打捆机技术参数

技术参数	LSB 1270	LSB 1270 OmniCut	LSB 1290	LSB 1290 OmniCut
草捆直径(宽×高) (厘米)	120×70	120×70	120×80/90	120×80/90
草捆长度(厘米)	60～300	60～300	60～300	60～300
捡拾宽度(厘米)	230	230	230	230
打捆柱塞行程次数 (分/次)	46	46	46	46
压密控制	4 路液压	4 路液压	4 路液压	4 路液压
打捆室长度(厘米)	300	300	300	300
打结器数量	6	6	6	6
打捆绳释放装置	选装	选装	选装	选装
喂入装置	一体化刀轴	一体化刀轴	一体化刀轴	一体化刀轴
刀片	—	23	—	23

续表 6-72

技术参数	LSB 1270	LSB 1270 OmniCut	LSB 1290	LSB 1290 OmniCut
切割长度（毫米）	—	45	—	45
OmniCut 装置	—	标准	—	标准
刀片保护装置	—	单液压	—	单液压
单轮最大尺寸	700/40－22.5	700/40－22.5	700/40－22.5	700/40－22.5
纵列双轮最大尺寸	560/45－22.5	560/45－22.5	560/45－22.5	560/45－22.5

16. 可调打捆室的圆捆机 特点：两款机型，最大直径分别为 160 厘米和 185 厘米；开放的或一体化的内置滚轴上可选装的切割系统；草捆被 5 条带子固定；"高强度"压密室的压力可以由控制器调节；可用麻绳和（或）网绳缠绕。其技术参数见表 6-73。

表 6-73　可调打捆室的圆捆机技术参数

技术参数	VB 2160 Open Throat	VB 2160 OptiFeed	VB 2160 OptiCut 14-23	VB 2190 Open Throat	VB 2190 OptiFeed	VB 2190 OptiCut 14-23
草捆直径最小一最大（厘米）	80～160			80～185		
草捆宽度（厘米）	120					
捡拾宽度（厘米）	210		210/230	210		210/230
弹齿杆数量	4		4～5	4		4～5
导流板	标准（选装滚轴）*					
压密控制	逐渐加密					
捆绑	标准双麻绳（选装网绳或两种都有）					
草捆成型	5 皮带 ＋ 3 打捆室滚轴					

六、高密度二次压捆机

续表 6-73

技术参数	VB 2160 Open Throat	VB 2160 OptiFeed	VB 2160 OptiCut 14-23	VB 2190 Open Throat	VB 2190 OptiFeed	VB 2190 OptiCut 14-23
刀片	—		14/23	—		14/23
切割长度（毫米）			70/45			70/45
控制系统	AutoPlus	ISOBUS/AutoPlus	ISOBUS	AutoPlus	ISOBUS/AutoPlus	ISOBUS
最大轮胎尺寸	500/50—17					

17. 固定打捆室的圆捆机 从小圆捆机到专业的大圆捆机有 4 款基本机型。具有开放的或一体化的内置滚轴上可选装的切割系统，特殊外形的钢制滚轴，被称为"BaleTrack"，起着压缩草捆的作用。其技术参数见表 6-74。

表 6-74 固定打捆室的圆捆机技术参数

技术参数	FB 119	FB 2121	FB 2125 OptiFeed	FB 2125 OptiCut	FB 2135 OptiCut	FB 2135 SuperSilage	FB 2135 HydroProtect
草捆（直径×宽度）（厘米）	125×120						
捡拾宽度（厘米）	167	185	210		230		
弹齿杆数量	4				5		
喂入装置	—	一体化刀轴					
刀片	—	—	—	14	23		
刀片保护装置	—	—	—	单弹簧	双弹簧	单液压	
捆绑	标配麻绳/选装网绳	标配麻绳（选装网绳或两种都有）					
最大轮胎尺寸	11.5/80—15.3	500/50—17			600/40—22.5		
控制系统	AutoPlus						

· 239 ·

18. YDK-40型、YDL-40型高效高压固定式液压打捆机　主要功能:既可以进行二次压缩(两捆压成一捆),也能将散草压成高密度捆,一机可两用。

两种机型主要特点:①压缩速度快、压力高。为了提高压缩速度和压力,使用了大排量、高压柱塞泵。②安全防护。控制系统具有过载、漏电、短路保护等误操作时警笛提示功能。③移动方便。整机采用了底盘设计,可用小四轮拖拉机等牵引进行短距离移动。④液压部件质量有保证。选用正规知名大厂生产的液压泵、控制阀和工程机械用油缸。⑤耗电少、不发热。采用变量液压泵、配有散热装置及独特的整机液压系统设计,作业消耗动力小,较同类其他机型减少耗电30%以上,且长时间工作不发热。⑥草捆系绳或装袋:压出的草捆,既可以捆绳,也可以装袋。其主要技术指标见表6-75。

表 6-75　YDK-40 和 YDL-40 型固定式液压打捆机技术参数

型　号	工作压力 (吨)	草捆尺寸 (长×宽×高) (厘米)	作业效率 (吨/小时)	配套动力 (千瓦)	整机重量 (吨)	草捆 成型	功　能
YDK-40	>30	38×40×50	1~2	15(电机、柴油机或拖拉机)	3	系绳或装袋	二次压缩
YDL-40	>30	38×40×50	1~2	15(电机、柴油机或拖拉机)	3.5	系绳或装袋	二次压缩或压散草

19. YDS-10 和 YDS-20 型固定式液压打捆机　YDS-10型固定式液压打捆机采用单油缸设计,由上至下压缩,可反复多次加料和压缩。主要用途和目的:将黄玉米秸、麦秸、稻草或牧草等粉碎揉搓后压缩成大方捆(草捆尺寸:40厘米×60厘米×80厘米),捆扎后装袋,作为黄贮饲料贮存或销售。该机工作可靠,操作简单,使用方便,经济实用,是将黄玉米秸、麦秸、稻草压缩进行黄贮的理想设备。

YDS-20型固定式液压打捆机为了加大压缩行程,采用了双缸结构,压缩室大,一次可加满草(牧草、麦秸、稻草等),整秆喂入;若经过揉搓粉碎,压缩效果更佳,草捆密度更大。两种机型主要技术指标见表 6-76。

表 6-76 YDS-10 和 YDS-20 型固定式液压打捆机主要技术参数

型　号	工作压力 (吨)	草捆尺寸 (长×宽×高) (厘米)	作业效率 (吨/小时)	配套动力 (千瓦)	整机重量 (千克)	外形尺寸
YDS-10	10	40×60×80	5～10	7.5	820	1780×855×3010
YDS-20	20	40×50×80	5～10	13	1600	5700×1430×1200 (配电机) 5700×1600×1200 (配柴油机)

20. 其他机型　其他机型主要技术参数见表 6-77。

表 6-77 其他机型主要技术参数

产品名称	9SC3-90C 型方草捆二次打捆机	9RYD(L)-4120 型方草捆二次打捆机	9YK-32 型方草块压缩机
产品说明	该机专为捡拾打捆机打出的草捆进行二次压缩时配套使用。该机装填草捆方便,压缩后的草捆可直接挤入不封口的编制袋中	该机专为捡拾打捆机打出的草捆进行二次压缩时配套使用。压缩后的草捆可直接挤入不封口的编制袋中或在草箱中进行打捆	该机是将苜蓿草粉、玉米秸秆粉、防腐原料经混合后压制成方型草块的设备。压制的草块易运输、易饲喂、易存放
工作推力(吨)	90	80	300～500 千克/小时
配套动力(千瓦)	15	13	15.75～19.25
包型尺寸(厘米)	300×400×700	360×460×700	32×32
草捆密度 (千克/米³)	400～550	400～550	

七、草粉加工机械

随着畜牧业和饲料工业的发展，草粉已实现大规模的工业化生产，畜牧业发达的国家草粉起步早、产量高。我国饲料工业还比较落后，草粉加工起步晚、产量低。目前农村虽有小型加工机械，由于青干草来源不足，多以加工秸秆粉为主。草粉有其他饲料无法取代的优点，在现代化畜牧生产中有着十分重要的意义。

（一）概　述

目前我国加工草粉多采用先调制青干草，再用青干草加工草粉的方法，而发达国家多用干燥粉碎联合机组，由青草到草粉一次制成。

草粉加工按其用料不同，可分为干草加工和鲜草加工两种办法。用青干草加工：选用优质青干草调制草粉；豆科干草，注意将茎秆和叶片调和均匀；调制的粗细，要视家畜种类和具体要求而定，一般用来饲喂大家畜的草粉宜粗，饲喂鸡、猪等畜禽的宜细。鲜草直接加工：国外多采用直接加工法，把鲜草经过 1 000℃ 左右高温烘干机，经数秒钟实现草含水量降低到 12% 左右，紧接着进入粉碎装置，直接加工为所需草粉。既省去了干草调制与贮存工序，又能获得优质草粉，只是草粉成本高于前者。

（二）国外草粉加工机械的现状

国外加工草粉的成套设备和单机多数是专门设计的，其特点是对牧草的适应性好，生产率高。一般的工艺过程是牧草收获、运输、切碎、烘干、粉碎。再进一步加工时，还要配备制粒、冷却、筛选等设备。其中烘干和粉碎两个重要加工设备多数是专用设备，也有用通用性很强的多功能设备来组合的。当前在牧草烘干作业中应用最广的是高温连续作业的气动滚筒式烘干设备,可加工任何湿度的牧草,全过程机械化自动化作业。在牧草粉碎作业中,许多国家都研制了专用牧草粉碎机或在通用粉碎机上装有专门粉碎饲草的部件。牧草专用粉碎机以锤片粉碎机应用最广,产品已成系列化,耗能低,度电产量在 40 千克以上,1 小时产量从百公斤至几吨。如罗马尼亚 V9H 型粉碎机产量高,澳大利亚 MX-100 粉碎机加工首楷每小时产量 5.5 吨。还有些国家研制出大圆草捆和小方草捆粉碎机。大圆草捆粉碎机配套动力一般在 14 马力左右,每小时生产率为 60~70 捆。近几年又出现了大功率锤片式粉碎机,配套动力大到 150 马力,通过更换筛片可对牧草进行粗粉碎和精粉碎加工,还可以粉碎谷物饲料。

(三)我国草粉机研制进展水平

20 世纪 80 年代前,我国普遍采用通用型锤片式粉碎机加工草粉。由于生产率低、耗能高、劳动条件差,为此,在 20 世纪 80 年代中期,国内部分大专院校、科研单位开始研究草粉专用生产机械。目前国内研制的几种草粉机械主要指标已接近国外同类机型,有的指标已达到国外先进水平。吉林工业大学进行的先切断后粉碎的试验,已将草粉的度电产量提高 43%。呼和浩特牧机所对锤片线速度与度电产量关系的试验结果证明,95 米秒线速度时的度电产量高于 84 米秒和 74 米秒的,但机器振动大、噪音高。北京农机研究所研制的 9CF-50-40 型草粉机采用切向喂入,锤片密度小于 0.5,采用不等数值的锤片间隙,锤片线速度为 76.5 米秒合理设计了风机,收到了较好的粉碎效果,精粉碎的度电产量达到 30 千克,并已研制出草粉机系列产品,以适应不同养殖规模的需要。黑龙江省畜牧机械化研究所的 93FC-40-40 型和 93FC-50-60 型饲草粉碎机,已达到国外同类产品水平。据不完全统计,目前我国已鉴定定型的草粉加工单机和机组已达数十种。

（四）国内外草粉机械介绍

1. 牧羊 MFCP 系列苜蓿粉碎机　　该系列有 MFCP66×200 型（彩图 6-20）、MFCP66×100 型。特点：①超宽的粉碎室，有利于苜蓿粉碎，提高生产率；②侧置、切向的进料口，方便苜蓿喂入粉碎室；③高精度的转子动平衡，确保运转平稳，噪音低，性能理想；④使用进口轴承，使其使用寿命长，维护成本低；⑤适用于苜蓿的粗粉碎。其主要技术参数见表 6-78。

表 6-78　牧羊 MFCP 系列苜蓿粉碎机技术参数

型　号	产量（吨/小时）	功率（千瓦）
MFCP66×200	8～14	110
MFCP66×100	3～6	55

2. 牧羊水滴干 968 粉碎机（苜蓿草专用型）　　特点：①本粉碎机采用钢板焊接结构，锤片为对称排列；②电动机与粉碎机转子安装在同一底座上，采用柱销联轴器直联传动，转子经动平衡检验；③进料口在顶部，可与各种形式的喂料机构配套；④操作门有安装互锁装置以保证操作门打开时电机无法启动，确保安全；⑤针对苜蓿粉碎的特点，采用大进料口，产量高，功耗低；⑥本机结构合理，坚固耐用，安全可靠，安装方便，操作简易，振动小。其适用于苜蓿制粒前的细粉碎。其主要技术参数见表 6-79。

表 6-79　牧羊水滴干 968 粉碎机技术参数

型　号	产量（吨/小时）	功率（千瓦）
水滴王-Ⅳ	7～10	110
	9～12	132

3. 牧羊 MFSP 系列秸秆粉碎机　　特点：①超宽的粉碎室，有

利于牧草的粉碎,提高生产率;②侧置,切向的进料口,便于牧草喂入粉碎室;③偏置的筛片设计,有效增加筛片利用率,提高粉碎效率;④双转子结构,更利于物料的喂入,生产能力高;⑤高精度的转子动平衡,确保运转更平稳,噪音更低;⑥使用进口轴承,使其寿命更长,维护成本更低;⑦可适用于比较松散的长纤维物料的粉碎,如:牧草、秸秆、树叶等各种不同的物料。其主要技术参数见表6-80。

表 6-80　牧羊水滴干 968 粉碎机技术参数

型　号	产量（吨/小时）	主机功率（千瓦）
MFSP70×110×2	2～8	55×2

4. 牧羊先锋 668 水滴式锤片粉碎机　特点:①融合国际最新科技的新一代卧式锤片粉碎机;②可调整锤筛间隙,充分满足粗、细粉碎要求;③特殊的二次粉碎设计,提高粉碎效率;④具有独特、方便的压筛机构;⑤方便移动的检修门,牧羊专利;⑥气动、手动导料方向控制,工作更可靠;⑦是饲料、溶剂、酿造等行业优选的粉碎设备;⑧气动、手动导料方向控制,工作更可靠;⑨是饲料、溶剂、酿造等行业优选的粉碎设备。其主要技术参数见表6-81。

表 6-81　牧羊先锋 668 水滴式锤片粉碎机技术参数

型号	先锋 668-Ⅰ	先锋 668-Ⅱ	先锋 668-Ⅲ
产量（吨/小时）	10～15	16～22	22～32
功率（千瓦）	55～75	90～110	132～160

5. 牧羊 MUSL 系列碎粒机　特点:①利用独特上双辊不同齿形差速原理实现 $\phi 1.9 \sim \phi 5.0$ 毫米颗粒机的破碎,成品率高,分级回料少;②三压辊结构,使得碎粒机在均衡连续状态下工作,成品粒度均匀,破碎效率提高;③根据用户需要不同破碎粒度的大

小,可配特殊齿形的破碎辊;④关键零部件进口,性能可靠,操作维护方便;⑤广泛用于畜禽颗粒机、水产颗粒料的破碎。其主要技术参数见表 6-82。

表 6-82　牧羊 MUSL 系列碎粒机技术参数

型　号	MUSL20×80	MUSL24×110	MUSL24×165	MUSL30×180
产量（吨/小时）	5～8	10	20	25～40
功率（千瓦）	7.5	7.5	15	22
备注	—	含喂料辊		

6. 牧羊 MUZL10 系列颗粒机（彩图 6-21）　特点:①采用双马达分布带柔性传动,传动效率更高、更平稳;②压辊和环模的间隙可采用自动调节,用户根据原料特性在生产过程中可以自控系统来调整合理的压辊和环模的间隙,以确保制出颗粒的质量和颗粒机的产量,延长环模的压辊的寿命;③环模采用液压自动拆装装置,大大缩短拆装环模时间并提高环模装配精度;④可在该机上配置多种类型的控制系统;⑤适用于高品质畜禽,水产及其他物料的制粒。其主要技术参数见表 6-83。

表 6-83　牧羊 MUZL10 系列颗粒机技术参数

型　号	主机功率（千瓦）	产量（吨/小时）	环模数	压辊数	喂料器功率（千瓦）
MUZL610	55×2/75×2	3～13	Ф520	2	2.2
MUZL1210	90×2/110×2	5～24	Ф630	2	2.2/3.0

7. MFSP68×60 牧草粉碎机　特点:①超宽的粉碎室设计,便于牧草的粉碎;②侧向超大的进料口,便于牧草进入粉碎室;③偏置的筛片设计,有效增加筛片利用率,提高粉碎效率;④精确的动平衡检验,使粉碎运转平稳;⑤轮胎式联轴器,减少了设备的振动,安装更容易。其技术参数见表 6-84。

表 6-84　MFSP68×60 牧草粉碎机技术参数

型　号	产量（吨/小时）	主机功率（千瓦）
MFSP68×60	1～3	37
MFSP68×100	3～7	55
MFSP68×100×2	6～13	110

8.SFSP60 系列锤片式微粉碎机　特点：①转子经动平衡校验，噪音低，振动小；②电机与转子采用柱销联轴器直联传动，结构紧凑；③粉碎机筛网孔径小于 1.5 毫米时，粉碎效率高；④锤筛间隙可调，适用不同粒度的粉碎要求。其主要技术参数见表 6-85。

表 6-85　SFSP60 系列锤片式微粉碎机技术参数

型　号	产量（吨/小时）	主机功率（千瓦）
SFSP60×45	1～3	37
SFSP60×60	1.5～6	55

9.SFSP 系列锤片式粉碎机　特点：①转子与电机直联传动，转子经高精度平衡试验，工作安全可靠，可正反方向运转；②可配套手动流量控制器、蓖式磁选器；③噪音小、粉尘少、操作维修方便。其技术参数见表 6-86。

表 6-86　SFSP 系列锤片式粉碎机技术参数

设备功率（千瓦）	设备型号	设备产量（吨/小时）
SFSP40×20	0.5	7.5
SFSP50×25	1	11
SFSP56×32A	2	18.5/22

10.9DF53×13 型多功能铡草粉碎机（彩图 6-22）　该机可用于秸秆、苜蓿、野生草、豆荚和玉米的铡切、揉搓、粉碎，配套动力为

7.5 千瓦或小四轮拖拉机,设备产量分别为:草粉 0.25 吨/小时,秸秆 0.8 吨/小时,青贮 2.5 吨/小时。

设备特点:①该机是集铡草、粉碎、揉搓于一体的新型草类加工机械,主要用于铡、粉粗精饲料;②用户可根据不同需要,更换不同规格的筛片,达到对成品的需求;③也可单独作铡草机和粉碎机使用;④取下全部筛片,还可以铡切青贮饲料。

11.9CJ-500 型饲草粉碎机　配套动力:18.5/22 千瓦,设备产量:500 千瓦/小时(苜蓿草)(ϕ3 的筛孔);设备外形:3 100×3 100×2 785 毫米;适用范围:农场、牧场及专业户加工草粉。

设备特点:①是粉碎多种干草及农作物秸秆等粗饲料的专用设备;②也可和其他设备配套组成以草和秸秆为主要原料的粗饲料加工机组,生产粉状或颗粒饲料。

12.9QS-1300 青贮切碎机(彩图 6-23)　设备特点:①带 4 或 6 把刀的滚筒式切割器,每小时可分别铡切 10~30 吨青贮饲料;②由于滚筒刀经过动平衡,所以铡切青贮作业平稳、可靠、高效、噪音低;③运用皮带输送机和多个喂入辊自动喂入物料,减轻劳动强度,避免人身伤害;④改变喂入速度可以在较大范围内改变物料铡切长度,适用范围广。其主要技术参数见表 6-87。

表 6-87　9QS-1300 青贮切碎机设备规格

设备型号	设备产量(吨/小时)	设备功率(千瓦)
9QS40×40	10	15
9QS60×60	20	

13.9QS35×25 型饲草切碎机　适用范围:干草、青草、树枝、秸秆、稻草的切碎。

设备特点:①可高效切碎干草,切碎长度可调,为 5~160 毫米;②机身带脚轮,移动方便、机器工作时噪音小;③可用柴油机作动力配套使用。其技术参数见表 6-88。

表 6-88　9QS35×25 型饲草切碎机技术参数

配套动力（千瓦）	2.2～4
产量（吨/小时）	2
外形（长×宽×高）（毫米）	1880×780×1000

14.9PS-1000 型饲料加工成套设备　其技术参数见表 6-89。

表 6-89　9PS-1000 型饲料加工成套设备技术参数

生产率（千克/小时）	≥1000
配套动力（千瓦）	14.7
粉尘浓度（毫克/米³）	≤100
混合均匀度（%）	≥93
外形（长×宽×高）（米）	3.1×2.9×2.9

15.9PS-1000B 型饲料加工成套设备　该成套设备是由粉碎机（9FQ-50-25 型）、立式搅拌机及水平螺旋输送器组成。可以加工粒料、块料、茎秆草料等多种原料，每小时产量 1 000 千克。其技术参数见表 6-90。

表 6-90　9PS-1000B 型饲料加工成套设备技术参数

设备名称	技术参数			备注
	配套功率（千瓦）	主轴转速（转/分）	生产率［千克/小时(φ2)］	
粉碎机（9FQ-50-25 型）	11	3040	1100	电动机型号：Y160M-4-B2 传动形式：三角胶胶带 B-2240 毫米
立式搅拌机（500 千克容量）	2.2	308	混合均匀变异系数 Cv≤8%	电动机型号：Y1002-4-B3 传动形式：三角胶胶带 A-2500 毫米

续表 6-90

设备名称	技术参数			备注
	配套功率（千瓦）	主轴转速（转/分）	生产率[千克/小时(φ2)]	
水平螺旋输送器	1.5	330		电动机型号：Y1002-4-B3 传动形式：三角胶胶带 A-1400 毫米

16.9CF50-50 型饲草草粉粉碎机组（彩图 6-24） 其技术参数见表 6-91。

表 6-91　9CF50-50 型饲草草粉粉碎机组技术参数

产品说明	该机通过特殊的型腔结构设计,极大地提高了粉碎草粉的产量,有效地降低了能耗,是谷物粉碎草粉的三倍效率
主轴转速(转/分)	3800
生产率(千克/小时)	650～900
配套动力(千瓦)	18.5～30
揉碎室宽度(毫米)	500

17.9FQ40-28A 型铡揉草粉碎机（彩图 6-25） 其技术参数见表 6-92。

表 6-92　9FQ40-28A 型铡揉草粉碎机组技术参数

产品说明	该机通过更换随机配件可进行铡草、揉草、粉碎、打浆作业,加工的秸秆饲料适合饲养犊牛、羔羊。还可与拖拉机相连
转子转速(转/分)	3700
生产率(千克/小时)	1000～1500（粉碎谷物）
配套动力(千瓦)	11～15
动刀片数量(片)	3

18.93ZF-1.0 型铡切粉碎机组 其技术参数见表6-93。

表 6-93　93ZF-1.0 型铡切粉碎机组技术参数

生产率(含水率30%以上)(千克/小时)	≥1000
度电产量(千克/千瓦时)	90
转子直径(毫米)	475
转子线速度(米/分)	0.315
主轴转速(转/分)	2600
配套动力(千瓦)	11(电机)
外形尺寸(长×宽×高)(毫米)	900×800×1200

19.9FC 系列干草粉碎机(彩图6-26) 其技术参数见表6-94。

表 6-94　9FC 系列干草粉碎机技术参数

生产率(千克/小时)	500
转速(转/分钟)	2900
配套动力	7.5千瓦二级电机或8.88~11.1千瓦小四轮拖拉机
重量(千克)	250
外形尺寸(长×宽×高)(毫米)	880×1560×1200

20. 正昌 SFSP65 系列圆盘牧草粉碎机(彩图6-27) 特点：①顶部旋转喂料，配合输送机，自动化程度高；②采用内藏式加宽转子，超厚耐磨锤片，粉碎粒度均匀；③采用蛇形弹簧联轴器，传递扭矩大，减振效果显著；④既可粉碎捆草，又可粉碎乱草，适用范围广；⑤选用高品质进口 SKF 主轴承，寿命长；⑥采用高平衡精度转子，传动平稳，噪声低。其主要技术参数见表 6-95。

表 6-95 正昌 SFSP65 系列圆盘牧草粉碎机技术参数

项 目	生产能力（吨/小时）	主机功率（千瓦）
SFSP65×82	4～9/5～12	54.4/65.25
SFSP65×128	6～14/7～16/8～18	79.75/95.7/116

21. 正昌 SFSP68 系列卧式牧草粉碎机（彩图 6-28） 该机结构紧凑，采用电机直联、侧面全宽度进料，配合输送机输送物料，自动化程度高。特别适用于成捆的苜蓿草、甘草、黑麦草、秸秆等牧草类的规模化粗粉碎，粉碎效率高，生产成本低。采用内藏式加宽转子，超厚耐磨锤片科学排列，粉碎粒度均匀；采用进口 SKF 主轴承，高精度平衡转子，传动平稳，噪音低；快启式检修门，换筛及时清理方便快捷；分体式加厚筛网，筛理面积大、寿命长。该系列主要技术参数见表 6-96。

表 6-96 正昌 SFSP68 系列卧式牧草粉碎机技术参数

型 号	主机功率（千瓦）	生产能力（吨/小时）	适用
SFSP68×108	55/75	3～9	二捆草并排进料
SFSP68×168	90/110	4.5～14	三捆草并排进料
SFSP68×218	90/110	4.5～14	四捆草并排进料

注：产量以粉碎含水量≤14%的苜蓿草，用 ∅76 毫米的筛板为准

22. 正昌 MYZC 系列匀质机 该机吸收了国际牧草匀质设备的优点：①该机是牧草压块、制粒工段中的主要设备，输料均匀，工作平稳可靠，外形美观；②牧草经粗粉碎后进入匀质机储存，并使茎、叶能均匀辅料，保证质量均一性；③设计新颖，结构合理；④采用变频调速输送，可根据需要调整输送量。其技术参数见表6-97。

表 6-97　正昌 MYZC 系列均质机技术参数

型　号	MYZC10	滤筒电机功率(千瓦)	2×2.2
产量(吨/小时)	3～5	绞龙电机功率(千瓦)	2×2.2
输送链电机功率(千瓦)	0.55	料仓容积(米³)	10

23. 9RS40 揉碎机　9RS-40 型揉碎机是目前广泛用于粗饲料加工的一种新型机器。它集切碎和粉碎等机型之优点,可将农作物秸秆(如玉米、高粱、小麦等秸秆)、牧草和藤蔓等茎秆作物揉碎成丝状段,既可以直接用于饲喂牲畜,也可以将其青贮、氨化、碱化或进行其他加工(如压块、压饼等),还可以将其还田,改善土壤结构。该机结构紧凑,性能优良,工作平稳、安全,使用可靠,操作简便,维修方便,使用范围广,能很好地满足用户的使用需要。该机既可用于个体饲草料加工,也可用于中、小型饲养场和牧场。该机主要技术参数见表 6-98。

表 6-98　9RS40 揉碎机技术参数

配套动力(千瓦)	7.5	生产率	含水率≥20% 1000～1500 千克/小时
			含水率≥40% 3000～3500 千克/小时
主轴转速(转/分)	2700～3000	揉碎室宽度(毫米)	540
重量(千克)	150	外形尺寸(长×宽×高)(毫米)	1000×1500×1500

24. RC1000 型揉搓机　RC1000 型揉搓机是能将玉米秸秆、象草等进行揉搓切断的专用设备,同时也是国内目前揉搓效果最好的设备。揉切后的秸秆便于打捆青贮,提高发酵分解粗纤维效率,增加营养成分,提高适口性,是畜牧养殖的必备设备之一。其技术参数见表 6-99。

表 6-99　RC1000 型揉搓机技术参数

配套动力（千瓦）	电机 7.5＋1.5；三相 4 极	生产效率（吨/小时）	0.8～6
主轴转速（转/分）	1000	机器净重（千克）	530
外形尺寸（长×高×宽）（毫米）	2000×2000×1280		

八、牧草颗料加工机械

（一）概　述

牧草颗粒机是将粉碎的干草通过不同的孔径的压模设备制成直径 0.4～0.6 厘米、长度 2～4 厘米的颗粒料，密度达 500 千克/米^3 以上。

1. 草颗粒的加工技术　加工草颗粒最关键的技术是调节原料的含水量。首先必须测出原料的含水量，然后拌水至加工要求的含水量。据测定，用豆科饲草做草颗粒，最佳含水量为 14％～16％；禾本科饲草为 13％～15％。

草颗粒的加工通常用颗粒饲料轧粒机。草粉在轧粒过程中受到搅拌和挤压的作用，在正常情况下，从筛孔刚出来的颗粒温度达 80℃左右，从高温冷却至室温，含水量一般要降低 3％～5％，故冷却后的草颗粒的含水量不超过 11％～13％。由于含水量甚低，适于长期贮存而不会发霉变质。

草颗粒加工可以按各种家畜家禽的营养要求，配制成含不同营养成分的草颗粒。其颗粒大小可调节轧粒机，按要求加工。

2. 工艺流程　苜蓿草经链式强制喂料机苜蓿粉碎机→链式刮板输送机→苜蓿草粗粉碎机→料封绞龙提升机→待制料（小料添加）→环模制粒机逆流式冷却器→提升机→分级筛→成品仓电

子包装秤入库(或人工打包入库)。

(二)颗粒机的分类

颗粒机一般有平模压粒机、环模压粒、多功能颗粒机等。

环模式结构较复杂,配套动力大,但产量高,是大、中型饲料厂的首选,以颗粒压制均匀度高见长。平模式结构比较简单,造价低廉,价格约是相同产量环模式机的一半左右,特别适用于压制纤维性物料,但产量比环模式机低。因此,应根据生产需要及将来发展的规模,并结合当地电力条件及资金等方面因素综合考虑选择机型。

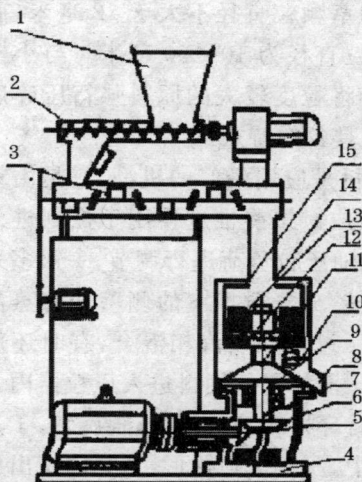

图 6-11 平模压粒机结构图

1. 进料斗 2. 喂料螺旋 3. 搅拌器
4. 机体 5. 小锥齿轮 6. 大锥齿轮
7. 实心轴 8. 出料口 9. 空心轴
10. 切刀 11. 出料锥盘 12. 压模
13. 压辊 14. 外罩 15. 内胆

1. 平模压粒机 平模压粒机结构如图 6-11。压模、出料锥盘、大锥齿轮均固定在空心轴上,空心轴套在实心轴上。压辊固定在实心轴上,实心轴的底部与机体固定牢。当电机转动时带动小锥齿轮、大锥齿轮及空心轴转动,从而带动出料锥盘和压模转动,由于压模和压辊之间的摩擦力作用,压辊也随之转动。

平模压粒机的工作原理是,物料由进料斗进入喂料螺旋,喂料螺旋由手调无级变速器控制转速来调节喂入量,保证主电机在额定负荷下工作。物料经喂料螺旋进入搅拌器,再次加入适当比例的蒸汽并同物料充分混合。混合后的物料进入造粒腔,造粒腔内装有 2~4 个压辊和一个多孔平面板。工作时平模板以 210 转/分的速度旋转。饲草落入压粒器内,即被匀料刮板铺平在模板上,因受压辊的挤压作用,穿过模板上的圆孔,形成圆柱形,再被平板下面的切刀切成 10~20 毫米长的颗粒,成品颗粒经出料锥盘及出料口送出机外。

平模压粒机压制颗粒时,必须要有蒸汽锅炉与之配套,这样设备的投入成本和加工成本均有所升高。

平模压粒机按照压制出的草颗粒直径不同,分为小模孔平模压粒机和大模孔平模压粒机。两类机型的结构和工作原理基本相同,小模孔平模压粒机压制出的草颗粒直径不大于 12 毫米,而大模孔平模压粒机压制出的草颗粒直径为 10~30 毫米。与小模孔平模压粒机相比,大直径压辊能将粒度较大的原料强行压碎后制成粒,这是其他类型制粒机所不具备的特点。

2. 环模压粒机 环模压粒机是应用最广的机型,它是由螺旋送料器、搅拌器和传动机构等组成。螺旋推进器用于控制进入压粒机的粉料量,其供料数量应能随压粒负荷进行调节,一般多采用无级变速,调节范围为 0~150 转/分。搅拌室的侧壁开有蒸汽导入孔,粉料进到搅拌室后,与高压过饱和蒸汽相混合,有时还加入一些油脂和糖蜜或其他添加剂。搅拌完的饲料进入压粒器内。压粒器由环模和压辊组成。作业时环模转动,带动压辊旋转,于是压辊不断将粉料挤入环模的模孔中,压实成圆柱形,从孔内挤出后随环模旋转,与切刀相遇后被切成颗粒。孔径大小是根据饲喂牲畜的需要而定。环模压粒机分卧式和立式两种。

环模压粒机主要用于较短的散状草段成形。设备主要由散草输送机构、喂入机构和制粒成型机主机三部分组成。利用环模、压辊和饲草三者间摩擦挤压作用,使饲草成形。切碎成 3 厘米左右的草段,通过喂入机构连续均匀喂入环模的饲草腔内,由于环模和压辊的相对运动,将饲草逐渐压入环模的成形孔,随着饲草进入成形孔与孔壁间摩擦作用而分层成形。

由于环模、压辊和饲草三者之间挤压摩擦,尤其是饲草在环模孔内受到的高压摩擦和饲草本身受力的变形,消耗的能量以热能的方式释放,使环模和饲草产生 50℃～90℃ 的高温。高温一方面使环模的磨损加快,使用寿命降低;另一方面高温又给草颗粒的形成和营养转化带来很大的好处。首先,饲草在高温、高压作用下变形容易,成形密度高,消耗功率小,又可使饲草内部水分变为蒸汽,有利于饲草间的粘接,成形牢固。其次,高温能使饲草中有机成分发生反应,加工出的草颗粒气味较好,提高牲畜的适口性。

环模压粒机中环模是关键部件,环模一般由碳钢、合金结构钢或不锈钢经锻造、机加工、钻模孔及热处理等工序制作而成。具体材料,可以根据颗粒原料的腐蚀性来选择,对腐蚀性强的原料应选用合金结构钢或者不锈钢环模。环模的模孔形状有直形孔、阶梯形孔、外锥形孔和内锥形孔等,其中内锥形孔适合加工草粉料类比重轻的饲料。

环模中除了材料和模孔形状外,环模的压缩比以及环模的开孔率也是选择环模的重要指标。环模压缩比,是指环模的模孔直径和模孔有效长度之比。根据所要求的颗粒品质调整具体的压缩比,比如选用稍低的压缩比,对于增加产量、降低能耗、减轻环模的磨损等有利,但也会降低饲料品质,如颗粒不够结实,外观松散长短不一,粉化率高等。而环模的开孔率是指环模模孔总面积和环模有效总面积之比,一般来说,环模开孔率越高颗粒产量越高,在保证环模强度的前提下,可尽量提高环模的开孔率。

3. 小草块压制设备 小草块压制机主要由喂料搅龙、保安磁铁、机体、主轴、偏心压辊、压板、环模、主轴端盖、出料罩、动力总成等组成。从机器的组成中,可以看出小草块压制机械采用的工作原理与环模制粒机的工作原理基本一致,只是其模孔截面为 32 毫米×32毫米的方孔。图6-12是小草块压制机的工作过程。

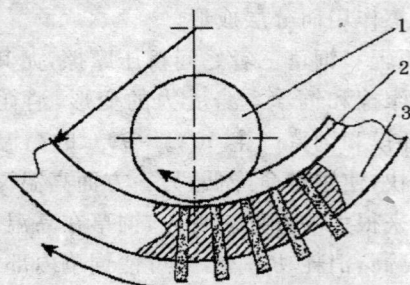

图6-12　环模式小草块压制机的工作过程
1. 进料斗　2. 喂料螺旋　3. 搅拌器

(三)国内外主要牧草制粒机械介绍

1. 江苏牧羊草颗粒机

（1）牧羊 MUZL 系列颗粒机　特点：①采用双马达分布带柔性传动，传动效率高、平稳；②压辊和环模的间隙可采用自动调节，用户根据原料特性在生产过程中可以自控系统来调整合理的压辊和环模的间隙，以确保制出颗粒的质量和颗粒机的产量，延长环模的压辊的寿命；③环模采用液压自动拆装装置，缩短拆装环模时间并提高环模装配精度；④可在该机上配置多种类型的控制系统；⑤适用于高品质畜禽，水产及其他物料的制粒。该系列主要技术参数见表6-100。

表6-100　牧羊 MUZL 系列颗粒机技术参数

型　号	主机功率(千瓦)	产量(吨/小时)	环模内径(毫米)	压辊数	喂料器功率(千瓦)
MUZL4200	45×2/55×2	1～2.5	Φ420	2	0.75
MUZL610	55×2/75×2	3～13	Φ520	2	2.2

八、牧草颗料加工机械

型　号	主机功率（千瓦）	产量（吨/小时）	环模内径（毫米）	压辊数	喂料器功率（千瓦）
MUZL1210	90×2/110×2	5～24	∅630	2	2.2/3.0
MUZL1610	110×2/132×2	6～26	∅800	2	3.0/4.0
MUZL2010	132×2/160×2	8～30	∅935	2	3.0/4.0

　　（2）牧羊 MUZL350/420T 系列颗粒机　特点：①先进双马达分步带柔性传动系统，平稳可靠；②关键零部件采用高品质进口件，使用寿命长，维护成本低；③国际标准制造，性能稳定可靠；④可根据需要选配夹套型调质器或双轴差速调质器；⑤关键零部件进口，确保质量，使用寿命长，维护成本低；⑥合金结构钢锻造主轴，具有良好的强度和韧性；⑦广泛应用于高品质畜禽饲料、鱼用颗粒饲料、复合肥、棉籽壳及其他物料的制粒。该系列技术参数见表 6-101。

表 6-101　牧羊 MUZL350/420T 系列颗粒机技术参数

型　号	MUZL 350-Ⅰ	MUZL 350-Ⅱ	MUZL 350-X	MUZL 420-Ⅰ	MUZL 420-Ⅱ	MUZL 420-Ⅲ	MUZL 420-X
主机功率（千瓦）	22×2	30×2	30×2	37×2	45×2	55×2	55×2
生产能力（吨/小时）	1.0～3.5	2～6	0.5～1.5	3～7.5	3～9	3～11	1～3
环模内径（毫米）	∅350	∅350	∅350	∅420	∅420	∅420	∅420
压辊数	2	2	2	2	2	2	2
喂料绞龙功率（千瓦）	0.75	0.75	0.75	1.5	1.5	1.5	1.5
颗粒规格（毫米）	∅2～∅12	∅2～∅12	∅1.5～∅2.5	∅2～∅12	∅2～∅12	∅2～∅12	∅1.5～∅2.5
调质器功率（千瓦）	3	3	3	7.5	7.5	7.5	7.5

（3）牧羊 MUZL600/1200 系列颗粒机　特点：①本机型采用双马达同步齿形带分步骤传动系统；②具有理想的传动化，转动平稳，产量高，噪声低，操作维修方便；③本机型备有 ¢1.5～¢12 毫米多种孔径和厚度的环模，用户可根据不同需要任意选用，以获得最佳的技术和经济效益；④本机型采用变频电机进行喂料，设有过载保护装置、机外排料机构以及电机负载速装置；⑤根据用户要求可提供液压抱箍型过载保护装置及液压油缸皮带张紧系统，并可提供全自动润滑装置，快捷省力，安全可靠；⑥具有糖蜜添加功能的强调质器；⑦适用于高品质畜禽、水产饲料及其他物料的制粒。该系列技术参数见表 6-102。

表 6-102　牧羊 MUZL600/1200 系列颗粒机技术参数

型　号	主机功率（千瓦）	生产能力（吨/小时）	环模内径（毫米）	压辊数	喂料绞龙功率（千瓦）	颗粒规格（毫米）	调质器功率（千瓦）
MUZL600-Ⅰ	55×2	3～12	¢550	3	1.5	¢2～¢12	15
MUZL600-Ⅱ	75×2	4～16	¢550	3	1.5	¢2～¢12	15
MUZL600-Ⅹ	75×2	1.5～3.5	¢550	3	1.5	¢1.5～¢2.5	15
MUZL1200-Ⅰ	90×2	4～22	¢650	3	2.2	¢2～¢12	22
MUZL1200-Ⅱ	110×2	4～27	¢650	3	2.2	¢2～¢12	22
MUZL1200-Ⅹ	110×2	2～5	¢650	3	2.2	¢1.5～¢2.5	22

（4）牧羊 MUZL180 实验型颗粒机　特点：①牧羊 MUZL180 颗粒机是 MUZL 系列颗粒机中的最小机型，其环模内径很小，采用单压辊的结构；该机采用单马达皮带传动，并配备先进的双轴差速调质器；②适用于生产畜禽料、水产颗粒饲料、复合肥颗粒、药品以及实验室的小批量制粒。其技术参数见表 6-103。

八、牧草颗料加工机械

表 6-103　牧羊 MUZL180 实验型颗粒机技术参数

型　　号	MUZL180
压辊数量（只）	1
环模内径（毫米）	Φ180
主电机功率（千瓦）	5.5
环模工作温度（℃）	≤90
产量（吨/小时）	0.2～0.4

2. MZLH42 型牧草、秸秆制粒机　特点：①加长双层调质器，使牧草、秸秆更好的熟化；②强制进料装置，提高生产率，延长设备使用寿命；③机械电气联合保险，喂料无级调速；④皮带传动，运行平稳；⑤进口三角带，使用寿命长。功率为 98 千瓦，产量为 1～4 吨。

3. ZLH508E 牧草制粒机（彩图 6-29）　特点：①主传动采用高精度齿轮传动，其产量比皮带传动型提高，环模采用快卸式抱箍型；②压制室进料采用牧草专用强制喂料结构，进料均匀；③传动部分选用进口高品质轴承，使用寿命长，噪声低；④喂料控制采用变频调速，保证均匀进料；⑤操作方便，密封可靠；⑥转矩稳定、吸振、隔振强；⑦生产率高，劳动强度低。其技术参数见表 6-104。

表 6-104　ZLH508E 牧草制粒机技术参数

生产能力（吨/小时）	1～5
主机功率（千瓦）	110/132/160

4. DPR 系列草颗料压制机（彩图 6-30）　在国内率先研制成功草颗料加工成套设备，并已批量投放市场研制的系列草颗粒压制机，是国内最早生产饲料加工成套设备的大型企业基础，现有八大系列，一百多个品种的饲料加工成套设备，可承揽及生产 3 万～

32万吨/年饲料加工成套设备,产品均实现了系列化、成套化、机电一体化。其主要技术参数见表6-105。

表 6-105　DPR 系列草颗料压制机技术参数

系　列	产量(吨/小时)	主电机功率(千瓦)	特　点
DPR 系列饵料颗粒压制机	0.5～15	15～180	采用多层加长夹层调质器,增强物料熟化,适应各种鱼虾饲料的制作
DP 系列颗料压制机	0.5～40	15～250	省优、部优产品,各种型号均系消化瑞士布勒技术制造,采用窄 V 皮带传动,便于维修,喂料采用无级调速
DPDE 颗粒压制机	15～20	2×90	瑞士技术制造,主轴传动系统采用双电机皮带传动,运行平稳,噪音小,喂料采用无级调速,自动润滑,自动卸载
9CK 系列草颗粒压制机	0.5～1.5	55～180	以玉米秸秆、豆秸秆、各种牧草为原料压制全价粗颗粒饲料的专用设备

5. KJ 系列颗粒饲料机(彩图 6-31)　特点:①一机两用即可生产粉料又可生产颗粒料;②主机采用环模式制粒机整机组全封闭;③生产颗粒料成型率达98%;④适应性强、可生产猪饲料、鸡饲料、鸭饲料、水产饲料、秸秆颗粒饲料、有机复合肥、包括内含粗纤维 30%～60% 的草颗粒饲料等。其技术参数见表 6-106。

八、牧草颗料加工机械

表 6-106 KJ 系列颗粒饲料机技术参数

型 号	功率(千瓦)	生产能力(吨/小时)	备注
KJ250A 型	61.25	1~1.5	
KJ250D 型	65.24	3~5	
KJ200A 型	14.1	0.2~0.4	经济型
KJ200B 型	16.1	0.25~0.45,0.4~0.6	经济型

6. KJ-300 型平模颗粒饲料机 特点：①该机是专为农村饲养专业户及中小型饲料厂、养殖场设计的一种小型设备；②它可以加工不同直径的多种颗粒饲料；③配套动力小，能耗低，结构简单，工作可靠，适应性广。该机生产能力为 300~600 千克/小时。

7. KJ150、250、304、350、420 环模制粒机 特点：①该机结构合理，技术先进，产量高，耗电少并设有安全连锁构件和磁选去铁装置，压模材质好，颗粒光洁度高等优点；②该机可加工不同颗粒饲料，牧草颗粒，有机化肥等；③该机可供大、中、小型配合颗粒饲料加工，牧草加工，化肥加工等使用。

8. GHL 高速混合制粒机 特点：①本机采用卧式圆筒构造，结构合理；②充气密封驱动轴，清洗时可切换成水；③流态化造粒，成粒近似球形，流动性好；④较传统工艺减少 25% 黏合剂，干燥时间缩短；⑤每批仅干混 2 分钟，造粒 1~4 分钟，工效比传统工艺提高 4~5 倍；⑥在同一封闭容器内完成，干混—湿混—制粒，工艺缩短，符合 GMP 规范；⑦整个操作具有严格的安全保护措施。其技术参数见表 6-107。

表 6-107 GHL 高速混合制粒机技术参数

名 称	容积(升)	产量(千克/炉)	混合速度(转/分)	混合功率(千瓦)	切割速度(转/分)	切割功率(千瓦)	压缩空气耗量(米³/分)
10	10	3	300/600	1.5/2.2	1500/3000	0.85/1.1	0.6

续表 6-107

名　称	容积（升）	产量（千克/炉）	混合速度（转/分）	混合功率（千瓦）	切割速度（转/分）	切割功率（千瓦）	压缩空气耗量（米³/分）
50	50	15	200/400	4/5.5	1500/3000	1.3/1.8	0.6
150	150	50	180/270	6.5/8	1500/3000	2.4/3	0.9
200	200	80	180/270	9/11	1500/3000	4.5/5.5	0.9
250	250	100	180/270	9/11	1500/3000	4.5/5.5	0.9
300	300	130	140/220	13/16	1500/3000	4.5/5.5	1.1
400	400	200	106/155	18.5/22	1500/3000	6.5/8	1.5
600	600	280	80/120	22/30	1500/3000	9/11	1.8

9. 全秸秆颗粒设备　特点：①可使生产的颗粒饲料粗纤维达25％以上；②设备具有体积小，移动方便，能耗低等特点，解决了进口设备大、品种不足，特别适合遭受农村乡、镇、村及农户为单位的生产大型高纤维饲料生产厂的使用；③操作简单，普通文化的人即可操作；④属于经济型设备，造价是进口同类设备价格的1/4。

10. 多功能秸秆专用造粒机　适用范围：①专用平模式颗粒饲料加工设备；②特别适用于难于造粒成型的高纤维的造粒；③适于其他粉状物料和造粒；④对农作物秸秆、牧草饲料生产厂和牛羊饲养大户尤为适用；⑤该机还适用于高纤维含量的生物有机复合肥制粒生产。

主要特点：①采用刮板式喂料机构和旋风式螺旋上料装置，喂料均匀、连续；②可根据新型皮带传动，调整，维修方便，安全可靠，噪音小；③可根据喂养对象（牛、羊、猪、鸡、鸭、兔和实验动物等）不同，饲料的配比和颗粒的大小可以随意获得；④本机造粒更高，表面光洁，内部熟化程度充分，可提高消化和吸收，又能杀灭一般致病的微生物和寄生虫；⑤结构简单，适应性广。其技术参数见

八、牧草颗料加工机械

表 6-108。

表 6-108　多功能秸秆专用造粒机技术参数

配套动力（千瓦）	30KW 电机	成型率	大于 95%
模板孔径（毫米）	3、6、8、8.5、9	颗粒饲料水中稳定性	大于 5 分
生产效率（吨/小时）	纯秸秆颗粒 500～800；猪颗粒饲料 800～1300；有机复合肥 1000～1500	颗粒含水量	小于 14%

11. SDPM 型颗粒饲料压制机　特点：引进德国孟庆公司专有技术，传动系统采用双电机强力皮带传动，运转平稳，安全可靠；喂料器、调质器和制粒机门均采用不锈钢材料；双动连锁或分开调节压辊系统使压辊调节更迅速、可靠；气动紧急排料机构、超负载保护装置及环模吊索装置为您安全生产提供有效的保证；环模装配形式有螺栓型和抱箍型可供选择。其技术参数见表 6-109。

表 6-109　SDPM 型颗粒饲料压制机性能参数

机　型		SDPM 250	SDPM 350	SDPM 420	SDPM 520	SDPM 52N	SDPM 660
环模	内径（毫米）	250	350	420	520	520	660
	工作宽度（毫米）	60	100	136	178	138	228
	工作面积（米²）	4.7	11.9	17.9	29.1	22.5	47.3
压辊	数量	2	2	2	2	2	2
	直径（毫米）	119	150	206	250	250	319
主电机	功率（千瓦）	7.5×2	30×2	55×2	75×2	75×2	110×2
	空心轴转速（50Hz）（转/分）	330	335	335	335	335	225
调质器	电机功率（千瓦）	2.2	3	7.5	7.5	7.5	11
	转速（50Hz）（转/分）	390	425	435	435	435	420

机　型		SDPM 250	SDPM 350	SDPM 420	SDPM 520	SDPM 52N	SDPM 660
喂料器	电机功率（千瓦）	0.75	0.75	1.5	1.5	1.5	4
	转速（50Hz）（转/分）			无级			

12. SZLH 秸秆牧草制粒机　特点：①用于压制各种颗粒饲料；②强力磁选器和压模防堵机外排料机构可保安全生产；③进口三角带传动，运转平稳、噪音低。干油泵加油、润滑可靠；④带压模起吊装置，压模、压辊装拆方便迅速；⑤可根据用户要求配多层或加长调制器。其技术参数见表 6-110。

表 6-110　**SZLH 秸秆牧草制粒机技术参数**

型　号		SZLH42×10.8—55	SZLH42×10.8—90	SZLH42×10.8—110	SZLH56×14—160
主电机功率（千瓦）		55	90	110	160
生产率（吨/小时）		3～5	8～10	10～12	12～15
压模内径（毫米）			420		560
压模孔径繁殖范围（毫米）			4～10		
配备动力	主电机（千瓦）		90		160
	调质器电机（千瓦）		5.5		7.5
	喂料器电机（千瓦）		1.5		2.2
	干油泵电机（千瓦）		0.37		0.55
喂料方式			交流电磁调速无级调速		
外形尺寸（长×宽×高）（毫米）			1990×1945×2105		

13. ZLH 环模颗粒压制机　特点：①消化吸收国外先进技术

的成功典范,各项性能指标均已达到国际先进水平;②高强度皮带传动,传动效率高、噪音低、运转平稳、并配有过载保护装置,使其运转更安全可靠;③变频调速喂料装置,准确控制喂料量,以适应不同物料、不同颗粒直径的生产需要;④生产高品质畜禽和水产颗粒饲料两用型优质颗粒机;⑤普通型、加长双层喂料调质器型、草粉(秸秆粉)颗粒型等。

14. 9ZLP-200 平模颗粒压制机(彩图 6-32) 适用范围:畜禽饲料、草粉及复合肥制粒。

特点:①性能稳定、结构简单、使用范围广、占地面积小;②平面压模,可双面使用,压模成本低;③压辊与平面压模间隙调整操作方便;④投资少、见效快、耗电低、经济效益好。其技术参数见表 6-111。

表 6-111　9ZLP-200 平模颗粒压制机技术参数

生产能力(千克/小时)	200(ϕ4 模孔)
配套功率(千瓦)	5.5

15. SZLHc420 型草颗粒压制机 特点:①采用联组窄 V 带传动环模,传动平稳可靠;②加长大直径调质器,保证草粉与水(蒸汽)混合均匀;③强制喂料装置保证草粉可靠喂入至压粒腔内。

适用范围:大中型饲料厂、畜牧场、饲养场、各种草粉、秸秆粉制粒。其技术参数见表 6-112。

表 6-112　SZLHc420 型草颗粒压制机技术参数

产品型号	SZLHc420 型	设备产量(吨/小时)	2～2.5 (ϕ8 毫米苜蓿草颗粒)
配套动力(千瓦)	90(主机);9(辅机);调质器 7.5	外形尺寸(长×高×宽)(毫米)	2500×1910×2040

16.9PKJ 系列平模制粒机 该机充分利用自然资源进行科学饲养的一种不可缺少的颗粒饲料加工设备,用该机生产的饲料喂养兔、鸡、鱼、牛畜禽,能获得很好的经济效益。该机吸取了国内外先进技术,采用平模加工,加工出的颗粒硬度高,光洁度好,经晾干后便于储存。机器操作简便,运转平稳,噪音小,性能稳定,安全可靠,是中小型养殖场,饲料加工厂和个体饲养专业户的理想加工机械。其技术参数见表 6-113。

表 6-113 9PKJ 系列平模制粒机技术参数

产品型号	9PKJ200/280	加工能力(吨/小时)	0.15～0.35 0.25～0.5
配套动力(瓦)	7500/11000	机器净重(千克)	213
外形尺寸(长×高×宽)(厘米)	11.15×6.28×11.85/12.85-5-9.77		

17.9KP4 平模颗粒饲料机 其技术参数见表 6-114。

表 6-114 9KP4 平模颗粒饲料机技术参数

型号与名称	单位	生产率(吨/小时)	装机容量(千瓦)	控制方式与精度	混合均匀度(%)	主工作区噪音(分贝)	外形尺寸(长×宽×高)(米)
9KYP-210B 型颗粒饲料机	台	0.1	4		≤10	≤85	0.57×0.35×0.685
9KYP-340 型颗粒饲料压制机	台	0.3～0.8	14		≤10	≤85	1.44×6.3×1.39
9KJ-300 型颗粒机组	套	0.3～0.5	21.97	国际金奖	≤10	≤85	2.8×2.8×3.028
9KPJ-1000 型颗粒机组	套	1	42.7		≤10	≤85	8×3.32×4.9

续表 6-114

型号与名称	单位	生产率（吨/小时）	装机容量（千瓦）	控制方式与精度	混合均匀度（%）	主工作区噪音（分贝）	外形尺寸（长×宽×高）（米）
9KP-500 型颗粒机	台	0.5	17.225		≤10	≤85	1.85×1.41×3.18
9KP-1000 型颗粒机	台	1	24.05		≤10	≤85	1.843×1.735×3.06
9KP-4 型颗粒机	台	0.1	4		≤10	≤85	0.77×0.45×0.932
9KH-32 大型颗粒机	台	2～4	39.95		≤10	≤85	
9KH-40 大型颗粒机	台	4～8	77.95		成形率≥95%	≤85	

九、牧草压块机械

（一）概　述

1. 牧草压块简介　块状粗饲料，俗称草块饲料或草饼饲料，是指将秸秆饲料或牧草饲料先经切碎或揉搓后，经特制的机器压制成高密度块状饲料。与颗粒饲料相比，块状粗饲料的外形尺寸要大，通常为 32 毫米×32 毫米截面积的长方形草块或直径 30～50 毫米的圆形草块。

块状饲料密度一般为 500～1 000 千克/米³，堆积容量 400～700 千克/米³。其体积比自然状态下的秸秆饲料或牧草饲料缩小 8～10 倍，具有保质、防潮、不易燃烧之效。可减少秸秆饲料和牧草饲料在贮存、饲喂过程中的损失。因此,块状粗饲料有利于秸秆饲料和牧草饲料的包装、贮存、运输和饲喂,有利于这些粗饲料的产业化加工调制和商品化的流通。

2. 秸秆压块饲料加工的基本工艺流程 秸秆的青干[湿度调干]→青干秸秆机械处理[压裂切碎或揉碎]→暂存回性→供料至混料机→营养和非营养添加→混合调质→压制成型→冷却除湿[降温干燥]→计量包装→成品。

(二)秸秆压块饲料加工技术的发展现状

近年来,我国农作物秸秆压块机械化技术从无到有,发展迅猛。以中国农机院呼和浩特分院、天津市农机推广总站、天津市宏达机械厂、河北金达机械厂等为代表的一批农机研究单位和生产企业,在技术研发和机具设备制造方面取得了显著成果。特别是在秸秆饲料压块成型率、磨口材质抗磨性和轧辊磨具优化设计等方面技术研究取得突破,一批较成熟的机具设备已投入生产应用。由于秸秆压块饲料产品具有品质优良,牲畜适口性好、采食率高和便于储存运输等优点,已逐渐被我国部分地区大面积推广应用,并形成了专业化生产模式,将秸秆饲料作为商品销往外埠。

我国第一家大型牧草压块厂建在新疆的阿尔泰地区年产量能力 6 万吨。北京顺义区已引用美国的华润贝尔公司噪音可移动压块设备。我国广东华达机械厂、江西红星机械厂都曾研制出牧草压块机。目前推广的有辽宁省雄风牧业机型有限公司生产的KY80 型牧草、秸秆压块设备,每小时产量 1.2～2.0 吨,江苏牧羊集团生产的牧羊大力神压块机,江苏正昌集团生产的 SYKH510机型。

(三)国内外主要牧草压块机械简介

1. KY80 型牧草压块机组 工作原理:物料喂入压室后,经压辊压挤出模块而成。

适用范围：本套设备还可用于加工秸秆类饲料或压制全价配合饲料，对牛羊等草食性牲畜有良好的适口性，为集约化、工厂化饲养创造了良好条件。其技术参数见表 6-115。

表 6-115　KY80 型牧草压块机组技术参数

原料尺寸(毫米)	30～40	工作效率(吨/小时)	2～5
草块尺寸(毫米)	32×32×(30～60)	草块密度(克/厘米³)	0.5～0.8

2. 牧羊大力神系列压块机　特点：①采用经典独特的双马达分步骤传动结构，令传动力更大，传动更平稳；②国际质量标准制造、采用边频调速喂料，特种无堵塞的结构；③配有测速报警装置，运行更安全，更可靠；④配置多个液体喷头，可添加糖蜜、水等液体；⑤使用范围广，对物料的粉碎粒度要求低，特别适合压制纤维高、比重轻的牧草、秸秆等。其技术参数见表 6-116。

表 6-116　牧羊大力神系列压块机技术参数

型　号	MYYK560	MYYK800
产量(吨/小时)	2～4	4～8
功率(千瓦)	45×2/55×2	75×2

3. 牧羊 MJCC20 牧草均储器(彩图 6-33)　与大力神压块机配套机械牧羊 MCC20 型牧草均储器和牧羊 MLWG160 系列卧式牧草冷却器。

特点：①牧草均储器主要由机体、旋耙、螺旋体、刮板、支脚等部件组成；②采用水平卧式总体布局，外形简洁美观；③专用输送链条，排料速度无级可调；④端面开设检修门，方便日常维护保养和检修；⑤应用于饲草加工生产工艺流程中，以提供给后续设备均匀稳定的料流，同时具有暂时储藏和计量作用。其主要技术参数见表 6-117。

表 6-117　牧羊 MJCC20 牧草均储器参数

容积（升）	18
功率（千瓦）	17.5
外形尺寸（长×宽×高）（毫米）	7600×2400×3400

4. 牧羊 MLWG160 系列卧式牧草冷却器（彩图 6-34） 特点：①采用水平卧式总体布局，结构紧凑，可显著节省占地面积；进料口上部装有撒料装置，可使机内物料达到最佳的分布；②多根平行的矩形方钢组成冷却栅栏，冷却效果显著；③专用输送链条，安装方便；④顶部装有两个独立的轴流式风机进行冷却后排风；⑤顶侧墙板上开有观察窗，可方便观察物料及维护；⑥端面开设检修门，方便日常维护保养和检修；⑦主要用于牧草加工生产工艺流程中牧草经压块机压制后的高温块状牧草的冷却。其主要技术参数见表 6-118。

6-118　牧羊 MLWG160 系列卧式牧草冷却器技术参数

型　号	生产率 （吨/小时）	转速 （转/分）	冷却时间 （分）	降水量 （%）	配用动力 （千瓦）
MLWG160-Ⅰ	5～8	2.5	15～20	2～3.5	10.75
MLWG160-Ⅱ	8～14	2.5	15～20	2～3.5	18.75

5. 牧羊 SGLN 系列干燥冷却组合机 特点：①该机具有冷却、干燥双重功能；②翻版式卸料机构，不损伤颗粒，排料顺畅，适用于多种形状的物料；③逆流原理设计，效率显著提高，降水率 8%～12%；④主要用于膨化饲料、水产饲料的干燥、冷却。其主要技术参数见表 6-119。

表 6-119 牧羊 SGLN 系列干燥冷却组合机技术参数

型 号	产量(吨/小时)	功率(千瓦)
SGLN14×14×2	2～4	2.95
SGLN19×19×2	5～7	3.75
SGLN24×24×2	7～10	3.75

6.9YK 系列秸秆饲料压块机 该机型具有先进的设计水平、简单易操作和稳定的生产性能,解决了目前国内同类机型生产性能不稳定、故障等难题。其技术参数见表 6-120。

表 6-120 9YK 系列秸秆饲料压块机技术参数

配套动力(千瓦)	15.75～19.25
度电产量(千克/千瓦时)	14～28
草块截面(毫米)	32×32
外形尺寸(毫米)	1200×1000×1000
生产率(吨/小时)	0.3～1
压缩比	1∶18

7.9YK-1.0A 型粗饲料压块机 特点:①整套工作系统结构紧凑,操作简单,维护方便,磨损件易于更换;②该机为中型设备,生产量符合实际生产加工,适于多点操作,是建立秸秆饲料加工企业的理想设备。其主要技术参数见表 6-121。

表 6-121 9YK-1.0A 型粗饲料压块机主要技术参数

设备配套功率(千瓦)		饲料草块参数		压块主机参数	
主机	22.0	截面规格(毫米)	31×31	模孔数	50
揉切机	15.0	长度(厘米)	2～10	压轴数	2
水平定量器	2.2	密度(吨/米³)	0.65～0.7	生产量(吨/小时)	1.0
输送机	1.5×2	秸秆含水率(%)	16～20	电耗(千瓦/吨)	35

续表 6-121

设备配套功率(千瓦)		饲料草块参数		压块主机参数	
烘干机*	2.95	草块含水率(%)	15	人工(人/班)	8～12
粉末回收	3.0	入库含水率(%)	12	人工(人/吨)	1～1.5
总装机	48	纤维>20 毫米	>60%		

注：* 现配有 15 千瓦红外热能烘干机。设备可加工各种作物秸秆、天然牧草、甘蔗渣、苜蓿、籽粒苋等。加工的秸秆或饲草的含水率在 20%以下较好。

8.93KWH520 型饲料挤块机　特点：块状饲料由生变熟，具有特别的焦香味，采食量高，由于块料饲料质地很硬，能满足瘤胃中的机械刺激作用，从而提高了饲料效果；块状饲料容量大，体积小，便于储存与运输；降低饲料成本，提高经济效益。其技术参数见表 6-122。

表 6-122　玉皇牌 93KWH520 型饲料挤块机技术参数

项　目	93KWH520(Ⅰ)型	93KWH520(Ⅱ)型
额定生产能力(千克/小时)	300	460
最大生产能力(千克/小时)	400	600
配套电机(千瓦)	15	15
主轴转速(转/分)	124	124
草块截面尺寸(毫米)	30×30	30×30
机器总质量(千克)	1100	1300
外形尺寸(长×宽×高)(米)	1.7×1.5×1.3	2.1×1.5×1.3

9. 美国沃润贝尔牧草压块系统　沃润贝尔格牧草压块系统是将牧草切碎并挤压成不同规格适宜做牛、马、羊以及骆驼等牲畜饲料草块的牧草深加工设备系统，分 WBSS 单头型和 WBDS 双头型 2 种型式。系统结构：WBSS 单头型牧草压块系统包括研磨、压块及物料处理组件和附属部件等。WBDS 双头型的组成除包括WBSS 单头型的内容外。标准搅拌箱和 200HD 型压块机为各 2

套,并另有 Y 型分料器 1 套。

(1)沃润贝尔格公司 200 和 200HD 型压块机 特点:每小时加工 6~8 吨不同尺寸的草块;可摆出式草块折断器用于将压出的草块在设定的长度折断,折断长度可以调节;在搅拌器中可添加 2%~8%的水进行混合,也可添加不超过 3%的膨润土发提高草块的质量和外形完整。

(2)WBSS 单头压块系统(彩图 6-35) 一套设计用来处理任意尺寸的草捆、散装或经过切碎的牧草使其挤压成块,以供饲养场喂养牛、马、羊、骆驼等牲畜的全套机械设备。从研磨机到磨料再进入计量箱这一系列均为无尘系统,计量箱为压块机提供均匀的草料,最大计量功能为每小时 6~9 吨。

特点:草块易于用 30~500 千克的堆袋或堆垛运输;草块易于用集装箱装运出口;草块可含一个完整的混合配比;草块可开拓新的市场,长途运输经济合理;草块因含有植物枝叶和茎秆,营养丰富,从而提高饲料的品质;沃伦贝尔格公司提供设备安装和最先进的技术培训。其技术参数见表 6-123。

(3)WBDS 单头压块系统 WBDS 单头压块系统是一套设计用来处理任意尺寸、散装或经过切碎的牧草使其挤压成块,以供饲养场喂养牛、马、羊、骆驼等牲畜的整套机械设备。从研磨机到磨料再进入计量箱为无尘设计。计量箱为压块机输送均匀稳定的进料。最大工作能力为每小时 12~18 吨。

特点:①草块易于用 30~500 千克的袋或散装箱运输;②草块易于用散装箱装运出口;③草块可以得到较均匀的品质;④草块可开拓新的市场,长途运输经济合理;⑤草块将其枝叶和茎秆混合压制后,营养更均衡,提高饲草采食率;⑥沃伦贝尔格公司提供设备安装和最先进的技术培训。其技术参数见表 6-124。

表 6-123 WBSS 单头压块系统技术参数

碾磨系统	草捆进料传送带—（按草捆大小来配） 沃润贝尔格碾磨机—VRC 型 （按草捆大小来配）运走碾料的输送带
压块和物料处理系统	计量箱（密封式） 进料传送带 可调节水平仪 带变速蛟龙钻头的干料添加喂料箱 带盘式磁铁的过渡滑道 标准型搅拌器 狭窄过道和爬梯 200HD 型压块机 不锈钢防腐环 秋千式压块成型装置 块料运走传送带——从压块机到冷却机 冷却机——双通道（可另选单通道） 细颗粒去除输送带 运走块料传送带——从冷却机到储存或包装系统 粉尘及细粒回收系统 空气压缩机（可选购） 电气设备 连锁系统用以启动及停止设备和顺序控制 该电气系统由一个以继电器为基础的半 自动操作控制面板和电机控制中心构成
选购件	草块堆码、储存和集装箱化系统 包装系统（装袋系统） 零备件 维修保养工具

表 6-124 WBDS 单头压块系统技术参数

碾磨系统	草捆进料传送带——（按草捆大小来配） 沃润贝尔格碾磨机——VRC 型（按草捆大小来配） 运走碾料的输送带
压块和物料处理系统	计量箱（密封式） 进料传送带 可调节水平仪 带变速蛟龙钻头的干料添加喂料箱 可调节的 Y 型分叉（以将草料均匀地送入各个压块机） 2 个标准型搅拌器 2 条狭窄过道（在压块机之间）和爬梯 2 个 200HD 型压块机 2 个不锈钢防腐环 2 个秋千式压块成型装置 块料运走传送带——从压块机到冷却机 冷却机——双通道（可另选单通道） 细颗粒去除输送带 运走块料传送带——从冷却机到储存或包装系统 粉尘及细粒回收系统 空气压缩机（可选购） 电气设备 连锁系统用以启动及停止设备和顺序控制 该电气系统由一个以继电器为基础的半自动操作 控制面板和电机控制中心构成
选购件	草块堆码、储存和集装箱化系统 包装系统（装袋系统） 零备件 维修保养工具

10. MC-Cooper/库伯牧草压块系统 特点：LMC-Cooper 压

块机是 LMC-Cooper 苜蓿压块系统的重要组成部分;专门设计使压块机头坚固耐用;压块系统通过双重同步挤压的方法,使牧草加工成压块的过程有高生产率;要生产不同尺寸的块产品只需对压块机头的模具及压轮进行简单的调整,替换即可;可加工不同种类的牧草。其技术参数见表 6-125 和表 6-126。

表 6-125　MC-Cooper/库伯牧草压块系统技术参数

型　号	描　述	产量(吨/小时)
TK185	小型可移动压块系统, 全套系统提供"交钥匙"服务	4
LMC-Cooper 3100	单头压块系统	8~10
LMC-Cooper 3800	单头可扩充型压块系统	8~10,16~20 (需添加一个机头扩充)
LMC-Cooper 5000	双头压块系统,计算机控制	16~20

表 6-126　压块的规格

项　目	规　格	项　目	规　格
标准高度	107 3/4″	鼓	由 1″钢制成,带可替换铸钢零件
标准长度		支撑环	合金钢半曲柄,直径 3 15/116″, 合金钢半曲柄轴
单个的压块机	165 1/4″	内鼓	4 功率 15/16″直径,合金钢
压块机与 搅拌器	195 1/2″	半曲柄	合金钢端盖,自位球滚轴承
重量	16500(±)	输入轴	66 个单独的模具,高密度合金钢, 表面坚固,为经热处理的钨碳沉淀物, 与硬铬合金
发动机	200 马力	左手端盖	(1)22″压轮,所有工作区域为坚固表面
变速箱	行星减压器	模具	两个喂入螺旋推运器,(1)5 马力电动 发动机与减压器

项　目	规　格	项　目	规　格
压块机台	5/8″成形钢板	压轮	21″×″螺旋形混合器/(1)5 马力电动发动机与减压器/(6)水喷谢阀与 110V 电螺线管
外鼓		底部进料	
模具表面	1 1/4″厚合金钢	搅拌器	
环模	5/8″孔隙		

11. SYKH 系列牧草压块机　特点：①该机是牧草压块生产的关键设备,具有产量高、性能好、能耗低、噪音小、外形美观等;②适用范围广,适于压制容重较轻的牧草、植物枝叶、秸秆等物料;③采用变频调速喂料,喂料绞龙采用特制的防堵塞结构,可靠性高;④采用单压辊形式,摄入角度大,压块性能优异,压制室容积大;⑤配备了多个液体添加喷头,可以加入糖蜜、纤维素酶等多种营养物质。其技术参数见表 6-127。

表 6-127　SYKH 系列牧草压块机技术参数

型号	产量(吨/小时)	功率(千瓦)
SYKH680	4～8/5～10	132/160
SYKH680	2.5～7/3～8	110/132
SYKH510	2～5/2.5～6	90/110

12. MKLW 牧草冷却器　特点：①该机吸收了国际牧草冷却设备优点,结合正昌公司多年新华通讯社冷却设备的经验,研制而成;②进料采用摆动式匀料机构,配变频调速控制,辅料均匀、可靠,碎草汇集绞龙,既使草块冷却,又可分离草屑;③采用变频调速输送,可根据需要调整准却时间,确保冷却效果最佳;④设计新颖,

结构合理；是牧草压块生产的主要设备，产量高，性能好，能耗低，工作平衡可靠，外形美观；一机两用；适用范围广，对块状、颗料粒状等牧草制品均可适用。其技术参数见表6-128。

表 6-128　MKLW 牧草冷却器技术参数

型号	MKLW160
产量（吨/小时）	2～5
电机功率（千瓦）	2.2

13.9SGJ 系列压块机　该机以优质农作物秸秆或牧草为原料，经铡切粉碎，混合回性，熟化灭菌，挤压成型等工艺制成的压块饲料；在加工过程中使原料由生变熟、淀粉糊化、粗纤维降解、水溶性糖类增加，可有效提高保存其营养成分，质优价廉，深受用户欢迎，产品供不应求。目前主要有 9SGJ-500/1000/2000 型。

主要特点：①独特的防闷机设计，生产过程中无停机现象发生，有效提高生产效率，降低生产成本；②先进的喂料和环模技术的改进，在成型率 100% 的前提下，出料速度更快；③为适应在寒冷区域或季节正常开机生产，本机特配置了增温、温控自动调节装置，节省电耗 40% 以上；④该机组核心部件特殊工艺的处理，使其使用寿命更长、维修费用更低。

14.9JYK-800 型秸秆压块机　特点：①秸秆压块机整机设计更合理，主机采用双电机驱动，使主机运转更加平稳，降低能源消耗，有效增加动力的同时，降低能耗，有助于减少闷机的问题；②秸秆压块机主机配有支架，直接落地即可平稳固定，不用再打地基，节省了地基和基座的土建投入，方便了移动；③秸秆压块机模具使用寿命长，采用特殊金属材料，耐磨耐高温；④秸秆压块机维修成本低，模块可以互换修补，磨损后不用更换只需修补，一般一年修补一次即可，节省维修费用，可以长期使用；⑤为解决秸秆压块机闷机、卡辊、死机的问题，模具采用了 5°～7° 的角度，改变了秸秆受力点,使秸秆压块机出料更加明显;⑥秸秆压块机产量高,使用更方便简单,新手上机生产玉米秸秆压块即可以达到 500 千克左右,熟练后可达到 800 千克以上;⑦能耗低,主机采用喂料和压轧同一电机带动,同步运转,同比其他型号秸秆压块机节省能耗 30%;⑧固定投资少、成本低、纯利润高,投资回收快,市场前景广阔,经济效益好。前期可以不需建厂房,只需地基变压器和硬化场地。其技术参数见表 6-129。

表 6-129 9JYK-800 型秸秆压块机技术参数

秸秆压块机模块出口尺寸(毫米)	32×32	额定生产率(千克/小时)	600
主机电机功率(千瓦)	2×11	实际生产率(千克/小时)	500~800
秸秆压块机饲料密度(吨/米³)	0.5~1	秸秆压块机模块数量(块)	30

15. 9CBJ-500 型饲草压饼机(彩图 6-36) 9CBJ-500 型饲草压饼机是一种将物料压制成圆柱形饼块的饲草加工机械。特点:①该机可将切碎或粉碎的秸秆牧草等压制成高密度的草块,以便于运输,贮存;②若添加精料或其他添加剂可制成粗基配合饲料,配置切碎机或草粉机及糖蜜添加装置,可组成粗饲料加工机组。其技术参数见表 6-130。

表 6-130 9CBJ-500 型饲草压饼机技术参数

饲料饼块直径(毫米)	60~80	生产率(千克/小时)	300~500
饲草切碎长度(毫米)	<50	饲草含水量(%)	15~20
饼块密度(千克/米³)	350~700		

16. MJLC10(20)牧草计量料仓(均质料仓) 其主要适用于牧草压块工段中,使从牧草粉碎机中出来的散状牧草经牧草计量仓压实后连续均匀地输送给压块机,是牧草压块工段中不可缺少的工序。适用于年产 1(2)万吨级以下的牧草加工厂。

特点:该机设计新颖,结构合理,工作平稳可靠,外形美观。

主要结构:MJLC10(20)牧草计量料仓主要由绞龙减速器电机、输料绞龙、底脚、接尘斗、活动盖板、调节螺杆、料位器、观察门、料仓体、输送链、进料口机架、回料口、出料斗、从传动轴、滚筒减速器电机、出料滚筒、主传动轴、变频调速电机减速器、链传动装置、罩壳等组成。其技术参数见表6-131。

表 6-131　MJLC10(20)牧草计量料仓技术参数

产量(吨/小时)	3～5	牧草计量料仓容积(米³)	10～20
输送链电机功率(千瓦)	0.55	输料绞龙电机功率(千瓦)	2×2.2
滚筒电机功率(千瓦)	2×2.2		

十、牧草超微细粉碎机械

(一)牧草超微细粉碎机工作原理

牧草超微细粉碎加工技术在牧业中占有重要位置,其工作原理是:采用涡轮湍流技术,将牧草加工成超微细粉体。其切线速度为120～140米/秒,撞击率为120万次/分,由于高速气流冲击产生高速湍流层,振动频率在1 500次/秒。使物料运动方向和速度瞬间发生剧烈变化,促使颗粒间急促摩擦,互相撞击成为超微细粉体。粉碎细度可达到细胞级,由于颗粒小产生许多新的特性,可改变物料的理化性能,如混合均匀度、分散性、延伸性、吸附性、溶解性、亲和力等均发生巨大变化。既改变牧草的物性,提高牧草的品质,又扩大牧草的应用范围,使牧草升值。

(二)牧草超微细粉碎加工技术设备

牧草超微细粉碎加工技术设备规格、型号、技术参数(表

6-132）。

表 6-132 牧草超微细粉碎加工技术设备

型　号	生产量（千克）	细度（目）	主机功率（千瓦）	除湿脱水（千克/小时）
60—Ⅰ型	200～1200	150～1000	55～75	40～100
60—Ⅱ型	200～1000	300～2000	55～75	60～150
60—Ⅲ型	200～1000	300～2000	55～75	100～200
40—Ⅰ型	30～200	300～1000	20～37	5～20
40—Ⅱ型	30～200	300～1000	20～37	5～20
20—Ⅰ型	10～25	200～1500	7.5～11	0.3～3
12—Ⅰ型	3～10	200～1500	3～5	0.2～1

　　将牧草的根、茎、叶、果实粉碎成为超微细粉体。能保持纯天然性，又保持生物的活性和营养成分，宜于消化吸收，可做功能性牧草粉。

　　因牧草原料不同，本设备可相应配套辅助设备：如牧草前处理设备、热风干燥设备、冷冻冷风干燥保鲜设备、除湿设备、微波灭菌设备、分级设备，及使用无重金属残留的陶瓷耐磨件等。本项技术已申报专利。北京汇百川技术设计研究所可依用户要求独立设计、生产制造各种超微细粉碎设备。

（三）超微细牧草加工机械介绍

1. YSC-715 超微粉碎机

　　（1）原理　超微粉碎机 YSC 系列机型是利用重压研磨、剪切的形式来实现干性物料超微粉碎的设备。它由柱形粉碎室、研磨轮、研磨轨、风机、物料收集系统等组成。物料通过投料口进入柱形粉碎室，被沿着研磨轨做圆周运动的研磨轮碾压、剪切而实现粉碎。被粉碎的物料通过风机引起的负压气流带出粉碎室，进入物料收集系统,经过滤袋过滤,空气被排出,物料、粉尘被收集,完成粉碎。

(2)应用　超微粉碎机 YSC 系列机型可广泛用于中药、西药、农药、生物、化妆品、食品、饲料、化工、陶瓷等多行业干性物料的超微粉碎需求。尤其对于纤维性(如中草药、灵芝等)、高韧性(动物角类、棉花等)、高硬度(如金刚石、陶瓷等)物料的粉碎效果更为完善。

(3)特点　细度高,植物性纤维的粉碎细度可达 $8\sim20\mu m$(D98);硬性、脆性物料的粉碎细度在 $1\sim5\mu m$(D98),巧妙的结构设计避免了粉碎时出现的升温,不需再单独配置冷却装置;该系列机型也可以加载水冷却系统,且无需加大占用面积,低温效果好。与其他形式的超微粉碎机相比,本系列机型不需空压机及相关附属设备,能耗低,节省人力成本;全部采用优质不锈钢制造,避免了其他介质进入;研磨轮轨采用特种超硬不锈钢材料,不易磨损,使用寿命长;整机结构通畅,物料粉碎、收集充分。操控简便,可调节性强,主机电机、分机电机均采用了变频控制技术,使用户可在不同细度范围之内任意调节,更好地满足了多种细度需求。结构紧凑,振动低,不需地脚螺丝专门固定。

(4)技术参数　见表 6-133。

表 6-133　YSC-715 超微粉碎机技术参数

体 积(毫米)	950×1650×1200	电 压(伏)	380
总功率(千瓦)	12.5	重 量(千克)	450
细度(目)	500~10000(视物料)	投料粒度(目)	<40
产量(千克/小时)	10~40(视物料)	除尘方式	负压除尘
物料收集	旋风分离	材质	304#不锈钢
粉碎原理	研磨剪切		

2. YSH-50 混合机

（1）原理　本系列机型是通过机械传动，使两个不等高的 V 型圆柱筒体的物料做往复翻动，利用机械力和重力等，将两种或两种以上物料均匀混合的设备。它由筒体、驱动轴、支架等组成。筒体与驱动轴相连接，驱动轴带动筒体做旋转运动，物料在筒里被反复剪切、扩散、错位，从而实现均匀混合。

（2）应用　本机适用于粒径之间和表观密度之间比较接近的物料混合，可广泛用于制药、食品、化工、电子、陶瓷、冶金、农业、饲料等多行业粉状或颗粒状物料的混合使用。

（3）特点　本系列机型筒体无死角，不积料，混合时间短；筒体采用不锈钢材料制成，内外壁抛光，外形美观，易于清理；进料可手工加料或真空吸料，出料采用转阀和快速旋盖；配备计时器，可随意调节混合时间；噪音小，无振动。

其技术参数见表 6-134。

表 6-134　YSH-50 型混合机技术参数

品　名	V 型混合机	体积（毫米）	1150×500×750
容积（升）	50	有效容积（升）	25
功　率（千瓦）	0.375	电压（伏）	380
罐体转速（转/分）	15	重　量（千克）	95

3. LHJ 超细机械粉碎机

（1）工作原理　物料经粗破后，由进料装置输送至主机粉碎腔，物料与高速回转器件及颗粒之间互相冲击、碰撞、摩擦、剪切、挤压而实现超细粉碎。粉碎后的物料被上升的气流输送至叶轮分级区，在分级轮离心力和风机抽力的作用下，实现粗细粉的分离，合格的细粉由旋风收集器收集，不合格的粉料由内分级机返回粉碎腔再次粉磨，净化的气体由引风机排出。

（2）性能优势及特点　LHJ 超细机械粉碎机设备综合性能指

标达到世界先进水平,已成为众多超细粉体加工的首选设备。

特点:低能耗,集离心粉碎、冲击粉碎、挤压粉碎于一身,比其他类机械粉碎机节能高达 40%～50%;高细度:配备自分流式分级系统,产品细度≥2500 目;入料范围大:入料粒度≤50 毫米,物料仅需经一级粗破设备;低磨损:粉碎部分损件采用复合耐磨新材料,使用寿命,加工莫氏硬≤5 的物料时无污染;机械稳定性强,可长期 24 小时不停机生产;功能全:可粉碎针状物料,做到成品长径比 15：1;粉碎过程无温升,适合于热敏性材料的粉碎;可对烧结团聚超细物料进行打散作业,粒度恢复率达 100%;具有颗粒整形功能,有效提高堆积密度;可粉碎纤维组织的材料;可粉碎水分含量高的物料,具有烘干功能;可粉碎黏性强的物料;负压生产,无粉尘污染,环境优良。自动化程度高,稳定性强,操作简便。

(3)应用领域　广泛应用于非金属矿业、化工、建材、食品、医药、农药、饲料、新材料、环保等行业和各种干粉类物料的超细粉碎、打散及颗粒整形。LHJ 超细机械粉碎机主要技术参数见表 6-135。

表 6-135 LHJ 超细机械粉碎机技术参数

技术规格 \ 型号	LHJ-20	LHJ-50	LHJ-70	LHJ-150	LHJ-260	LHJ-500
进料粒径(毫米)	≤10	≤10	≤30	≤30	≤30	≤30
产品细度(微米)	5～150	6～150	6～150	6～150	6～150	6～150
产量(千克/小时)	0.05～0.5	0.1～1.0	0.1～1.5	0.4～3.0	0.6～5.0	2.0～15
功率 粉碎主机(千瓦)	11～15	22～30	37～45	75～90	132～160	220～245
功率 配套功率(千瓦)	10	20	35	50	70	80

4. 牧羊"超乐"系列超微粉碎机

自 1967 年中国第一台卧式粉碎机诞生在牧羊,已形成以牧羊"水滴王968"系列粉碎机为代表的粗粉碎,牧羊 SWFP"超越"系列微粉碎机为代表的微粉碎机,牧羊 SWFL B 型"超乐"系列超微粉碎机为代表的超微粉碎机等多种品类的牧羊粉碎机设备群。其主要技术参数见表 6-136。

主要特点:(1)立轴无筛式粉碎,结构紧凑,占地面积小;

(2)粉碎与分级置于同一机体,可同时完成粉碎、分级、再粉碎过程,成品粒度可达到 60~200 目,粒度均匀;

(3)优化设计的分级系统,分级效率高;

(4)大观察门结构,方便维护;

(5)可选的液压开启机构,可快速打开机体粉碎室,方便维护更换;

(6)安装有多种传感器,设备运行更可靠;

(7)配备专用消声器,可大幅度降低噪声;

(8)独有的破拱喂料装置,防止喂料时物料结拱;

(9)可广泛用于玉米、小麦、鱼粉、虾壳、脱脂大豆、味精、葡萄糖、药品、染料中间体、活性炭等多种物料的超微粉碎。

表 6-136　牧羊 SWFL B 型"超乐"系列超微粉碎机主要技术参数

型　　号	SWFL82B	SWFL110B	SWFL130B
产量(95%过 80 目)	1.2~2.2	1.8~3.0	3.0~5.5
主机功率(千瓦)	90	110	132/160
转子直径(毫米)	820	1100	1300
分级电机功率(千瓦)	5.5	7.5	11

第七章 草坪建植机械及养护机械

一、草坪耕整地机械

土壤是草坪生长的基础,土壤的理化性状直接影响着草坪的生长。土壤耕整可为草坪建立理想的苗床,通过耕整地可增加土壤的孔隙度,改善土壤的通透性,恢复或创造土壤的团粒结构,提高土壤的持水能力,促进草坪的生长发育。整地是草坪种植的重要环节。通过整地翻动耕作层的土壤,使深层土壤熟化,增大土壤的孔隙度,为恢复和创造土壤的团粒结构形成必要条件。耕整地必须通过耕整地机械来完成。

(一)草坪耕整地机械的功用与分类

1. 草坪耕整地机械的功用 耕整地机械是对草坪土壤进行机械处理使之适合于草坪生长的机械。

2. 耕整地机械的分类

(1)按整地的作业顺序分 ①耕地机械。凡能翻起土垡,破坏原来土壤结构的机械称为耕地机械,如铧式犁、双向犁、圆盘犁、旋耕机等。②整地机械。在耕作过的土地上对土壤或地面形状进行进一步修整的机械。包括圆盘耙、筑床机、作垄机、驱动滚齿耙、平地机和镇压器等。

(2)按与主机的挂接方式分

①牵引式。作业机械的作业或运输状态都是由牵引机构与拖拉机连接进行工作。作业机具的重量都由该机具本身的行走装置

承担(见第一章)。②悬挂式。作业机具直接悬挂在拖拉机的悬挂机构上,作业或运输状态由拖拉机的液压系统控制。与牵引式比较具有结构简单、重量轻、机动性好、操作方便等优点(见第一章)。③半悬挂式。介于牵引式和悬挂式两者之间。作业机具与拖拉机的悬挂机构连接,作业、运输状态由拖拉机悬挂机构的 L 降来控制。但整个机具的重量,无论在工作或运输状态,都由拖拉机和机具的行走装置共同承担(见第一章)。

(二)耕整地技术要求

由于草坪的种类很多,种植的空间差别也很大,所以对耕整地机械的要求也不同。如高尔夫球场和足球场等大型运动场及大的绿地等应使用大中型机械,而对于公路中间或两侧、单位门前院内等小的空间则要求使用小型灵活的机械作业。无论哪种绿地耕整地都有严格的技术要求。

1. 耕地要求 一是要适时耕翻。要根据草坪种植计划,结合降水的时间适时耕翻,不应在雨后土壤过湿时耕翻。二是深度适宜。过深会将生土翻到地表,不利于草坪生长,一般耕深应在15～25 厘米。三是地表平整、沟底平。四是翻垡良好、覆盖严密。耕后地表杂草、肥料、残茬应覆盖在地表 8 厘米下,不漏耕,不重耕。

2. 整地要求 整地的主要目的是进一步破碎土垡、压实整平地表,消除土块间过大空隙,减少水分蒸发。这也是整地作业的基本要求。

草坪耕整地机械的种类与第一章的机械基本类同,种类及型号详见第一章,本章不再赘述。

二、草坪施肥与种植机械

施肥是草坪养护管理的重要环节,科学施肥可以为草坪生长提供所需要的营养物质,增强草坪的抗逆性,延长草坪的绿叶期,维持草坪的景观和生态功能。施肥方法包括撒施、叶面喷施和灌溉施肥三种方式。应根据草坪草品种、施肥季节及肥料种类等来选择适宜的施肥方法,以达到科学施肥、充分发挥肥效的目的。

(一)草坪施肥与种植机械的分类

1. 草坪施肥机械　根据施肥方法的不同,常见的用于草坪施肥的机械有厩肥撒肥机、化肥撒施机、化肥播施机和液体施肥机。

(1)对施肥机械的要求　对施肥机械的要求主要是撒施(播施)均匀,不出现漏施、重施现象;播施量准确、可调;适合多种肥料,特别是适合流动性差的化肥和有机肥等;可以兼作播种机使用,实现一机多用;对风力、地形的适应性强;作业效率高、质量可靠、调整、维修方便。对液体施肥装置还要求能连续施肥,不堵塞喷头。草坪施肥所用的小型化肥撒施机和化肥条播机,与草坪撒播机及草坪条播机结构完全相同,但只能用于撒施和播施流动性好的颗粒肥料,实际上是一机两用。如背负式手摇撒播机、手推式撒播机和条播机等。

草坪施肥机的选用应根据具体情况来决定,如小面积的草坪施肥可选用便携式或手推式施肥机,大面积草坪考虑采用拖拉机驱动施肥机等。施肥机在使用过程中应正确操作,确保施肥均匀。施肥机每次使用后,应注意保养。因为化肥大多有腐蚀性,如不注意保养可能会出现施肥机排肥不顺畅、零部件锈死及卡死等故障。

(2)对草坪施肥的要求　草坪施肥一般采用喷撒颗粒状或粉状肥料,由于草坪的草种也是小颗粒状,因此,草坪播种和对建成后草坪的补种也多借用这种施肥机。对草坪施肥是保证草坪健壮的一个重要环节,用于草坪施肥作业的施肥机械一个重要的指标是施肥均匀,使每一棵草坪植株都能得到所需的、相等量的肥料。用于草坪的施肥机械应满足下列要求:①适用于颗粒状、粉状甚至液体肥料,有较大的施肥速率变换范围,即满足每平方米从 17~335 克。②施肥量可以较容易地调节。③可以用于已建成草坪的施肥作业和播撒草种作业。④便于拆卸和清洗,用塑料和其他耐腐蚀的材料制造以减少腐蚀。

草坪施肥机械按其施肥装置的不同而有各种形式。

2. 草坪播种机械 草坪播种是草坪种植过程中的重要环节。播种质量的好坏对于草籽出苗、苗全、苗齐、苗壮有很大的影响。草坪播种要求草籽适量、足量且撒播均匀。在这方面和草坪施肥的要求是类似的,同时由于草籽颗粒和化肥颗粒外形大小相近,因此,很多情况下草坪播种机和草坪施肥机可通用,只不过草籽量小,播种量调节装置要作相应调整。

(1)播种机的类型 播种机按播种方法分有撒播机、条播机、点播机和喷播机;按播种的作物分有谷物播种机、棉花播种机、草种播种机、蔬菜播种机;按动力分有畜力播种机、机引播种机、悬挂播种机、半悬挂播种机;按工作部件的工作原理分有离心播种机、气力播种机等。播种机种类繁多,但如按机械结构及作业特征来区分,则主要是谷物条播机和中耕作物播种机两大类。而免耕播种机和联合播种机按具体机型,不属点播机就属条播机。若在播种的同时还进行施肥作业,则称为施肥播种机或联合播种机。另外,随着建植草坪的需要,在一些特殊场合如碎石、斜坡、山崖、陡峭堤坝等较大面积铺植草坪,常采用液压喷播,液压喷播机正获得越来越广泛的应用。

草坪播种有两种情况,一种是在没有任何草坪的、但经过整地的裸地上播撒草种,另一种是在已形成草坪地上,对那些已经损坏或生长不良的部位进行补播草种。许多播种机都可用于播撒草种，但关键是如何使种子进入土壤中并被土壤覆盖以防止鸟禽的啄食。有专用于在已有草坪上进行补播草种的播种机，这种机器将草种直接播到地面上，然后覆盖和压实以促使草种尽快发芽。

条播机主要用于谷物条播，其播行较窄。苗期行间不进行机械中耕。由于播行多而行距小，所以多采用整体式种箱，各行排种器也采用同轴传动。有些谷物条播机上，还附有施化肥装置，可在播种的同时施种肥。

中耕作物播种机主要用于中耕作物的条播和点播。有的还可进行精密播种，苗期可进行行间中耕。这种播种机的特点是行距大、播行少，所以工作部件均以行为单位作成单体式，即每一播行用一个独立的播种单体来完成作业。播种单体由排种、开沟、覆土、镇压等工作部件组成一个独立组件与机架铰联，单独传动或由行走轮统一传动。单体可随地面起伏以保证播种深度一致。有些中耕作物播种机的机架还可通用。在换装工作部件以后，可用于中耕、培土、追肥、起垄等作业。许多中耕作物播种机都是精密播种机，可进行单籽粒精密点播或多籽粒精密穴播。还有一些中耕作物播种机则是特殊的专用播种机，如马铃薯播种机和棉花播种机等。

种子直播是草坪建植的常用方法。直播有单播和混播两种方式。单播是指用一种草种建植草坪，在暖季型草坪草种中，狗牙根、假俭草和结缕草常常单播，冷季型中的高羊茅和翦股颖也常常用于单播，单播可获得一致性好、非常优质的草坪，但由于其遗传背景简单，往往在抗病性和抗虫性等方面较差。混播是根据草坪的使用目的、环境条件和养护水平选择两种或两种以上的草种，或同一种类的不同栽培品种，按一定比例混合播种，建成一个多元群体的草坪植物群落，如康尼、欧宝、午夜等几个草地早熟禾品种的混播，草地早熟禾加高羊茅加多年生黑麦草的混播等，它的优势在于混合群体比单播群体具有更广泛的遗传背景,因而具有更强的对环境的适应性,大多数冷季型草坪草都采用种子混播建坪。

由于草坪草的种子多数都比较小,因此在直播作业时常使用草坪撒播机和喷播机,而对颗粒较大一些的种子也可使用农业谷物播种机,对一些很珍贵的种子可选用精密播种机。在已有的草坪地对局部已经损坏或生长不良的部位,进行补播草种时,则常常使用草坪补播机。

草种生长的季节性很强,必须按照要求适时播种,才能使草坪草齐草壮,生长良好。机械播种较人工手播均匀准确、深浅一致,而且效率高。

(2)播种方法　常用的播种方法有撒播、条播、穴插(点播)、精密播种、免耕播种等。

(3)播种作业的技术要求　播种的技术要求包括播量、行距、株距(或穴距)、播种均匀性、播种深度及压实程度等项指标。

播量决定草坪的植株密度;株、行距及播种均匀性确定了植株分布的均匀程度;播深及土壤压密情况则影响种子出苗程度。上述指标与气候条件、草坪种类、土壤类型、肥力及含水量等有关。播种时,是否充分满足了上述指标,最终将影响到草坪的生长和发育。

播种的农业技术要求因不同地域、不同草坪种类差别都很大,播种时应按当地的具体情况来确定各项指标。

(4)播种机的性能要求　对播种机的一般要求是:播种量符合规定、种子分布均匀、种子播在湿土层中且用湿土覆盖、播深一致、种子破损率低。对条播机还要求行距一致且各行播量一致,对点播机还要求每穴种子数相等、穴内种子不过度分散。对单粒精密播种机,则要求每一粒种子与其附近的种子间距一致。通用性好,使用、调整、清理方便,最好能一次完成播种、施肥、施除草剂等多项作业。

(5)播种机的性能指标　对播种机的质量常用下列项目所规定的指标来评价。

①排量稳定性。指排种器排种量的稳定程度,也用来评价条播机播量的稳定性。②各行排量一致性。指同一台播种机上各个排种器在相同条件下排种量的一致程度。③排种均匀性和播种均匀性。指播种机排种器排种的均匀程度和种子在种床上分布的均匀程度。④穴粒数合格率。对普通穴播,每穴种子粒数以(n±1)粒或(n±2)粒为合格,n 为每穴种子粒数的预计值。⑤粒距合格率。在单粒精密播种时,以 1.5t≥株距>0.5t 为合格。式中 t 为平均粒距。若行内种子间距小于或等于 0.5t 者,为重播;大于1.5t 者为漏播。⑥播深稳定性。指种子上面所覆土层厚度的稳定程度。有时以播深合格率作评价指标,而以规定播深±1 厘米为合格(所谓播深是指种子正上方的土层厚度)。⑦种子破损率。经排种器排种后,可察觉的受机械破损的种子量占排出种子量的百分比。

播种机各工作性能指标的数值,目前国家已制定了一些标准。

(二)主要草坪施肥与种植机械的简介

1. 手推式播种机(彩图 7-1)　这一系列播种机的最大特点就是体积小,重量轻,操作维护方便,播种量可随意调节,散播均匀,微风情况下可作业。适用于小面积草坪播种、施肥。这类机械主要用途为草坪播种或施肥,驱动方式为手推式,容积 17.3～54.9升,不锈钢支撑架,可视覆盖膜。其型号与技术参数见表 7-1。

表 7-1　典型手推式播种机型号及技术参数

型　号	用　途	驱动方式	容积(升)	结构形式及参数
EARTHWAY M24SSD	草坪播种	手推式	54.9	不锈钢支撑架,可视覆盖膜

续表 7-1

型　号	用　途	驱动方式	容积(升)	结构形式及参数
EARTHWAY 2170	草坪播种	手推式	54.9	离心式播种,13英寸充气轮,可视覆盖膜
EARTHWAY 2050P	草坪播种	手推式	31.1	离心式播种,充气轮
EARTHWAY 2100P	草坪播种	手推式	21.7	离心式播种,充气轮
EARTHWAY 7300SU	草坪播种	手推式	29	条播式播种,10英寸轮
EARTHWAY 2000A	草坪播种	手推式	19.3	离心式播种
可尔 CB01A-60	草坪播种	手推式	19	播宽:600毫米,自重:14千克,容7~11千克草籽
EARTHWAY C24P	草坪播种	手推式(手摇)	17.3	离心式播种,防锈镀粉支撑架
EARTHWAY 3200	草坪播种	手推式(手摇)	17.3	离心式播种,C24P播种机
手推式播种机	草坪播种	手推式		

2. 机引式草坪播种机　机引草坪播种机,其结构与工作原理与手推式草坪播种机完全相同,只是行走动力不同。机引草坪播种机一般由拖拉机或小型动力机械拖挂,被牵引着前进。其型号与技术参数见表7-2。

表 7-2　典型机引式播种机型号及技术参数

型　号	用　途	驱　动	容积/容量	结构形式及参数
EARTHWAY C25SSU （彩图 7-2）	草坪播种	拖挂式	54.9 升	离心式播种，13 英寸 充气轮，不锈钢支撑架
EARTHWAY C25PSU	草坪播种	拖挂式	54.9 升	离心式播种， 13 英寸充气轮
EARTHWAY 2170T	草坪播种	拖挂式	54.9 升	离心式播种， 13 英寸充气轮
45-01871 拖挂式播种机	草坪播种	拖挂式	容量 79.4 千克	自重：22.7 千克，工作 宽度：3～3.6 米,效率/ 每斗：约 3700 米²
45-02111 拖挂式播种机	草坪播种	拖挂式	容量 56.7 千克	约播撒面积：2300 米² 播撒宽幅：3～3.6 米, 热处理钢齿轮驱动
45-02101 拖挂式播种机	草坪播种	拖挂式	容量 56.7 千克	重量 18 千克，播撒宽度： 3～3.6 米,每斗撒播面积： 2300 米²,齿轮驱动
45-02141 拖挂式播种机	草坪播种	拖挂式	容量 50 千克	约播撒面积：1600 米² 播撒宽幅：2.5～3 米,乙缩 醛齿轮驱动,漏斗：聚乙烯
拖挂式 播种机 （彩图 7-3）	草坪播种	拖挂式	容量 79.4 千克	重量 20 千克，播撒宽度： 1.07 米,每斗撒播面积： 3700 米²,齿轮驱动

3. 喷播机　草坪喷播机的工作过程是加压泵将容积罐内的水、喷播辅料、种子和肥料等成分组成的混合物，在搅拌均匀的同时，利用喷头均匀地喷洒于地表。混合物中的喷播辅料主要成分是木纤维、黏合剂、保水剂、复合肥、染料等材料，这些材料与水、种子等混合形成喷播的混合物又称喷浆。喷播机的喷射距离，可以

通过调整压力泵的流量和压力在一定范围内调节。液力系统设有旁路,当喷射操作者暂时关闭球阀终止喷射时,压力泵或许仍然在工作,由于出口压力增加,旁路限压阀打开,混合浆通过旁路回流到搅拌箱。当操作者打开球阀恢复喷射时,出口压力降低,旁路限压阀关闭,混合浆再次喷出。喷播机有气力和液力两种,常用的主要是液力喷播机。

液力喷播机是由动力设备及加压泵系统、容积罐及搅拌系统、喷洒系统和行走系统四部分组成。动力机械一般为汽油机或与行走机械共用,大中型液力喷播机一般配有两套加压泵(离心泵和螺杆泵),以便适应喷撒不同的辅料;容积罐一般为不锈钢材料焊合而成,体积为200～7000升,罐内装有搅拌器,搅拌器分为机械搅动及水力搅动两种;喷洒系统由阀门、管道和喷头组成。行走系统一般为两种,一种是自走式,动力设备共用;另一种是牵引式,利用拖拉机拖行或者装载在卡车上行走。这类机器广泛应用于公路和铁路护坡、坝面护坡、矿区植被恢复、风蚀或水蚀严重的水土流失地区的草坪建植。可完成平地、缓坡和陡坡及复杂地形表面的植被建植工程。该机驱动方式为机引拖挂式,适用于大面积播种,特别适用于高速公路建设护坡和陡坡地的植被恢复。

(1)L90-900 液力喷播机　其技术参数见表 7-3。

表 7-3　L90-900 液力喷播机技术参数

发动机	OHV V 型双缸 电子点火,L90-900 马力 B&S 先锋发动机或 25 马力罗宾发动机。
容积	料箱工作容积:L90-900 加仑 混合容积:300～360 磅
重量	L90 装载式满载 12000 磅 L90 拖挂式满载 12300 磅
拖挂重量	L90 拖挂式 800 磅
泵	L90-HPV8 泵－0.595 千帕/2343.6 升/分 75 帕工作压力
管式/直喷嘴	管长 30.5 米,喷射距离:接近 241.3 厘米
塔式/直喷嘴	L90 喷射距离:接近 368.3 厘米

（2）T170 液力喷播机（彩图 7-4）　其技术参数见表 7-4。

表 7-4　T170 液力喷播机技术参数

性能	喷植覆盖能力可达 2025 米²的卡车车载式液力喷植机。喷抢的喷射距离可达 61 米。工作容量 5678 升
用途	适用于中等规模的工程项目
动力	80HP JOHN DEERE 4045D(4.5 升)，276CID 柴油发动机
安全系统	低油压高水温自动切断
液体容量	1750 加仑(6625 升)，工作容量 1500 加仑(5678 升)
燃油箱容量	40 加仑(151 升)
混合物承载容量	粒状固体 2268 千克，纤维覆盖物 340 千克
喷射距离	可达 61 米
泵	离心泵 4′×2′，1040 升/分，740 千帕
泵驱动	与中心离合器耦合连接，与搅拌驱动相互独立
搅拌	叶轮机械搅拌，液力循环
搅拌器驱动	无级变速液压马达驱动(0～115 转/分)，可反转
空载重量	2720 千克
工作重量	约 10700 千克

（3）T90 液力喷播机　其型号及技术参数见表 7-5。

表 7-5　T90 液力喷播机技术参数

性能	T90 具有 3028 加仑的工作容量，有喷嘴和可选的远距离操作喷管，非常方便。可选用拖车拖挂式或装载式，还可选择电动软管卷管器
用途	对于小型或中等规模的液力喷植工程，选用 T90
动力	久保田(KUBOTA)V1505,33.5 马力,4 缸水冷柴油机
液体容量	940 加仑(3558 升)，工作容量:800 加仑(3028 升)
燃油箱容量	15 加仑(57 升)
压力泵	离心泵 4″×2″，646 升/分 700 千帕

续表 7-5

泵驱动	与中心离合器直联,与搅拌器驱动相互独立
喷射距离	可达 55 米
搅拌	机械搅拌、液力循环
搅拌器驱动	无级变速液压马达驱动(0～110 转/分),可正反转
混合物承载容量	粒状固体:1134 千克
纤维覆盖物	180 千克
空载重量	1814 千克
工作重量	6010 千克

(4)FINN T120 液力喷播机 其技术参数见表 7-6。

表 7-6 FINN T120 液力喷播机技术参数

性能	工作容量 3785 升,喷植覆盖能力达每罐 1350 米^2,喷嘴喷射距离至 55 米。另外,机器有足够的储存空间可供携带大量原辅助材料
用途	适用于小型或中等规模的液力喷植工程
动力	动力:33.5 马力,久保田 V1505,4 缸水冷柴油发动机
液体容量	1750 加仑,工作容量 1500 加仑
燃油箱容量	15 加仑
压力泵	离心泵 4″×2″,646 转/分,700 千帕
泵驱动	与中心离合器直联
喷射距离	可达 55 米
搅拌	机械搅拌、液力循环
搅拌器驱动	无级变速液压马达驱动,可正反转
混合物承载容量	粒状固体:1450 千克;纤维覆盖物:225 千克
空载重量	车载式:2032 千克;GN 拖车拖挂式:2731 千克
工作重量	车载式:7294 千克;拖车拖挂式:7992 千克

(5)FINN T280 液力喷播机　其技术参数见表 7-7。

表 7-7　FINN T280 液力喷播机技术参数

性　能	喷播覆盖能力接近甚至达到每罐 4050 米^2，较大容量和非凡的可靠性
用途	适用于大面积播种，如高速公路建设，矿山复垦等
动力	115 马力，John Deere4045T 柴油发动机。
发动机安全系统	低油压高水温自动切断
液体容量	液体承载容量 2750 加仑/工作容量 1500 加仑
燃油箱容量	40 加仑
压力泵	离心泵 5″×2 1/2″，1514 转/分，897 千帕
泵驱动	与中心离合器耦合连接，与搅拌器驱动相互独立
喷射距离	可达 70 米
搅拌	双叶轮机机械搅拌、液力循环。
搅拌器驱动	无级变速液压马达驱动，可正反转
混合物承载容量	粒状固体:2268 千克,纤维覆盖物:570 千克
空载重量	3700 千克
工作重量	约 16150 千克

(6) FINN T330 液力喷播机　其技术参数见表 7-8。

表 7-8　FINN T330 液力喷播机技术参数

性　能	喷播覆盖能力接近甚至达到每罐 4050 米^2
用途	适用于大面积播种
动力	115 马力，John Deere 4045T 柴油发动机
发动机安全系统	低油压高水温自动切断
液体容量	液体承载容量 3350 加仑/工作容量 3000 加仑
燃油箱容量	40 加仑
压力泵	离心泵 5″×2 1/2″，1514 转/分，897 千帕

续表 7-8

泵驱动	与中心离合器耦合连接,与搅拌器驱动相互独立
喷射距离	可达 70 米
搅拌	双叶轮机机械搅拌、液力循环
搅拌器驱动	无级变速液压马达驱动,可正反转
混合物承载容量	粒状固体:4536 千克,粒状固体:2268 千克
空载重量	4000 千克
工作重量	约 19050 千克

(7)EASYLAWN TM60 液力喷播机(彩图 7-5) 其技术参数见表 7-9。

表 7-9　EASYLAWN TM60 液力喷播机技术参数

用途	适用于小型或中小规模的建植工程
箱体尺寸	600 加仑
搅拌装置	单管喷射搅动
标准喷射管	100′长 1/4″ 透明编织管
覆盖物承载量	220 磅
每罐覆盖面积	8000 平方英尺
重量	1020 磅(空载)/5900 磅(满载)

4. 中耕机　本书介绍的这一系列中耕机的最大特点就是体积小,重量轻,操作维护方便,扶手可调高低和方向。适用于小面积草坪地的中耕。这类机械主要用途为草坪播种耕地用,驱动方式为易于操作的扶手式机器传动耕地方式。部分手扶式中耕机型号及技术参数见表 7-10。

表 7-10 典型手扶式中耕机型号及技术性能参数

型　号	用　途	驱　动	结构、性能及参数
MTD 332A 中耕机	草坪 耕种	手扶式	动力：5 马力，OHV B&S 发动机， 13"/22"/24"可调耕宽，7"最大耕地深度， 易于操作的扶手式耕地方式
457A 中耕机 （21A-457A-000） （彩图 7-6）	草坪 耕种	手扶式	动力：6 马力，顶置气门，46 厘米旋耕宽度； 大径农用轮胎；20 厘米旋耕深度；16 根 淬火耕齿，双向旋耕，扶手可调高低和方向

5. 起草皮机 在草坪建植过程中，除撒播草籽以获得草坪外，还可采用移植草皮的方法，移植草皮是尽快建立起草坪的一种方法。该方法是将草坪卷生产单位生长良好的草皮或"草毯"从草圃地起出来直接移植到待建草坪上，它具有快速成形，绿化速度快，很快就能形成景观很好的草坪等优点，在城市繁华地区建立草坪多采用这种方式。同时，对草坪养护而言，使用起草皮机移去生长状态不好的草坪，换上生长苗壮的草皮，对草坪进行更新养护也很方便。因此，起草皮就需要使用专用的起草皮设备。

本书介绍的这一系列起草皮机的最大特点就是体积小，重量轻，操作维护方便，自带行走轮，工作场地转移方便；重心低，稳定性好；起草皮深度、角度任意可调，适应不同草皮状态；自带超越离合器的工作枪，机器转弯方便，不辗草。扶手有减震弹簧，操作舒适。部分草坪起草皮机型号及技术参数见表 7-11。

表 7-11　典型草坪起草皮机型号及技术参数

型　号	用　途	驱　动	结构、性能及参数
CZ10A-36B/ CZ10A-36H 起草皮机 （彩图 7-7）	草坪 建植	手扶式	配套动力：8 马力 B&S 汽油机/9HP Honda(本田)汽油机/9 马力 B&S OHV 起草皮深度：50 毫米（可调） 起草皮宽度：349 毫米，379 毫米 工作效率：650～850 米²/小时 行走速度：38～53 米/分
可尔 CZ10A- 36R 起草皮机	草坪 建植	手扶式	动力（四冲程汽油机）：罗宾/7.5 马力 起草皮深度：50 毫米 起草皮宽度：349 毫米 行走速度：38～53 米/分 工作效率：650～850 米²/小时
可尔 CZ10A- 36B10 起草皮机	草坪 建植	手扶式	动力（四冲程汽油机）： B&S 顶置气门/8.5 马力 起草皮深度：50 毫米 起草皮宽度：349 毫米 行走速度：38～53 米/分 工作效率：650～850 米²/小时
可尔 CZ10A-36H 起草皮机	草坪 建植	手扶式	动力（四冲程汽油机）：本田/9 马力 起草皮深度：50 毫米 起草皮宽度：349 毫米 行走速度：38～53 米/分 工作效率：650～850 米²/小时

三、草坪养护管理机械

（一）概　述

　　草坪养护管理机械是指除草坪建植机械外的草坪机械的总称。草坪种植好以后，要想保持良好的生长状态，使其具有观赏价值,就必须经常性地对草坪进行养护。草坪养护管理的主要内容有草坪定期修剪、除杂草、病虫害防治、施肥、灌溉、草坪梳理、草坪更新、草坪透气等。要想取得理想的养护效果,则离不开草坪养护管理的专用机器。

　　草坪养护管理机械的范畴广泛,主要包括草坪修剪机械(包括修剪机、剪草机、割草机、草坪机、草坪车等)、打孔通气机械、植保机械、施肥机械、灌溉机械设备、修整机械设备(包括修边机、梳草机、草坪刷等)、松土排水设备等。除灌溉机械设备、植保机械和施肥机械之外的养护管理机械为草坪养护管理主要专用机械。本章重点介绍草坪养护管理的主要专用机械。

(二)主要草坪养护管理机械简介

　　草坪修剪机简称剪草机、割草机(包括草坪车、草坪机等),在草坪养护机械中占有重要地位,其主要作用是对草坪进行定期修剪。

　　按剪草方式分可分为滚刀(滚筒)式、旋刀式、甩刀(连枷)式、甩绳式和往复式剪草机。其中,目前应用最多的为滚刀式剪草机和旋刀式剪草机。这类剪草机外形如彩图 9-1 所示,其型号及技术参数见表 7-12。

　　按行进方式可分为推行式、手推随行式(自走式)、坐骑式(乘坐式)和拖拉机悬挂式(或牵引式)剪草机四种。其中,应用最多的是手推随行式剪草机。这类剪草机外形如彩图 9-2 所示,其型号及技术参数见表 7-12。

　　按动力驱动方式主要可分为人畜力驱动、发动机驱动和电力驱动三种形式剪草机。动力驱动剪草机按牵引或悬挂方式可分为前置式、侧置式、后置式和中置式剪草机。目前应用最多的旋刀手推随行式剪草机,大部分采用中置悬挂,而滚刀手推随行式剪草机多采用前置式挂接,大型剪草机则采用混合牵引方式。

表 7-12　典型草坪修剪机型号及技术参数

型　号	用途	驱动	结构、性能及参数
439D 草坪修剪机 （11B-439D688） （彩图 7-8）	草坪修剪	手扶电动	动力：4.44 千瓦 B&S 商用 I/C 汽油机； 203.2 毫米滚轴轴承橡胶前后轮；533.4 毫米 侧排、碎草、后集草三合一刀盘； 安全制动，安全连刀器，可选甩刀； 3～11 厘米修剪高度；4 轮分别调节高度； 90 升特大集草袋。（适合 5000 米² 以下草坪）。
GREENMAN 1815-18 无动力草坪修剪机	草坪修剪	手扶式	特性：合金钢滚刀和底刀，钢制滚轮盖；254 毫米 耐用合金轮子，69.85 毫米模压轮轴盖； 标准镀光环形手柄。参数：4 架 5 刃滚刀； 剪幅：457.2 毫米；剪高：12.7～63.5 毫米； 7 档可调；重量：3.178 千克
106C 草坪修剪机 （11B-106C401）	草坪修剪	手扶电动	动力：4.44 千瓦 B&S Quantum 汽油机； 203.2 毫米滚珠轴承前后轮； 侧排、碎草二合一刀盘；安全制动，安全连刀器； 集草袋 OEM-190-106 须另购。 手推型（适合 2000～4000 米² 草坪）
438K 草坪修剪机 （11A-438K688）	草坪修剪	手扶电动	动力：3.7 千瓦商用川崎（Kawasaki）汽油机； 203.2 毫米滚珠轴承橡胶前后轮；侧排、碎草、 后集草三合一刀盘；安全制动，安全连刀器， 可选甩刀；2.5～11 厘米修剪高度；9 档 4 轮分别 调节高度；90 升特大集草袋；手推超强 耐用型号（适合 7000 米² 以下草坪）。

续表 7-12

型　号	用途	驱动	结构、性能及参数
612A 草坪修剪机 (11C-612A678)	草坪修剪	手扶电动	动力：B&S2.775 千瓦汽油机；457.2 毫米碎草、后集草二合一刀盘，欧洲款式刀片；安全制动，安全联刀器；5 档剪草高度，四轮分别调节；80 升硬质塑料集草箱。(适合 3000 米² 以下草坪)
378K 草坪修剪机 (12A-378K688)	草坪修剪	手扶电动	动力：商用川崎 3.7 千瓦(Kawasaki)汽油机；203.2 毫米滚珠轴承橡胶前轮；碎草、后集草二合一刀盘；安全制动，安全连刀器，可选甩刀；3～11 厘米修剪高度，9 档单杆高度调节；85 升特大集草袋。单速自走超强型号 (适合 5000～8000 米² 草坪)
819D 草坪修剪机 (11B-819D688)	草坪修剪	手扶电动	动力：B&S 4.44 千瓦商用 I/C 汽油机；177.8 毫米滚珠轴承前置万向导轮；203.2 毫米滚珠轴承橡胶后轮；强力侧排、后集草刀盘；安全制动，安全联刀器，可选甩刀；2.75～8.6 厘米修剪高度；105 升特大集草袋。 (适合 4000～6000 米² 草坪)
829K 草坪修剪机 (12A-829K688) (彩图 7-9)	草坪修剪	手扶电动	动力：4.81 千瓦 B&S Intek OHV 汽油机；177.8 毫米滚珠轴承前置万向导轮；203.2 毫米橡胶后轮；强力侧排、后集草刀盘；后驱单速自走；安全制动，安全连刀器，可选甩刀；2.75～8.6 厘米修剪高度；105 升特大集草袋。单速自走型号(适合5000～7000 米² 草坪)

三、草坪养护管理机械

型　号	用途	驱动	结构、性能及参数
559K 草坪修剪机	草坪修剪	手扶电动	动力：4.81 千瓦 Intek 汽油机； 滚珠轴承；前轮驱动，更好适应地形； 大径后轮，轻巧方便； 3～11 厘米修剪高度
449T 草坪修剪机 （12A-449T402）	草坪修剪	手扶电动	动力：劲量免拉绳启动（SELF STARTER）； 4.44 千瓦 B&S 商用 I/C 汽油机；203.2 毫米 滚珠轴承橡胶轮子；533.4 毫米侧排、碎草、后集 草三合一刀盘；前驱单速自走；安全制动， 安全连刀器，可选甩刀； 3～11 厘米修剪高度，4 轮分别调节高度； 90 升特大集草袋。单速前驱自走型号 （适合 4000～6000 米² 草坪）
549D 草坪修剪机 （11A-549D688）	草坪修剪	手扶电动	动力：4.44 千瓦 B&S 商用 I/C 汽油机； 203.2 毫米滚珠轴承前轮；355.6 毫米滚珠轴承 大径后轮，轻巧方便；533.4 毫米 侧排、碎草、后集草三合一刀盘； 2.5～11 厘米修剪高度，四轮分别调节； 安全制动，安全连刀器，可选甩刀； 90 升特大集草袋。手推高轮型 （适合 5500 米² 以下草坪）
604A 草坪修剪机 （12C-604A678） （彩图 7-10）	草坪修剪	手扶电动	动力：2.96 千瓦 B&S Quattro； 457.2 毫米刀盘；后轮自走；轮子 177.8 毫米； 单轮调高；80 升草袋； 剪草高度 30～85 毫米

续表 7-12

型　号	用途	驱动	结构、性能及参数
704A 草坪修剪机 （11B-704A678）	草坪修剪	手扶电动	动力：2.96 千瓦汽油机；177.8 毫米滚珠轴承轮子；厚重 457.2 毫米三合一刀盘；安全连刀器；3.5～10 厘米修剪高度；4 轮分别调节高度
可尔 CJ01A-84B1 （彩图 7-11）	草坪修剪	手扶电动	动力：7.77 千瓦 B&S I/C 汽油机启动方式：手启动；行走速度：5 档前进，一档后退；剪草高度：20～90 毫米；剪草幅宽：840 毫米；重量：220 千克；装箱尺寸（长×宽×高）：1400 毫米×920 毫米×700 毫米
可尔 CJ01A-84B2	草坪修剪	手扶电动	动力：9.25 千瓦 B&S I/C 汽油机；启动方式：手启动/电启动；行走速度：5 档前进，一档后退；剪草高度：20～90 毫米；剪草幅宽：840 毫米；机器重量：230 千克；装箱尺寸（长×宽×高）：1400 毫米×920 毫米×700 毫米
GREENMAN 1705-16 无动力草坪修剪机 （彩图 7-12）	草坪修剪	手扶式	特性：专用于修剪低生长的匍匐草类，合金钢滚刀和底刀，钢制滚轮盖，25.4 厘米耐用的合金轮子，镀漆手柄，柔软外套把手。参数：4 架 7 刀滚刀；剪幅：40.6 厘米；剪高：1.27～5.7 厘米，7 档可调；重量：12.26 千克

三、草坪养护管理机械

续表 7-12

型 号	用途	驱动	结构、性能及参数
GREENMAN 1415-16 无动力草坪修剪机	草坪修剪	手扶式	特性:合金钢滚刀合底刀,钢制滚轮盖,镀锌手柄, 带塑料把手;参数:4 架 5 刃滚刀; 剪幅:40.6 厘米;剪高:1.27~5.7 厘米,4 档可调; 重量:11.35 千克
GREENMAN 1204-14 无动力草坪修剪机	草坪修剪	手扶式	特性:合金钢滚刀合底刀,钢制滚轮盖,镀锌手柄, 带塑料把手。参数:3 架 4 刃滚刀;剪幅:35.5 厘米; 剪高:1.27~3.8 厘米,3 档可调; 重量:8.63 千克;21.6 厘米高压聚合体轮子, 一次成型轮胎面
LY560 系列 (自走式) LY560SB1 LY560SB2 LY560SHJ LY560SK	草坪修剪	手扶电动	动力:4.44 千瓦,川崎;刀盘尺寸:56 厘米,直刀 (另选甩刀); 排草方式:后排。4.81 千瓦,B&S; 刀盘尺寸:56 厘米,直刀(另选甩刀); 排草方式:后排。 4.07 千瓦 GXV160H2,嘉陵本田发动机, 刀盘尺寸:56 厘米;直刀(另选甩刀); 排草方式:集草后排。 4.81 千瓦,川崎发动机,刀盘尺寸:56 厘米, 直刀(可另选甩刀);排草方式:集草后排

续表 7-12

型　号	用途	驱动	结构、性能及参数
美神 LY560 系列 （推行式） LY560PB1 LY560PB2 LY560PHJ LY560PK	草坪修剪	手扶电动	特性：无与伦比的耐用性，机动性好，剪草平稳， 　　　维修次数少，使用寿命长。 动力：4.44 千瓦 I/C，B&S；刀盘尺寸：56 厘米， 　　　直刀（另选甩刀）；排草方式：后排。 4.81 千瓦，B&S；刀盘尺寸：56 厘米， 　　　直刀（另选甩刀）；排草方式：后排。 4.07 千瓦 GXV160H2，嘉陵本田发动机， 刀盘尺寸：56 厘米；直刀（另选甩刀）； 　　　排草方式：集草后排。 4.81 千瓦，川崎发动机；刀盘尺寸：56 厘米， 直刀（可另选甩刀）；排草方式：集草后排
美神 LY530 系列 （推行式） （彩图 7-13） LY530SB1 LY530SK LY530SHJ	草坪修剪	手扶电动	动力：4.44 千瓦，I/C，B&S； 刀盘尺寸：53.3 厘米， 直刀（可另选甩刀）；排草方式：集草后排。 4.81 千瓦，川崎发动机；刀盘尺寸：53.3 厘米， 直刀（可另选甩刀）；排草方式：集草后排。 4.07 千瓦 GXV160H2，嘉陵本田发动机， 刀盘尺寸：53.3 厘米；直刀（另选甩刀）； 排草方式：集草后排

三、草坪养护管理机械

1. 草坪机(包括剪草、割草机) 其技术参数见表 7-13。

表 7-13　典型草坪机(剪草机)型号系列及技术性能参数

型　号	用途	驱动	结构、性能及参数
MTD377A 自走式草坪机 (彩图 7-14)	草坪养护	手扶电动	动力:4.81 千瓦商用川崎汽油机;533.4 毫米碎草、集草刀盘;滚珠轴承橡胶轮子;85 升硬面防尘集草袋;9 档调高,单杠调节;可选甩刀。单速自走超强耐用型号,适合 5000~8000 米² 草坪
凯姿 LM5360HS 剪草机 (彩图 7-15)	草坪养护	手扶电动	动力:本田 CXV160 4.07 千瓦;行走速度:1 速:0.8 米/秒,2 速:1.2 米/秒;割幅:530 毫米;割高:16~76 毫米,七级可调;集草袋容积:75 升;净重:50 千克
MTD 437A 手推式草坪机 (彩图 7-16)	草坪养护	手扶电动	动力:4.81 千瓦商用川崎汽油机;滚珠轴承橡胶轮子;533.4 毫米碎草、集草、侧排三合一刀盘;2.5~9 厘米修剪高度、四轮 9 档调节;安全制动,安全连刀器;90 升大集草袋;可选甩刀。手推超强耐用型号,适合 7000 米² 以下草坪
MTD 107A 手推式草坪机	草坪养护	手扶电动	动力:4.81 千瓦川崎商用汽油机;普通滚珠轴承胶轮;508 毫米碎草,侧排二合一刀盘;悬挂集草袋 OEM-190-160,可选甩刀。适合 3500 米² 以下草坪
MTD 419D 手推式草坪机	草坪养护	手扶电动	动力:4.44 千瓦 B&S 商用 I/C 汽油机;超低至 2.5 厘米剪草;203.2 毫米滚珠轴承橡胶后轮;安全制动,安全连刀器;80 升集草袋;可选甩刀

续表 7-13

型　号	用途	驱动	结构、性能及参数
MTD 979L 手推式草坪机	草坪养护	手扶电动	动力:4.81 千瓦 B&S Intek I/C 顶置气门汽油机;203.2 毫米滚珠轴承轮子;90 升集草袋;533.4 毫米三合一刀盘,碎草盖效果佳;安全制动,安全连刀器;修剪高度 3～11 厘米,单杠 9 档调节
MTD VOH 手推式草坪机	草坪养护	手扶电动	电动马达功率:1600 瓦;刀盘尺寸:482.6 毫米;集草袋容积:60 升;剪草高度:25～80 毫米,3 档调节;可选甩刀
凯姿 LM4840HP 草坪机	草坪养护	手扶电动	动力:本田 GXV120 2.96 千瓦汽油机;割幅:480 毫米;刀片离合;无割高:16～76 毫米,七级可调;集草袋容积:70 升;净重:41 千克
凯姿 LM5350KS 剪草机	草坪养护	手扶电动	动力:川崎 FC150V 3.33 千瓦汽油机净重:48 千克;走速度:1 速:0.8 米/秒,2 速:1.2 米/秒;割幅:530 毫米;割高:16～76 毫米,七级可调;集草袋容积:75 升

续表 7-13

型 号	用途	驱动	结构、性能及参数
凯姿 LM5360HX 剪草机 （彩图 7-17）	草坪养护	手扶电动	动力：本田 CXV160 4.07 千瓦； 速度：1 速：0.8 米/秒，2 速：1.2 米/秒； 割幅：530 毫米；割高：16～76 毫米， 七级可调；集草袋容积：75 升； 刀片离合：有； 净重：53 千克
TRU-CUT C25 机动滚刀 式剪草机 （彩图 7-18）	草坪养护	手扶电动	动力：本田 3.7 千瓦 B&S 或 4.07 千瓦； 635 毫米剪幅，5 刃/7 刃滚刀； 高度调节装置；差速器纯钢制齿轮； 移动式刀杆；塑料集草箱 最大行走速度为 76 米/分
WB850A 商 用型宽幅割草机 （彩图 7-19）	草坪养护	手扶电动	动力：美国 B&S 公司 9.25 千瓦顶置气门发动机； 割草宽度：850 毫米； 割草高度：15～80 毫米；排草方式： 侧排式；油箱容积：15 升； 刀片最高工作转速：2800 转/分
WB530H-DL 手推式加大 后轮草坪机 （彩图 7-20）	草坪养护	手扶电动	动力：本田（HONDA）四冲程汽油机（单缸风冷式） 4.07 千瓦；工作转速：3000 转/分； 剪草幅宽：530 毫米；剪草高度：20～100 毫米； 草袋容量：65 升；汽油箱容量 2.0 升； 机油箱容量：0.65 升； 前后轮：φ200×50 毫米； 整机净重量：42 千克；外形尺寸： 1600 毫米×590 毫米×1100（毫米）

型　号	用途	驱动	结构、性能及参数
WB21BZ7 草坪机	草坪养护	手扶电动	动力:美国原装百力通 B&S4.81 千瓦 INTEK EDGE;工作转速:3000 转/分 割草幅宽:530 毫米;剪草高度:25～95 毫米; 草袋容量:65 升;汽油箱容量:1.65 升; 机油箱容量:0.65;升;速度:慢速约 0.8 米/秒; 快速约 1.2 米/秒;前后轮 Φ200×50 毫米; 整机净重:48 千克; 外形尺寸:1600 毫米×550 毫米×1050 毫米
WB21SB6 型草坪机	草坪养护	手扶电动	动力:美国 B&S4.44 千瓦 I/C 型加长空气滤道 发动机;排气量 190 毫升;汽油箱容量 1.6 升; 机油箱容量 0.65 升;割草高度:25/110 毫米; 割草幅宽:530 毫米;8 档高度单杆调节, 操作简便;重量 40 千克; 轮子:203.2 毫米×50.8 毫米; 整机外形尺寸:1650 毫米×550 毫米×50 毫米
WB450A 型草坪机	草坪养护	手扶电动	动力:美国 B&S 2.96 千瓦发动机; 排气量:158 毫米;汽油箱容量 0.9 升; 机油箱容量 0.6 升; 割草高度:25/110 毫米;割草幅宽:450 毫米; 8 档高度单杠调节,轻松方便; 轮子:7177.8 毫米×46.99 毫米;重量:28 千克; 整机外形尺寸:1450 毫米×460 毫米×950 毫米 适宜小面积草坪以及地形比较复杂或草坪上面 种着各种花木的草坪使用。

型　号	用途	驱动	结构、性能及参数
XSS38—EA (14.5") 手推式 电动草坪 割草机 （彩图 7-21）	草坪养护	手扶电动	动力：1.4 千瓦（单相 220 V/50 Hz）电动机； 割草宽度：374 毫米；割草高度：22～62 毫米； 刀片最高转速：2850 转/分；4 档； 轮径：前轮 125.4 毫米、后轮 177.8 毫米； 集草器容积 40 升；外形尺寸： 1100 毫米×410 毫米×1070 毫米； 重量：17 千克
XSS48(19") 系列手推式 草坪割草机 可选型号：	草坪养护	手扶电动	动力：B&S 4.44 千瓦或嘉陵本田 4.07 千瓦； 割草宽度 483 毫米；割草高度 25～100 毫米； 刀片最高转速 3600 转/分；直刀、甩刀可供选择； 7 档割草高度可供调节；轮径：前、后轮 直径 203.2 毫米；前后轮均采用双列滚珠轴承； 集草器容积 70 升；外形尺寸： 1470 毫米×532 毫米×1060 毫米； 重量：净 33 千克
XSS48-B6			动力：美国 B&S 4.44 千瓦发动机； 钢板冲压壳体；旋刀式（直刀）
XSS48-JH5.5 XSS48AL-B6	草坪养护	手扶电动	动力：嘉陵本田 4.07 千瓦发动机； 旋刀式（直刀）；钢板冲压壳体
XSS48AL-JH5.5	草坪养护	手扶电动	动力：美国 B&S 4.44 千瓦发动机； 旋刀式（直刀）；压铸铝壳体

续表 7-13

型　号	用途	驱动	结构、性能及参数
SSS48-JH5.5 SSS48AL- JH5.5	草坪养护	手扶电动	动力：嘉陵本田 4.07 千瓦发动机； 旋刀式（直刀）；压铸铝壳体。 动力：甩刀式、配嘉陵本田 4.07 千瓦发动机 （GXV160）、钢板冲压壳体
XSZ56（22"）系列 随进自行走 草坪割草机 （彩图 7-22） 可选型号 XSZ56-B6 XSZ56- JH5.5	草坪养护	手扶电动	动力：嘉陵本田 4.07 千瓦或美国 B&S 4.44 千瓦 发动机；割草宽度 560 毫米；割草高度 25～100 毫米；刀片最高转速 3200 转/分； 轮径：前轮 203.2 毫米、后轮 228.6 毫米； 行走速度 3.8 千米/小时；七档割草高度可供选择； 集草器容积 90 升；外形尺寸： 1715 毫米×559 毫米×1105 毫米； 重量：净 50 千克
			动力：旋刀式（直刀）；美国 B&S 4.44 千瓦发动机； 钢板冲压壳体。动力：旋刀式（直刀）； 嘉陵本田 4.07 千瓦发动机； 钢板冲压壳体
SGA-33E 电启动自走式 草坪割草机	草坪养护	手扶电动	动力：美国原装 7.77 千瓦发动机； 电启动；割草宽度 840 毫米；割草 高度 38～102 毫米；刀片最高转速 3800 转/分； 行走速度：3.8、5.6、7.2 千米/小时； 前轮 203.2 毫米×88.9 毫米； 后轮 330.2 毫米×127 毫米； 93＃无铅汽油；重量：144 千克

三、草坪养护管理机械

型 号	用途	驱动	结构、性能及参数
SGA-33 自走式草坪割草机	草坪养护	手扶电动	动力:美国原装 7.77 千瓦发动机;手拉式; 割草宽度 840 毫米;割草高度 38~102 毫米; 刀片最高转速 3800 转/分;行走速度:3.8、5.6、7.2 千米/小时;前轮 203.2 毫米×88.9 毫米; 后轮 330.2 毫米×127 毫米; 93#无铅汽油;重量 144 千克
HUR-1905 手推式草坪机	草坪养护	手扶电动	动力:本田 4.07 千瓦;割草宽度:483 毫米; 材质:铝合金;刀片:圆盘甩刀; 切割高度:25~90 毫米
HUR-1905A 手推式草坪机	草坪养护	手扶电动	动力:本田 4.44 千瓦;割草宽度:482.6 毫米; 材质:铝合金;刀片:圆盘甩刀; 切割高度:25~90 毫米
HUR-1905B 手推式草坪机	草坪养护	手扶电动	动力:HUR4.44 千瓦;割草宽度:483 毫米; 材质:铝合金;刀片:圆盘甩刀; 切割高度:25~90 毫米
HUR-2105 手推式草坪机	草坪养护	手扶电动	动力:本田 4.07 千瓦;割草宽度:533 毫米; 材质:铝合金;刀片:圆盘甩刀; 切割高度:25~95 毫米

型号	用途	驱动	结构、性能及参数
HUR-2105A 手推式草坪机	草坪养护	手扶电动	动力:本田 4.44 千瓦;割草宽度:533 毫米; 材质:铝合金;刀片:圆盘甩刀; 切割高度:25～95 毫米
HUR-2105B 手推式草坪机	草坪养护	手扶电动	动力:HUR4.44 千瓦;割草宽度:533 毫米; 材质:铝合金;刀片:圆盘甩刀; 切割高度:25～95 毫米。
HUR-2105C 自动式草坪机	草坪养护	手扶电动	动力:本田 4.07 千瓦;割草宽度:533 毫米; 材质:铝合金;刀片:圆盘甩刀; 切割高度:25～95 毫米。
本田 HRJ216 手推式草坪机	草坪养护	手扶电动	动力:本田 4.07 千瓦"OHV"专业发动机; 修剪宽度:53 毫米; 21 寸 533.4 毫米宽铝合金底盘,双刀片或直刀, 带集草袋,12 档剪草高度调节。

2. 草坪车　该机主要用途为草坪养护管理,驱动方式为机动坐骑式。部分草坪车型号与系列技术性能参数见表 7-14。

表 7-14　典型草坪车型号系列及技术参数

型　号	用途	驱动	结构、性能及参数
MTD M660G 草坪车 （彩图 7-23）	草坪 养护	电动	动力：B&S I/C11 千瓦 OHV 汽油机；6 挡变速，平滑操作；重型箱式车架；106.7 厘米碎草刀盘，3～10 厘米剪草高度。可选 OEM-190-116 碎草附件。适合 25000 米² 以下草坪
MTD 2186 草坪修剪车 （彩图 7-24）	草坪 养护	电动	动力：14.5 千瓦 Kohler Command V 型双缸 OHV 发动机；111.8 厘米快挂刀盘，可选草袋；液压传动，铸铁传动后桥；电动 PTO 连接，脚踏速度控制，带油门锁；35.6 厘米皮革方向盘；全钢车身和车架；58.4 厘米后轮胎/40.6 厘米前轮胎；可以拖挂旋耕机、车斗、清扫机、前推铲和扫雪机等多种附件
MTD D604G 草坪车	草坪 养护	电动	动力：12.5 千瓦 B&S I/C OHV 汽油机，带机油过滤，Y614G 可选，采用液压驱动；106.7 厘米刀盘，电动刀盘离合，快装三合一刀盘；标准碎草附件，油门可锁定；可选 OEM-190-601 双集草袋；适合 28000 米² 以下草坪

型号	用途	驱动	结构、性能及参数
草蜢 928D2 草坪车	草坪养护	电动	动力：21 千瓦久保田，水冷三缸 1123CC，OHV 强制机油润滑，水平轴，刀盘：121.9 厘米、132.1 厘米、154.9 厘米、182.9 厘米液压提升快挂刀盘；油箱大小：30.3 升；风冷双通道双液压马达传动；行驶速度：前进 0～15.3 千米/小时，后退 0～9.7 千米/小时，无级调速，两轮单独驱动，两个湿式刹车盘；万向节 PTO，快速挂接环合电动离合
草蜢 721D 草坪车 （彩图 7-25）	草坪养护	电动	动力：15 千瓦久保田，水冷三缸 719CC，OHV 强制机油润滑/过滤，水平轴；刀盘：121.9 厘米、132.1 厘米、154.9 厘米液压提升快挂刀盘；油箱大小：16.3 升，可选 30.3 升；风冷双通道双液压马达传动，齿轮减速半轴集成设计；行驶速度：前进 0～12.1 千米/小时，后退 0～9.7 千米/小时；无级调速，两轮单独驱动；液压制动，两个湿式刹车盘；万向节 PTO，快速挂接环合电动离合
草蜢 721 剪草车 （彩图 7-26）	草坪养护	电动	动力：15.23 千米久保田，水冷三缸 740CC，OHV 强制机油润滑/过滤，水平轴；刀盘：121.9 厘米、132.1 厘米、154.9 厘米液压提升快挂刀盘；油箱大小：16.3 升，可选 30.3 升；风冷双通道双液压马达传动；行驶速度：前进 0～12.1 千米/小时，后退 0～9.7 千米/小时；无级调速，两轮单独驱动，液压制动，两个湿式刹车盘；万向节 PTO，快速挂接环合电动离合

续表 7-14

型　号	用途	驱动	结构、性能及参数
本田 H2013 SE 草坪车 （彩图 7-27）	草坪 养护	电动	动力：本田 GXV390 9.43 千瓦发动机 （四冲程商用机）6 挡变速，双刀盘，皮带传动， 割幅 980 毫米，配双集草袋

3. 草坪梳草机　草坪生长半年后，一部分底部的草叶被其他草叶覆盖，不能参加光合作用，导致枯萎，时间一长，就会霉变腐烂，其中一部分变成有机肥，一部分会滋生霉菌，导致整个草坪枯萎，这时如只喷洒药物，不能治本。因此，必要时要利用梳草机将枯草及时梳出。草坪梳草机主要利用活动的刀片在机械离心力的作用下能有效地清除枯草层，增强草坪的抗病能力，从而有效防止草坪病害的发生。

通过梳草机的梳草作业，帮助水分、肥料和其他草坪养护材料进入草坪。草坪梳草后还能适当降低草坪的密度，改善草坪的通气性，促进草坪健康生长。

梳草机的工作装置是一根轴上有一系列具有一定间距的垂直刀片的刀轴，刀片用硬度较高、耐磨的高碳钢制造，当磨损后可更换。作业时，刀轴高速旋转，刀轴的刀片接近草坪撕扯草毡并将其抛甩到集草袋或草坪上，待后续养护作业将其清除。梳草的高度可以通过调节刀轴相对于行走轮轴的高度而实现。

草坪梳草机按配置的动力不同，有各种类型，性能及技术参数见表 7-15。

第七章　草坪建植机械及养护机械

表 7-15　典型草坪梳草机型号系列及技术性能参数

型 号	用途	驱动	结构、性能及参数
CS01B-46H3 梳草机 （彩图 7-28）	草坪 养护	电动	动力:GX160H2 SH(汽油机); 刀片离地最大高度 10 毫米;切根刀入地最大 深度 33 毫米;梳草幅宽 460 毫米; 本机可另选切根刀总成,用于养护草坪及 切根和补播。整机重量:73 千克
WB480S 草坪梳草机 （彩图 7-29）	草坪 养护	电动	动力:可选 B&S6HP、本田 4.07 千瓦 发动机; 最高空载转速 3600rpm; 传动方式:皮带传动;梳草宽度: 480 毫米;刀片最大离地高度 12 毫米; 重量:68 千克
可尔 CS01B-46H4 梳草机 （彩图 7-30）	草坪 养护	电动	动力:GX160H2 SX(汽油机); 刀片离地最大高度 10 毫米;切根刀入地最大 深度 33 毫米;梳草幅宽:460 毫米;本机可另 选切根刀总成,用于养护草坪及切根和补播。 整机重量:73 千克
可尔 CS01B-46B6 梳草机	草坪 养护	电动	动力:B&S 4.81 千瓦顶置气门汽油机; 刀片离地最大高度 10 毫米;切根刀入地最大 深度 33 毫米;梳草幅宽 460 毫米;本机可另选切 根刀总成,用于养护草坪及切根和补播。 整机重量:73 千克
可尔 CS01B-46H 梳草机	草坪 养护	电动	动力:本田 4.07 千瓦发动机; 工作宽幅:460 毫米;可选附件:切根刀总成

续表 7-15

型 号	用途	驱动	结构、性能及参数
梳草机 (彩图 7-31)	草坪 养护	电动	动力:B&S 4.81 千瓦发动机;刀片离地最大 高度 10 毫米,最大深度 33 毫米; 梳草宽度 460 毫米; 自重:73 千克
中绿 ZS01-H 梳草机	草坪 养护	电动	动力:GXV160 发动机;涨紧轮离合;皮带传动; 梳草宽度:480 毫米刀片最大离地高度:11 毫米; 切根刀入地最大深度:32 毫米; 整机净重量:68 千克。是一机 2 用的新型机器, 可以梳草,也可以切根

4. 草坪修边机 建植成的草坪随着生长季节的变化和装饰性用途的增多,需要修整边角,以增加其整齐、美观和别具一格的草坪景观特色,要完成这一作业,草坪修边机是不可缺少的工具。草坪修边机主要用于草坪绿地边缘的修剪,通过切断蔓延到草坪界限以外的根茎,使草坪边缘线整齐以保持草坪的美观。用于草坪修边的有各种类型的修边机,根据草坪修整规模和目的要求的不同,草坪修边机的种类和形式也各种各样。

草坪修边机根据动力形式和工作方式有着不同的分类方法。按照动力形式可分为电动式、发动机驱动式,其中电动式分为直流电(蓄电池)驱动和交流电驱动;根据工作方式的不同可分为手持式、手推式和拖拉机悬挂式,其中拖拉机悬挂式又有前悬挂、后悬挂和侧悬挂等形式。

草坪修边机按配置的动力不同,有各种类型,性能及技术参数见表 7-16。

表 7-16　典型草坪修边机型号系列及技术性能参数

型　号	用途	驱动	结构、性能及参数
MTD 552A 修边机 （彩图 7-32）	草坪养护	电动	动力：B&S 3.75HP 汽油机；9″刀片，最大切边深度：2″；6 档可选割草深度；3 种旋转刀头；可调车轮

5. 草坪打孔机　草坪种植或移植一年后，土壤板结，根系呼吸不畅，易产生霉菌，导致烂根，草坪枯黄。草坪根系的致密和植地土壤的板结，阻碍了空气、水和养分穿透草毡层和土层到达根系，极大地影响到草坪的健康生长。草坪打孔的目的是消除土壤板结，使草地透气，有助于空气、水和养分到达草的根系，促进草的根系生长，可使草坪的抗旱、抗病虫害能力增强，使草坪更加健康。

草坪打洞通气养护是草坪复壮的一项有效措施，尤其是对人们经常活动、娱乐的草坪要经常进行草坪打洞通气养护，经过打洞通气养护的草坪可以延长其绿色观赏期和使用寿命。所谓草坪打洞通气养护就是在草坪上按一定的密度打出一定数量、深度和直径的洞，使空气和肥料能直接进入草坪根部而被吸收。这项作业的专用工具和机械设备就是草坪打孔机。

草坪打孔机可均匀的将草坪打出约 20 毫米直径、70 毫米深的孔，可消除土壤板结，给根系通气。打孔时可切断部分草根，促进新根的生长，增强草坪的抗病虫害，抗渍能力。草坪打孔可显著改善土壤的通气状况和透水性，促进草根对养分的吸收，有时还能达到补播的目的。同时，草坪打孔配合施以植保药液，对防治发生在草坪草根部的虫害和病害，也具有良好的效果。

草坪打孔机可分为手工打孔工具、往复式打孔机（垂直运动）、滚动式打孔机、切侧根通气机和注射式打孔机等。草坪打孔机按配置动力和工作方式的不同，有各种类型，常用的草坪打孔机外形如彩图 9-65 所示,性能及技术参数见表 7-17。

表 7-17 典型草坪打孔机型号系列及技术性能参数

型号	用途	驱动	结构、性能及参数
WB530K 打孔机 (彩图 7-33)	草坪 养护	电动	动力:本田 4.07 千瓦汽油机;离合方式: 张紧轮离合;驱动方式:一级皮带二级链条; 打孔宽度 450 毫米;打孔深度 70 毫米; 孔型分布:100×200 毫米; 整机净重量:170 千克;轮子(英寸) 10×2.5; 工作效率:最高可达 2700 米²/小时; 前配重后配重(千克):20×1 25×1
CK30A-50H2 打孔机	草坪 养护	电动	动力:本田/ 4.07 千瓦 G160H1 WMBO; 打孔针直径 19 毫米(每机 30 枚); 打孔幅宽 500 毫米;最大打孔深度 75 毫米; 孔型分布:100 毫米×165 毫米; 单位面积孔数/㎡:75;工作效率 2300 米²/小时; 整机重量:180 千克
CK20C-50H5 打孔机	草坪 养护	电动	动力:本田/4.07 千瓦 GXV160K1 HH; 打孔针直径 19 毫米(每机 30 枚);打孔幅宽 500 毫米;最大打孔深度 75 毫米;孔型分布:100 毫米×165 毫米;单位面积孔数/㎡:75; 工作速度:4.75 千米/小时; 工作效率:2300 米²/小时; 整机重量:180 千克
可尔 CK20A-48B 打孔机	草坪 养护	电动	动力:本田 4.07 千瓦发动机;打孔针直径:19 毫米;打孔宽幅:475 毫米;打孔深度:75 毫米; 工作效率:2300 米²/小时

型　号	用途	驱动	结构、性能及参数
H升530K-Ⅱ型草坪打孔机	草坪养护	电动	动力:本田原装 G×160 带 1/6 减速器;离合方式:张紧轮离合;驱动方式:一级皮带二级链条;最大功率(kW /r/分钟) 4.1/3600;打孔宽度 450 毫米;打孔深度 70 毫米;孔型分布:100×200 毫米;工作效率:最高可达 2700 米²/小时;前配重后配重(千克):20×1 25×1。整机净重量:170 千克
中绿 ZD01-H1 打孔机	草坪养护	电动	动力:本田/4.07 千瓦 发动机;打孔针直径 19 毫米(每机 30 枚);打孔幅宽 550 毫米;最大打孔深度 70 毫米;孔型分布:112 毫米× 198 毫米;单位面积孔数/㎡:75;工作效率: 2700 米²/小时;整机重量:175 千克。整机配重平衡,工作平稳,共有 5 排 30 个点,独特的设计,使用省力

6. 草坪打药机　草坪在生长过程中会遭受到各种病虫害,轻则植株局部损害,发育不良,重则全株死亡,因此,必须加强防治和保护。生长草坪的保护有农业技术防治、生物防治、物理防治、植物检疫防治和化学农药防治等多种方法。由于化学农药防治方法简便,成本低,见效快,质量好,因此,是目前应用最多的一种草坪植物防治和保护方法。草坪化学农药防治所用的机械主要就是草坪打药机或打药喷雾机等。草坪病虫害防治主要采用药物防治,防治机械包括施撒药剂的机械及应用物理因素(热量、太阳能、光能、电流和射线等)与机械作用的机具和装置。目前我国使用最普遍、数量最多的是施药器械(打药机和喷施药物机械),随着农用化

学药剂的发展,应用喷施化学制剂的机械已日益普遍。这类机械的用途包括:喷洒杀菌剂或杀虫剂防治草坪病害和虫害、喷洒除草剂消灭草坪中杂草、喷施粒状、粉状或液体化学肥料、喷洒药剂对土壤消毒灭菌、喷施生长激素以促进草坪的生长等,在以上内容中以病虫害防治对草坪有着最为直接的影响,并具有重要的实际作用。

施药机械按施药方法的不同,可分为喷雾机(器)、喷粉机(器)、弥雾机、超低量喷雾机、热烟雾机、静电喷雾和拌种机等;按动力可分为人力、机动、电动及航空植保机械四种。按运载方式又可分为肩挂式、背负式、担架式、机引式、悬挂式和自走式。一般习惯上把手动的施药机械称为"器",如喷雾(粉)器,把机动的称为"机",如喷雾(粉)机。

草坪打药机按配置动力和施药方式的不同,有各种各样的类型,性能及技术参数见表7-18。

表 7-18 典型草坪打药机型号系列及技术性能参数

型 号	用途	驱动	结构、性能及参数
飞马 3WM-30/200 打药机 (彩图 7-34)	草坪养护	电动	动力:汽油机 3.63 千瓦,电动机 2.2 千瓦;工作压力:1.5~2.5 兆帕;流量:30 升/分钟;重量:110 千克;外形尺寸(厘米):140×82×118
英迈格 IMAG 3WZ-120T 打药车 (彩图 7-35)	草坪养护	电动	该型高压打药车结构紧凑,外形尺寸小,最大宽度不超过 0.78 米,移动方便,一人即可操作。药筒采用不锈钢制成,容量 120 升、耐腐蚀,经久耐用

续表 7-18

型　号	用途	驱动	结构、性能及参数
英迈格 IMAG 3WZ-300T 打药车 （彩图 7-36）	草坪养护	电动	动力:168FA(1/2减速) OHV 发动机;柱塞泵型号:W 升—45ASB;标定转速(r.p.m):500～800;吸水量(升/分钟):34;工作压力(MPa):2.0～3.5;最大垂直射程(m):雾化抢 12,直流枪 13～15
飞马 3WM-20/200 打药机	草坪养护	电动	动力:汽油机 2.9 千瓦,电动机 1.5KW;工作压力:1.5～2.5 兆帕;流量:20 升/分钟;重量:110 千克;外形尺寸(厘米):140×82×118
飞马 3WM-45/200 打药机	草坪养护	电动	动力:汽油机 4.81 千瓦,电动机 3KW;工作压力:1.5～2.5 兆帕;流量:45 升/分;重量:114 千克;外形尺寸(厘米):140×82×118
飞马 3WM-40/200 打药机	草坪养护	电动	动力:汽油机 4.07 千瓦,电动机 3KW;工作压力:1.5～2.5 兆帕;流量:40 升/分钟;重量:114 千克;外形尺寸(厘米):140×82×118
NS402 框架式打药机 （彩图 7-37）	草坪养护	电动	动力:重庆宗申 4.07 千瓦发动机;精达高压泵 402T;进水管、回水管各一根,8.5 毫米高压管 30 米,13 毫米高压管 20 米,高压枪 2 支
SL402 三轮式打药车	草坪养护	电动	动力:重庆宗申 4.07 千瓦发动机;精达高压泵 402T;药桶:100 千克;附件:进水管、回水管各一根;8.5 毫米高压管 30 米,13 毫米高压管 20 米,高压枪 2 支;射程:水平 18 米,垂直 16 米

续表 7-18

型　号	用途	驱动	结构、性能及参数
IMAG 三轮 脚踏车式 打药机	草坪 养护	电动	动力:168FA、GX160 发动机; W 升—45GD、3WZ—45GD 柱塞泵; 工作压力:2.0～3.5 兆帕; 300 升 PE(食品级)塑料药液箱,手动、 反冲式启动,射程 12～15 米
高射程 打药机	草坪 养护	电动	动力:"宗申"4.07 千瓦发动机;三柱塞自动 卸荷泵,三水流高压枪,射程 18 米, 配有 100 米高压管
YC-26 手提式 打药机	草坪 养护	电动	动力:三菱 TL26 1.01 千瓦发动机; 压力:30～35 千克/厘米^2;柱塞:1 支(双向作业); 排气量:25.6cc;喷雾量:7.2 升/分钟; 长/宽/高:35/27/23(厘米);重量:9 千克
YC-43AS 手提式 喷雾机(打药机)	草坪 养护	电动	动力:三菱 1.3 千瓦电动机;压力:30～35 千克 柱塞:1 支;排气量:42cc;喷雾量:10 升/分钟; 长/宽/高:52/34/34 厘米;重量:11 千克
GX160- 45AS 高 压打药机	草坪 养护	电动	动力:本田 GX160(4.07 千瓦); 射程:最大 14 米;配置:50 米耐高压水管、 喷雾枪、远程枪;自动泄压
GX160-45ASB 高压打药机	草坪 养护	电动	动力:本田 GX160(4.07 千瓦); 射程:最大 15 米;配置:50 米耐高压水管、 喷雾枪、远程枪;不自动泄压
川岛 F-768 喷雾机 (彩图 7-38)	草坪 养护	电动	动力:三菱 T 升 23 二冲程(0.77 千瓦); 容量:25 升;射程:最大 9 米

续表 7-18

型　号	用途	驱动	结构、性能及参数
MD431A 喷雾喷粉机（彩图 7-39）	草坪养护	电动	动力：小松 G45 升二冲程（1.3 千瓦）；容量：14 升；射程：最大 9 米
英迈格 3WZ—25K 机动打药机	草坪养护	电动	动力：168FA（1/2 减速）OHV4.07 千瓦汽油机；柱塞泵型号：W 升—25B；标定转速（转/分）：500～800；吸水量（升/分）：18；工作压力：2.0～3.5 兆帕；最大垂直射程（米）：雾化枪 10～12，直流枪 12～13
英迈格 3WZ-300QJ 脚踏式高压动力打药车（彩图 7-40）	草坪养护	电动	动力：GX160 OHV4.07 千瓦发动机；柱塞泵型号：W 升—45ASB；标定转速（转/分）：500～800；吸水量（升/分）：34；工作压力（兆帕）：2.0～3.5；最大垂直射程（米）：雾化枪 12，直流枪 13～15；药液箱容量（升）：300
英迈格 3WZ-18D 机动打药机	草坪养护	电动	动力：最大功率（千瓦/转/分）：1.1（220V）/1450 电动机；柱塞泵型号：3WZ—18；标定转速（转/分）：800～1000；吸水量（升/分钟）：9.5～10.5；工作压力（兆帕）：1.5～3.5；平行排列；担架式结构
英迈格 3WZ-25D 机动打药机（彩图 7-41）	草坪养护	电动	动力：168FA（1/2 减速）OHV 汽油机，最大功率（千瓦/转/分）：4.1/1800；柱塞泵型号：W 升—25B；标定转速（转/分）：500～800；吸水量（升/分钟）：18；工作压力（兆帕）：2.0～3.5；垂直射程（米）：雾化枪 10～12，直流枪 12～13

型　号	用途	驱动	结构、性能及参数
英迈格 3WZ-45D 机 动打药机	草坪 养护	电动	动力:GX160 四冲程 OHV 汽油机;最大功率 (千瓦/转/分):4.1/3600;柱塞泵型号: W 升—45B;标定转速(转/分):500~800; 吸水量(升/分):34; 工作压力(兆帕):2.0~3.5; 最大垂直射程(米):雾化枪 12,直流枪 13~15

7. 草坪喷灌设备　草坪的生长发育水是不可缺少的重要条件,要确保草坪生长良好,必须通过灌溉来满足草坪生长所需要的水分。灌溉的方式很多,早期的灌溉方法主要包括沟灌、畦灌和漫灌等,但这些灌溉方法只能改变土壤的湿度,对田间小气候影响小,况且灌水量大,造成水资源严重浪费。而采用喷灌方式就是节约用水的方法之一。喷灌就是用水泵从水源取水并加压,经压力输水管道送到一定地点,再由喷头将水喷射到空中散成细小的水滴,像下雨一样,均匀地喷洒在草坪植物上和土壤表面,为植物生长提供必要的水分。

喷灌有很多优点是传统灌溉方式所不能比拟的。喷灌可改变田间小气候,促进草坪健康生长发育;喷灌对地形没有特殊要求,对坡度大、地形高低起伏大的地表适应性强;喷灌可节约用水,适时、定量供水,使有限的水得到最有效的利用;喷灌由于减少了沟渠,可提高土地利用率,增加绿地面积,保护环境资源,不会造成对地表的冲刷,不会形成径流。喷灌还可以把灌水和施用化学肥料,喷洒化学药剂防治病虫害和除草等工作结合起来,既能够使肥料和药剂得到均匀分布,又减少了劳动费用。

喷灌系统一般包括水源,动力机,水泵,管道和喷头。喷灌系统大致可分为固定式喷灌系统、半固定式喷灌系统和移动式喷灌系统三大类。其中常用的喷灌机又是机组式喷灌系统的主要类型,它是把喷灌系统的各个组成部分(水泵、动力机、输水管道和喷头及附件等)以某种形式配套组装成一个整体,满足喷灌的要求。喷灌机的种类很多,按运行方式可分为定喷式和行喷式两类。常用的草坪喷灌设备类型性能及技术参数见表 7-19。

表 7-19　典型草坪喷灌设备型号系列及技术性能参数

型　号	用途	驱动	结构、性能及参数
滚移式喷灌机	草坪养护	电动	动力:8hp 驱动机;输水管长度:150～600 米;输水支管直径:抗扭铝管直径 4" 或 5",铝管长度 12 米;入机压力(兆帕):0.3～0.5;滚轮直径(米):1.45、1.63、1.93;喷头工作压力及流量:0.21～0.35 兆帕,2.5～3.2 米^3/小时;机组行进速度:0.3～20 米/分;组合喷灌强度:9～17 毫米/小时;喷洒均匀度系数 Cu:80%～85%;最大爬坡能力:≤24%;泄水时间(分钟):≤8;喷头间距(米):12
JP 系列绞式喷灌机 50/140 型	草坪养护	机动	PE 管径(毫米)50;PE 管长(米)125;喷嘴直径(毫米):9～16;流量(米^3/小时):5～20;有效喷洒宽度(米):31～51;有效喷洒长度(米):140;入口压力兆帕:0.35～0.80;运输宽度(米):1.6
SZ1058A 型多功能喷灌机 (彩图 7-42)	草坪养护	车载	动力:原装道依茨 58 千瓦 4 缸风冷柴油发动机;罐体容积 10000 升;工作容积 7558 升;油箱容积 0.098 米^3;50CZ 车载泵,流量 646 升/分钟,出口压力 7 千克 f/厘米 2;喷射距离 45 米;排空时间 11 分钟;净重 2300 千克;外形尺寸(米)(长×宽×高) 6.30×2.30×2.40

续表 7-19

型　号	用途	驱动	结构、性能及参数
SJP50 喷灌机机型	草坪养护	机动	动力：5.5～7.5 千瓦发动机；喷嘴直径 12 毫米；喷头压力 0.4 兆帕；流量 13 米³/小时；行走速度 0～60 米/小时；爬坡能力大于 25％；生产率 3～4 公顷/小时；整机重量 210 千克
DPP 系列 DPP-200 平移式喷灌机	草坪养护	机动	电机减速器功率（千瓦）1.1；系统长度（米）200；塔架数 4；供水方式：可选；中央驱动车跨距（米）6；喷灌机流量（米³/小时）182；桁架通过高度（米）2.5；行走 1000 米灌溉面积 20 公顷；行走 1000 米的时间（小时）7.58；跨距（米）40，45，50；管子外径（毫米）6×3；末端最小工作压力（兆帕）0.1～0.15；最小降雨量（毫米）5.21；组合喷洒均匀度（Cu）≥91％；最大爬坡能力 20％；塔架车带水重量 2600 千克
小型移动式 喷灌机组	草坪养护	机动	12HP 配套动力；压力 5.5 千克；流量（吨/小时）30；灌溉强度 10；灌溉面积（公顷/喷灌周期）3。其中配喷头 15 套，喷灌长度 120 米；喷头的喷洒半径为 18 米
8.8cp－55 移动式喷灌机组	草坪养护	机动	动力：S195 8.7 千瓦动力机；65ZB55－8.8C 水泵；流量米³/小时 35；扬程 55 米；转速（转/分）2900；效率（％）64；自吸时间（秒/5 米）130；喷头型号 PY50；配数 1；工作压力（兆帕）0.50；射程 42.3 米；喷水量 31.2 米³/小时

续表 7-19

型　号	用途	驱动	结构、性能及参数
WB36XA 高压水泵	草坪 养护	电动	动力：3.63 千瓦汽油机； 工作压力：35 千克/厘米²；流量：36 升/分钟； 重量：38 千克； 外形尺寸（厘米）：90×35×41
本田 WB30T 水泵 （彩图 7-43）	草坪 养护	电动	动力：G200 4-冲程 SV 发动机；气缸工作容积 （厘米³）：197；最大输出动力（HP/RPM）： 5.0/3600；入水口径/出水口径：80 毫米； 最大总扬程：28 米；吸水扬程：8 米； 最大流量：（升/分钟）：1100；吸水时间（秒/5 米）： 150；油缸容积（公升）：4.3；外形尺寸（厘米）： 52×40×48.5；干身时重量：28 千克； 框架型：F 型
本田 WB20T 水泵	草坪 养护	电动	动力：G150 4-冲程 SV 发动机；气缸工作容积 （厘米³）：144；最大输出动力［千瓦/（转/分）］ ：5.0/3600；入水口径/出水口径：50 毫米； 最大总扬程：32 米；吸水扬程：8 米； 最大流量：（升/分）：600； 吸水时间（秒/5 米）：110； 油缸容积（公升）：2.5； 外形尺寸（厘米）：46×36×44；干身时重量： 23 千克；框架型：F 型

型　号	用途	驱动	结构、性能及参数
PGJ 旋转喷头系列 PGJ-00-灌木型 PGJ-04-弹出高度 10 厘米 PGJ-06-弹出高度 15 厘米 PGJ-12-弹出高度 30 厘米（彩图 7-44）	草坪养护	电动	喷头整体尺寸：PGJ－00－18 厘米；PGJ－04－18 厘米；PGJ－06－23 厘米；PGJ－12－41 厘米；流量：0.15～1.2 米³/小时（2.4～20.1 升/分钟射程：4.6～11.3 米；压力：206～344 千帕）降雨强度：在压力 275 千帕、间距：4.6～11.3 米时 16 毫米/小时；喷嘴仰角：标准 14°
I-90 旋转喷头系列 I－90－36V I－90－ADV（彩图 7-45）	草坪养护	电动	全圆喷洒，喷洒角度可调节，有喷洒半径调节螺丝，可以灵活调节喷洒角度，确保喷洒均匀。顶部橡胶保护盖，防止污物进入或者机械及人为损坏。可从喷头上部调节喷洒弧度，调节范围在 40°～360°之间。喷头的旋转速度不随喷嘴大小和压力的变化而改变。喷头内置超大过滤网，有效阻止喷嘴堵塞

（三）草坪养护管理机械的使用

正确地掌握使用操作方法，对发动机及各部件都能延长使用寿命。剪草前应拣出草坪内所有石块、树枝、铁丝及其他坚硬物，以防损坏刀片、发动机以及对操作人员和周围的人造成危险。操作时，身体的任何部位均不得靠近旋转的零部件。行进速度不宜过快，在下坡或坑凹处注意缓行时应往前推。

为保持草坪的健康生长，每次修剪的草高不宜超过原长的1/3，尽可能不剪湿草。因其容易粘在一起阻塞剪草机，影响工作效率。

　　起动运行时,要先按起动加油装置,见有少许汽油溢出,即可将制动器拉杆手柄握牢,平稳迅速拉动起动绳轮,发动机即可起动。运行时不允许长时间、大油门工作。时间不宜太长,每工作1～2小时后需要休息10分钟左右。

附录 1 草地整地机械生产厂家、 地址及联系方式

一、约翰·迪尔(中国)投资有限公司

生产、经营或代理:915V 型深松犁(彩图 1-1)等

北京公司

地址:北京市朝阳区东三环北路辛 2 号迪阳大厦 1001 室 邮编 100027

电话:010-84536419 传真:010-84536298

新疆办事处

地址:新疆维吾尔自治区乌鲁木齐市北京南路 26 号美克大厦 1002 室 邮编:830011

电话:0991-3839789 传真:0991-3628570

二、美国凯斯公司

生产、经营或代理:4300 田间耘耕机(彩图 1-3)、7500 型可调耕宽半悬挂铧式犁、3850 圆盘耙等

哈尔滨代表处地址:哈尔滨新世界北方酒店 203 房间 邮编:150001

经理:赵诚 销售工程师:徐元伦 电话:0451-3607311 或 3628888-203

三、库恩公司中国代理

生产、经营或代理:Master121 型 KUHN 翻转犁(彩图 1-4)、KUHN 旋转耙、HR5002DR 旋转驱动耙、HRB 旋转驱动耙、EL 82-205 动力驱动旋耕机、HVA 26 机型等

地址:中国北京朝阳区北辰东路 8 号汇宾大厦 B 座 B1915 邮编:100101

网址:www.kuhnsa.com

电话:010-84992910、84992911 传真:010-84987025
电子邮箱:kuhn@public3.bta.net.cn
四、现代农装北方(北京)农业机械有限公司
生产、经营或代理:中农机美诺2306型深松机
详细地址:北京市北沙滩一号 邮编:100086
联系人:宋先生 电话:0470-2216665 传真:010-2216665
电子邮箱:songwz@maen.com.cn
五、北京燕京牧机集团
生产、经营或代理:ILQ-5-25轻型悬挂五铧犁、ILQ-4-25轻型悬挂四铧犁、LXT-3-30悬挂三铧犁、LXT-4-35悬挂四铧犁、ILH-220悬挂两铧犁、PH-1.6-9型机引悬挂合墒器等
地址:北京市通州区八里桥南街16号 邮编:101100
开户行:北京市通州区工商银行迎宾分理处
电话:010-60535841、605533479 账号:533-040027-86 传真:010-60531664
开户行:北京市通州区农行通州分理处 电挂:8145 账号:871-015-11
六、内蒙赤峰鑫秋农牧机械制造有限公司
生产、经营或代理:1LⅡ-435双向四铧犁、1LF-330液压翻转三铧犁、悬挂中型二铧犁1L-330等
地址:内蒙古赤峰市红山区火花路南段七号 邮编:024000
电话:0476-8333916、8335137 传真:0476-8334979
七、英之杰农业机械部
生产、经营或代理:MF242悬挂式圆盘等
地址:香港新界葵芳兴芳路223号新都会广场2座9楼
电话:(852)24106360 传真:(852)24012484
北京办事处
公司地址:北京市崇文区东花市北里东区6号五层 邮编:

100062

传真号码:010-67135152 电话:010-67135158 联系人:石庆炜

广州办事处

电话:020-87321908 传真:020-87321299

哈尔滨办事处

电话:0451-3602472 传真:0451-3676461

附录 2 牧草播种机械生产厂家、地址及联系方式

一、中国农业科学院草原研究所

生产、经营或代理:9BS-1.8 型苜蓿草种籽播种机

地址:呼和浩特市乌兰察布路 120 号 邮编:010010

电话:0471-4926900、4902423 手机:13804710637 传真:0471-4902423

二、百利灵"保苗"草籽播种机中国总代理

生产、经营或代理:5 呎保苗播种机

地址:北京亚洲大酒店写字楼 213 室 电话:010-65007788-7295

三、KUHN0-NODETS. A 股份有限公司

生产或经营:BS-GC 系列条播机

电话:＋33(0)164704200 传真:＋33(0)164704219

四、约翰·迪尔中国

生产、经营或代理:约翰·迪尔 156 型免耕及其他条播机,如 90 系列开沟器、1890 免耕气吹式播种机、1895 独立式施肥气吹播种机、1830 锄式气吹播种机、1835 锄式气吹播种机、730 圆盘式气吹播种机、CCS 精量播种系统、1990 CCS 免耕气吹播种机、1910 气吹式种肥车

北京公司

地址:北京市朝阳区东三环北路辛 2 号迪阳大厦 1001 室 邮编:100027

电话:010-84536419 传真:010-84536298

新疆办事处

地址:新疆维吾尔自治区乌鲁木齐市北京南路 26 号美克大厦

1002 室 邮编:830011

电话:0991-3839789 传真:0991-3628570

五、英之杰农业机械部

生产、经营或代理:MF543 通用机架式播种机等

地址:香港新界葵芳兴芳路 223 号新都会广场 2 座 9 楼

电话:(852)24106360 传真:(852)24012484

北京办事处

电话:010-67082196 传真:010-67082190

广州办事处

电话:020-87321908 传真:020-87321299

哈尔滨办事处

电话:0451-3602472 传真:0451-3676461

六、凯斯纽荷兰机械贸易(上海)有限公司

生产、经营或代理:1200 系列 ASM 播种、Flexi-Coil 空气变量播种机、Ecolo-tiger 联合整地机等

地址:上海市外高桥保税区华京路 8 号三联大厦 442 室 邮编:200131

电话:021-50460188 传真:021-50461110 电子邮箱:webmaster@cnh.com.cn

附录3　牧草田间管理机械
生产厂家、地址及联系方式

一、中农研究所北京红蜻蜓农机公司

生产、经营或代理:小型汽油机为动力的节水喷灌系列(彩图 3-1)、柴油机自吸泵为动力喷灌系列产品(彩图 3-2)、卷盘式喷灌机组(彩图 3-3)、TX 型移动式喷灌机(彩图 3-4)等

单位:中国农业机械化科学研究院耕作种植机械研究所

地址:北京市德胜门外北沙滩 1 号 32 信箱　邮编:100083

电话:010-64882438、64882431、64882442　手机:13801201881
传真:010-64876357

电子邮箱:camms@263.net

二、东方互联公司

生产、经营或代理:行走平移式喷灌机(彩图 3-5)、悬臂式卷盘喷灌机等

地址:北京市海淀区中关村东路 89 号恒兴大厦 18B　邮编:100080

电话:010-51657771　传真:010-62982600

电子邮箱:orienet@126.com　网址:http://www.orienet.com

三、北京嘉源易润工程技术有限公司代理

生产、经营或代理:美国(TORO)T. Ag20 和 T. Ag25 双喷嘴(彩图 3-6)、AQUA-TRA XX 新式标准滴灌带等

地址:北京复兴路 2 号　邮编:100038

电话:010 - 63280805、63280806、63280807　传真:010 - 63280800、63271135

电子邮箱:bisfd@pubilc.east.net.cn　网址:http://www.

yirun. com. cn

四、北京华联机电技术装备公司

生产、经营或代理:美国维德润牌滚移式喷灌机等

地址:北京德胜门外北滩 1 号 邮编:100083

电话:010-64882296、64875889 传真:010-64878659

五、江苏省灌溉防尘工程有限公司代理

生产、经营或代理:日本三井化学株式会社微喷带

地址:南京市虎踞南路 2 号兴宇大厦 18-502 室,南京市上海路 10 号(业务部)

电话:025 - 86617990、86617220、84709297 传真:025 - 86532227、86617220、84705105

免费服务电话:800-828-9389 电子信箱:jidpc@163.com 邮编:210029

六、法国兴业公司中国代理

生产、经营或代理:大型喷灌设备及备件滴灌管,主要有中小型过滤器,大田用喷灌车、喷头、喷杆等

地址:北京市海淀区中关村南大街 12 号;中国农科院外宾招待所 109、110 室 邮编:100081

电话:010-68918857 传真:010-68918851 电子邮箱:franxinex @shia.com

联系人:史大伟 手机:13910318905

广州联络处 电话:020-84096200 传真:020-84096867 联系人:梁山 手机:13902400806

七、美国凯斯公司中国代理

生产、经营或代理:纽荷兰 130、145、155、185 和 195 型箱式撒肥机(彩图 3-8)、JM600 施肥机、凯斯自走式、悬挂式、牵引式系列喷药机(彩图 3-10)、1840 免耕/松土中耕机(彩图 3-15)等

哈尔滨代表处

地址:哈尔滨市香坊区赣水路 68 号新加坡大酒店 306 房间 邮编:150090

电话:0451-2336888-7541,0451-3607311 传真:0451-3604979

经理:赵诚 销售工程师:徐元伦 手机:13804519951、13603619109

新疆联络处

地址:乌鲁木齐市黄河路 26 号鸿福大饭店 A 座 905 房间 邮编:830000

电话:0991-5881781 传真:0991-5881780

销售经理:李伟、邱红梅 手机:13609917744、13899810555

八、苏州黑猫有限公司(黑猫牌喷雾机)

生产、经营或代理:3WH-36E(T)推车式喷雾机、3WKY40 框架式/推架式喷雾机等

地址:苏州市城北公路四号桥 邮编:215009

电话:0512-67214770、67210896 传真:0512-67214666

九、广东大地渗管水喉厂

生产、经营或代理:大地渗管

北京办事处

地址:北京市海淀区永丰乡亮甲店新村 6 号楼 501 室 手机:13910686947

广东办事处

地址:广东中山市港口镇民生北路 56 号 手机:13702451135

联系人:关德光、郭精光(销售经理)

十、太平洋新农有限公司代理

生产、经营或代理:"没得比"空气压缩喷雾机及喷雾器各种配件,喷头,喷杆,加长喷杆,除草剂专用长弯臂等

地址: Room 2501, Island Centre, No. 470. Keclamation street;Mangkok, kowloon, Hong Kong

电话:(852)25285926 传真:(852)25280894

电子邮箱:pacipace@netvigator.com

十一、现代农装北方(北京)农业机械有限公司

生产、经营或代理:中农-美诺系列喷药机械

地址:北京市德胜门外北沙滩 1 号 邮编:100086

联系人:宋先生(经理) 电话:0470-2216665 传真:010-2216665

电子邮箱:songwz@maen.com.cn

十二、爱农机械有限公司

生产、经营或代理:韩国"亚细亚"多功能管理机(彩图 3-14)等

地址:辽宁省鞍山市铁西区人民路甲 273-1-17 邮编:114000

电话:0412-8438575 传真:0412-8438302

网址:http://www.chinaainong.com 手机:13804223416

十三、北京农业机械研究所和北京农业机械技术开发公司

生产、经营或代理:"多面手"田园管理机

地址:北京德外西三旗 邮编:100096

电话:010-82912968、82915049 传真:010-8291304

电子邮箱:bami@public.bta.net.cn

附录 4 牧草收获机械生产厂家、地址及联系方式

一、内蒙古海拉牧业机械总厂刀片厂市场部

生产、经营或代理:标准Ⅰ型动力刀片(彩图 4-1)

地址:海拉尔市夹信子头道街 8 号

电话:0470-8334822、8345295 传真:0470-8334822

二、往复式割草机销售中心总部

生产、经营或代理:9GB2.1型往复式割草机(彩图 4-2)等

地址:中国北京朝阳区德胜门外沙滩 1 号 118 信箱(分院销售中心) 邮编:100083

电话:010-64868608、64850770、64851101 手机:13911811300

传真:010-64868608 联系人:张俊国 网址:http:/caamshb.com

分院院址

地址:内蒙古呼和浩特市昭乌达路 506 号 邮编:010010

电话:0471-4962234 手机:13604713614

传真:0471-4951307 联系人:卞一丁 网址:http://caamshb.com

三、内蒙古华德牧草机械有限责任公司

生产、经营或代理:9GX-1.3型旋转割草机、9GY-3.0 往复式割草压扁机和圆盘式割草压扁机

地址:中国内蒙古海拉尔区夹信子头道街 32 号

网址:www.huadejx.bip.und.cn 电子邮箱:HLRMY@SOHU.COM

电话:0470-8345261、8331545 手机:13347014676 传真:0470-8333569、8334822

四、内蒙赤峰鑫秋农牧机械制造厂

生产、经营或代理：9QY-3.0 切割压扁机，切割压扁苜蓿草等

地址：内蒙古赤峰市红山区火花路东一段 7 号 邮编：024000

电话：0476-8799714、4974459 传真：0476-8334979

五、吉林省金桥农机有限责任公司

生产、经营或代理：JOHNDEERE 生产销售的约翰·迪尔往复式割草压扁机、纽荷兰往复式割压扁草机；纽荷兰 HW300、HW320 和 HW340 自走式割草压扁机等

业务电话：0431-7970328、7976527（传真）

主机业务经理：薛连军 0431-8832679 农具业务经理：周延青 0431-8842850

售后服务及维修经理：温克 0431-8864768 配件部办公电话：0431-7988581

配件业务经理：李向锐 13074326606 财务部负责人：林玉桢 0431-6577797

刘波总经理办公室：0431-7990239（传真）电子邮箱：jljqnj@126.com

开户行：长春市农行平安分理处 账号：07-150101040001525

地址：长春市西安大路 6430 号（省农机鉴定站一楼）邮编：130062

六、酒泉铸陇机械制造有限责任公司

生产、经营或代理：旋转式单圆盘、双圆盘割草机

联系人：肖经理 电话：0937-2689536 手机：13993716786

联系地址：酒泉市高新技术工业园区（南园）兴工西路 邮编：735000

电子邮箱：jqzljx@163.com 网址：http://zhulong.b2b.infocom.cn

七、桂林高新区科丰机械有限责任公司

生产、经营:"科丰"牌多功能小型斜挂式收割机和 KF-CG330,KF-CG430 割草机

地址:桂林市七星区辰山路东侧

电话:0773-5861122 电子邮箱:kf9977@126.com 网址:www.kf9977.com

八、中农草业有限公司独家代理

生产、经营或代理:JF 收割机、GCS2400 是圆盘割草机

地址:北京海淀区中关村南大街 12 号中国农业科学院百欣科技楼 706 室 邮编:100081

电话:010-62195463/4/5 传真:010-62198381 网址:www.caasgrass.com

九、上海世达尔现代农机有限公司

生产、经营或代理:MDM1300 圆盘割草机、MDM1700 牵引式割草机

联系地址:上海市华宁路 1300 号 邮编:200245

销售电话:021-64300143 、64308916、64636229 、64300152-8012

传真:021-64300146 电子邮箱:star@shanghai-star.com

网址:http://www.shanghai-star.com

十、美国凯斯公司哈尔滨代表处

生产、经营或代理:CASE 牵引式 8300 系列割草机、KUHN 圆盘割草压扁机(FC280 割草压扁机、ALTERNA400 和 500 型牵引式割草压扁机)

地址:哈尔滨市香坊区赣水路 68 号新加坡大酒店 306 房间 邮编:150090

电话:0451-2336888-7541,0451-3607311 传真:0451-3604979

经理:赵诚 销售工程师:徐元伦 手机:13804519951、13603619109

十一、英之杰农业机械部

生产、经营或代理：Hesston 往复式割草压扁机、MF220 自走式割晒机

地址：香港新界葵芳兴芳路 223 号新都会广场 2 座 9 楼

电话：(852)24106360 传真：(852)24012484

北京办事处

电话：010-67082196 传真：010-67082190

广州办事处

电话：020-87321908 传真：020-87321299

哈尔滨办事处

电话：0451-3602472 传真：0451-3676461

十二、法国科恩公司北京代表处

生产、经营或代理：FC 250 G/RG 牵引式割草压扁机、GMD 前置式 702 F、GMD802 割草机、水平折叠式割草机、竖直折叠式割草机、悬挂式、前悬挂式、牵引式、三组联合割草压扁机等

地址：北京朝阳区北辰东路 8 号，汇宾大厦 B 座 1915 室 邮编：100101

电话：010-84992910/2911 传真：010-84987025 电子邮箱：kuhn@public3.bta.net.cn

十三、德国克拉斯公司北京代表处

生产、经营或代理：JAGUAR 系列自走式青贮收获机、DISCO 系列圆盘式割草压扁机（DISCO 2650/3050、DISCO 210/250/290）、CORTO 系列割草机、VOLTO 系列摊晒机、LINER 系列搂草机、QUANTUM 系列集草车、SCORPION 系列伸缩臂叉车

地址：北京市朝阳区麦子店大街 37 号盛福大厦 1470 室 邮编：100026

电话：010-85275793 传真：010-85275794

电子邮箱：info@claas.com.cn 网址：www.claas.com.cn

附录 5 牧草种子收获机及种子加工设备生产厂家、地址及联系方式

一、天同集团有限公司

生产、经营或代理:神农 4LSC 系列牧草种子收获机(彩图 5-1)

联系地址:河北省石家庄市和平东路 418 号 邮编:050033

销售电话:0311-87322984 传真:0311-87322984

网址:http://www.chinatiantong.com/

二、中国农业机械化科学研究院

生产、经营或代理:9ZQ-2.7、9ZQ-3.0 型苜蓿类草籽采集机

联系人:侯玉平(先生) 电话:010-64868608 传真:010-64868608

地址:北京市朝阳区德胜门外北沙滩一号 118 号信箱 邮编:100083

网址:http://www.caamshb.com

呼和浩特分院

生产、经营或代理:牧草种子成套设备

地址:呼和浩特市新城区昭乌达路 506 号 邮编:010010

电话:0471-4968507

三、甘肃酒泉奥凯种子机械有限公司

生产、经营或代理:5XT-5.0 玉米加工车、5CM-2.0 型水稻除芒机、5XQS-300 型比重去石机、5XZD-5.0(3.0)型比重式清选机、5XS-5.0 型清选机、5XF-1.3A 复式精选机、5X-0.7 风筛式清选机、5BY-5.0V/8.0V/1.0v12V 种子包衣机、9CJT-300,5XT-1.0、2.0、3.0、5.0 型种子加工成套设备、5W-5.0B 窝眼式清选机、5XF-1.3K 种子清选机等

地址：甘肃省酒泉市西大街 88 号（兰州雁滩工业城北四区 12 号）邮编：735000

联系人：王广万 电子邮箱：lzok@woksm.com

电话：0931-4611155,0937-2613423 传真：0931-4611187,0937-2616300

四、德国佩特库斯 PETKUS 有限公司北京办事处

生产、经营或代理：U 系列风筛清选机、窝眼清选机、芒机和磨光机、重力式清选机、包衣机/丸化机（批量式和连续式）、谷物干燥机和种子干燥机、输送设备，斗式提升机、斗链提升机、管道式输送机和皮带式输送机，除尘系统等

地址：北京朝阳区东三环戊 2 号国际港 C 座 803 室 邮编：100027

电话：010-84470190、84470157、65907057 传真：010-84470190

电子邮箱：ltvbj@95777.com

附录6 饲草产品加工机械生产厂家、地址及联系方式

一、上海凯玛新型材料有限公司

生产、经营或代理：KM650-B 型青贮打捆机、KM650-P 型小型青贮机、小型青贮打捆机（捡拾型）、小型青贮打捆机、KM650-P 型青贮打捆机、KM520-B 小型裹包机、大型裹包机、灌装袋（新疆）、青贮灌装袋（北京）、青贮灌装袋（黑龙江）、青贮灌装袋、大型青贮圆捆（内蒙古）、小型青贮圆捆（黑龙江）、苜蓿青贮草捆（北京）、小型青贮圆捆（北京）

地址：上海市天目中路 383 号海文大楼 1508 室

电话：021-63170478、63179750 传真：021-63179506

电子邮箱：superlky@online. sh. cn

二、北京通燕机械制造有限公司（原北京燕京牧机公司一厂）

生产、经营或代理：9QC400 型饲草料揉搓机、9KH32 环模制粒机、9PK22 平模制粒机、9SZ2.5H 颗粒饲料加工机组、9KHJ1000N 颗粒饲料加工机、9KPJ1000N 颗粒饲料加工机、9ST2.5 饲料加工机组、9PS1000B 饲料加工机组、脉冲布筒除尘器、颗粒稳定器、多级振动筛、饲料加工成套设备电控装置、颗粒稳定器、9CJ500 饲草粉碎机、锤式粉碎机、9FJ56-32 锤片粉碎机、9YTH100 腰鼓式混合机、9KH40 环模制粒机、9KH32 环模制粒机、9PK22 平模制粒机、9PK500 平模制粒机、9PK200 平模制粒机、9SZ2.5H 颗粒饲料加工机组、9KPJ2.5B 颗粒饲料加工机组、9KHJ1000N 颗粒饲料加工机组、9KPJ1000N 颗粒饲料加工机组、9NS1.5 浓缩饲料加工机组、9ST2.5 饲料加工机组、9PS1500 饲料加工机组、9PS1000B 饲料加工机组、9PS500 饲料加工机组、9FQ40-20B 锤片粉碎机、配合饲料加工机组、浓缩饲料加工机组

等。

地址：北京市通州区宋庄镇高辛庄工业园区 1 号 邮编：101118

联系人：许福春（副经理）手机：13161342063

电话：010-69590800、69590135 电子邮箱：fuchun-xu@sohu.com

三、中国农业机械化科学研究院呼和浩特分院销售中心

生产、经营或代理：华德牧机 9Q-60 型青干饲草切碎机、9R 系列揉碎机、9FC 型系列干草粉碎机、93ZF-1.0 型铡切粉碎机组、92YL-0.5 型圆草卷捆机和 92YC-0.5 型圆草捆薄膜缠绕机、华德牧机 9YFQ-1.9 型方捆打捆机、华德牧机 9YFQ-1.9 型方捆打捆机、意大利 GALLIGNANI3690 型方草捆打捆机、英之杰 MF139 小型打捆机、巴西 AP-41N 捡拾压捆机、MF185 大型方形打捆机、9FQ40-28A 型铡揉草粉碎机、9CF50-50 型饲草草粉粉碎机组、93ZF-1.0 型铡切粉碎机组

地址：北京市朝阳区德胜门外北沙滩一号 118 信箱

电话：010-64868608、64882020/21/22 传真：010-64850770

联系人：张俊国 手机：13911811300

网址：http://www.caamshbsc.com，http://www.caamshb.org.cn

电子邮箱：caamshb@sina.com

四、爱农多功能饲料制造厂

生产、经营或代理：AN-2201-Y(N)饲草破碎机、AN-2002-5 爱农多功能饲料制造机、AN-35 型牧草圆捆真空装机、AN-20 系列方捆捆草机

地址：高新技术产业开发区鞍千路 265 号 邮编：114044

联系人：文明根 电话：0417-8215434、4800318 传真：0417-4800328

电子邮箱：YKAN@mail. ykppt. ln. cn 网址：http://978901. 71ab. com

五、玉皇牌多功能秸秆揉碎机

生产、经营或代理：玉皇牌多功能秸秆揉碎机

地址：河北省南皮县大浪淀乡玉皇村 邮编：061502

传真：0317-8771886 电话：0317-8771083 手机 13703272666

六、上海电气集团现代农业装备成套有限公司北京代理（北京克劳沃机械设备销售中心）

生产、经营或代理：9KYQ-7050 小圆捆扎机、9KYQ-9085 中圆捆扎机和 9FK-8040 方捆所机，9KYZ-7050 自走式捆扎机，9BM-7050 小圆包膜机和 9BM-9085 中圆包膜机等

地址：北京朝阳区惠新东街 23 号克劳沃大厦 8 层 邮编：100029

电话 010-64950363、64890277 传真：010-64950383

联系人：马宝森，张辉，汤晓军

七、上海世达尔现代农机公司

生产、经营或代理：袋式青贮设备 Centerline（进口）、小型 MP550（进口）圆捆机，SSW-C1（国产）和大型草料青贮设备 CO-LUMBIA R10-SERIE（F 进口）、FW15-SUPER（进口），SWM0810 青贮包膜机、HB2060 型方捆打捆机、MRB0850 型、MRB0870 型圆捆机、9KF-840 方草捆捆扎机、9KYQ-7050、9085 圆草捆捆扎机和 9KYQ-7050 侧面输入固定式圆草捆捆扎机

地址：上海市华宁路 1300 号近剑川路 邮编：200245

电话：021-64300143、64308916、64636229、64300152-8012

传真：021-64300146 电子邮箱：starnj@126. com、star@shanghai-star. com

网址：www. shanghai-star. com

八、沈阳远大科技实业有限公司

生产、经营或代理：HYG 系列滚筒成套干燥设备

地址：沈阳市沈河区东滨河路 128 号 邮编：110016

电话：024-24156920 传真：024-24156340

网址：www. syydgz. cn 电子邮箱：yd@syydgz. cn

九、法国绿色环保节能烘干设备北京办事处

生产、经营或代理：法国绿色环保节能烘干设备

地址：北京市海淀区中关村南大街 12 号，中国农科院外宾执行所 109、110 室

邮编：100081

电话：010-68918857 传真：010-38918851 电子邮箱：franxinx@sina. com

联系人：刘赞 13901326249 广州联络处电话：020-84096200 传真：020-84096867

联系人：梁山 13902400806

十、郑州利尔德粮机设备有限公司

生产、经营或代理：GTH 系列滚烘干机、JLG 系列燃煤热风米、SSL 系列手烧炉

地址：郑州市中原区沟赵乡沟赵村 联系人：郑守生 邮编：450066

十一、中船重工第 713 所海新智能热能动力工程部

生产、经营或代理：93QH 系列牧草烘干机组，93QHD 系列饲草液压打包机

公司地址：郑州市京广中路 126 号

电话：0371-67132122、67132270 电子邮箱：713LWR@163. com

十二、乾地农牧机械有限公司辽宁省大连普兰店市南山办事处

生产、经营或代理：干草水分测定器、HMT-2 水分测定仪、BHT-1 水分测定仪、DHT-1 型手持饲草水分检测仪、F-6/6-30 干草水分测定仪、F-2000 干草水分测定仪

大连：041-31366001 邮编：116200 北京：010-6419441

十三、中农草业股份有限责任公司

生产、经营或代理：9JK-1.7 方捆捡拾打捆机、9YD-200 型高密度二次压捆机，WELGER AP530 高密度压捆机，9KB-2.0 型多功能高密度压捆机、GKY2 饲草二次高密度压捆机

地址：北京市海淀区中关村大街 12 号百欣科技楼 706 室 邮编：100081

电话：010-62148961、68977871 传真：010-62148962

中国农业科学院草原研究所

地址：呼和浩特市乌兰察布路 120 号 邮编：010010

电话：0471-4926900、4902423 手机：13804710637 传真：0471-4902423

十四、山东肥城市金属制品机械厂

生产、经营或代理：9Y2、9Y1.6 型方捆机

邮编：27608 电话：0538-3511857

十五、美国凯斯公司哈尔滨代表处

生产、经营或代理：纽荷兰 565、570、575、580 型小方捆打捆机，纽荷兰 638、648 和 658 型圆捆打捆机

地址：哈尔滨新世界北方酒店 203 房间 经理：赵诚 销售工程师：徐元伦

电话：0451-3607311、3628888-203

十六、东光县跨越草业有限责任公司

生产、经营或代理：GKY1 型牧草高密度压捆机

联系人：王建华先生（助理）公司地址：中国河北省东光县邮政局南二楼

电话:0317-7721198

十七、沈阳宏科草业机械有限公司

生产、经营或代理:SGKJY-1.5 计量移动式散草段高密度打捆机、EYY2Z 型牧草高密度压捆机等牧草二次压捆机、牧草散草段压捆机

地址:辽宁省沈阳市铁西区北四东路 9-2-231 邮编:110021

联系人:王忠良 手机:13840198695 传真:024-25673230

电子邮箱:wxiaoshu@163.com 网址:tradl.aweb.com.cn

十八、江苏牧羊集团

生产、经营或代理:

粉碎设备系列——牧羊 MFKP 系列稻壳粉碎机、牧羊 SPSC 系列齿式破碎机、牧羊先锋 668 水滴式锤片粉碎机、牧羊 SFSP 系列锤片式粉碎机、FSP56×40(56×36)粉碎机(部优)、牧羊超越 SWFP 系列微粉碎机、牧羊超乐系列超微粉碎机、压片机 MYPG40×90、牧羊水滴王 968 粉碎机、牧羊粉碎机、牧羊超越 SWFP 系列微粉碎机;

制粒设备系列——牧羊 MUZL180 实验型颗粒机、牧羊 SBTZ 系列双轴差速调质器、牧羊 SLTZ 高效调质器、牧羊 UMT 颗粒机、牧羊 MUZL10 系列颗粒机、MUZL2010 颗粒机、MU-ZL1200 颗粒机、MUZL600 颗粒机、牧羊 MUZL350/420T 系列颗粒机、牧羊 MUZL10 系列颗粒机

破碎分级系列——牧羊 MUSL 系列碎粒机、SPSP 蛋鸡料破碎机牧羊 SFQZ56 型高效细分筛、MYPG 辊式压片机

牧草加工系列——牧羊 MLWG160 型卧式牧草冷却器、牧羊大力神系列压块机、牧羊 MUZL 系列草颗粒机、牧羊 MJCC20 牧草均储器、牧羊水滴王 968 粉碎机(牧草专用型)、牧羊 MFSP 系列秸秆粉碎机

电话:0514-87848366、87848566 传真:0514-87848789 联系

人:陈斯建

地址:中国江苏省扬州市牧羊路 1 号(邗江经济开发区) 邮编:225127

十九、北京鑫绿禾农业科技开发有限公司

生产、经营或代理:约翰迪尔小型方捆机 349、359、459 型,AP530 型打捆机,1590 型免耕播种机、725 型往复式割草压扁机、349、359 型方捆机、702704 型指盘式搂草机,还经销美国迪尔公司的全系列农机产品,如拖拉机、联合收割机、耕作机具、播种机、牧草机械、摘棉机、耕耘机及其他各种农具

地址:中国北京大兴区兴华南路 13 号 邮编:102600

电话:010-69204874 69242536 传真:010-69242625

网址:http://www.Dxnys.com 电子邮箱:xingnonglvhe@Sina.com.cn

二十、郑州远望粮机工程有限公司

生产、经营或代理:远望滚筒烘干机、远望 DTG 系列斗式提升机

电话:0371 - 63671511 传真:0371 - 63671511

网址:http://www.hxnjw.com/u/zzyuanwang.html

电子邮箱:zzyw@zzyuanwang.com

地址:郑州市江山路与天河路交叉口 邮编:450044

二十一、江苏正昌集团有限公司

生产、经营或代理:

饲料机械设备——机电一体化 颗粒压制机 膨化机,膨胀器小机组 粉碎机,混合机 冷却器 辊式碎粒机,分级筛 液体添加、喷涂设备 清理设备,配料、包装秤 提升、输送 闸阀门,喂料器分配器 干燥机,脉冲 后熟化设备

牧草机械设备——SFSP 系列卧式牧草粉碎机、SFSP 系列圆盘牧草粉碎机、秸秆搓揉机 SFSC720、SZLHM 系列牧草制粒机、

MYZC 系列匀质机、MKLW 系列卧式冷却机、MGSW 系列牧草上料机、MGSS 系列牧草刮板机、SYKH 系列牧草压块机

　　地址：江苏溧阳经济开发区正昌路 28 号 邮编：213300

　　联系人：曾经理 电话：0519-87309810 传真：0519-87309881

　　网址：www. zhengchang. com 展台：http://www. nongjx. com/st178

二十二、无锡市紫光机械科技有限公司

　　生产、经营或代理：SLHSJ 系列预混合饲料机组、FSP50/60 型粉碎机、转鼓式添加剂混合机、双轴桨叶式高效混合机、超微粉碎机、超微粉碎机组（特种水产粉料）、自吸式粉碎机、滚筒烘干机、25-42 配合颗粒饲料机组、SKLN 逆流式冷却器、辊式破碎机

　　地址：无锡市锡山区羊尖工业园 A 区 邮编：214107

　　联系人：浦正亚 手机：13906182562

　　电话：0510-88330668 传真：0510-88330339

　　网址：http://www. wxzgkj. com 电子邮箱：sales@wxzgkj. com

二十三、无锡市双氏机械有限公司

　　生产、经营或代理：HKJ-320 颗粒饲料机组、HKJ-25F 颗粒饲料机组、SSYH 系列预混合饲料机组、HKJ-320 型颗粒压制机、HKJ 系列草颗粒压制机系列、SDFP 系列水滴式锤片粉碎机、ss-wf68 系列宽体式微粉碎机、50 型带风锤片式粉碎机等。

　　地址：无锡市锡北镇张泾工业园区 联系人：徐先生 13951581293

　　电话：0510-83796268 传真：0510-83790910

　　电子邮箱：sales@wxssjx. com. cn 网址：http://www. wx-ssjx. com. cn

二十四、江苏溧阳市德诚机械有限公司

　　生产、经营或代理：SFSP50 锤片粉碎机、SFSP 系列锤片粉碎

机、SFSP 系列宽式粉碎机、SFSP 系列水滴型粉碎机，SZLJ508 型环模制粒机(专供出口型)、SZLJ400 型环模制粒机(专供出口型)、SZLJ420 型环模制粒机(专供出口型)、SZLJ25 型环模制粒机(专供出口型)、SZLJ25 型环模制粒机、SZLJ32 环模制粒机、SZLJ 带强制喂料器环模制粒机、SKLN 系列逆流式冷却器、SSLG 系列颗粒破碎机、KSJZ5000C 型颗粒饲料机组等

地址：江苏省溧阳市昆仑经济开发区肇庄路 85 号

电话：0086 - 519 - 87126600、87126601　传真：0086 - 519 - 87126602

网址：http：//www. decheng. cn 电子邮箱：dc@decheng. cn
网络实名：德诚饲料机械

二十五、山西中瑞大同农牧机械有限责任公司

生产、经营或代理：9RS40 揉碎机，DPDA304·54 型颗粒压制机、9CBJ-500 型饲草压饼机

地址：山西省大同市南关小东门外 6 号 邮编：037004

电话：0352-2052341 传真：0352-2053341 售后服务热线：0352-2040742

二十六、上海金山咏顺工贸有限公司(上海强盛饲料机械厂)

生产、经营或代理：KJ 系列颗粒饲料机

地址：上海市金山区朱泾镇胜利路 99 号 邮编：201500

联系人：张先生 电话：021-57337179 传真：021-57331029 电子邮箱：yongpai@jsol. net

二十七、河南省新乡市和协集团有限公司

生产、经营或代理：KJ-300 型平模颗粒饲料机

地址：河南省卫辉市汲城工业园区(107 国道 604 公里)

电话：0373-4090145、4090210 传真：0373-4090312

二十八、河南省新乡市和协农牧机械制造有限公司

生产、经营或代理：KJ150、250、304、350、420 环模制粒机

地址:河南省新乡市新濮环岛 107 国道往北 5 公里处 邮编:453131

电话:13837149849 传真:0373-4090312 联系人:王守利

网址:http://www.hexiegroup.com

二十九、江阴市恒泰烘干设备有限公司

生产、经营或代理:GHL 高速混合制粒机

联系地址:江阴市夏港工业园区 218 号 邮编:214442

联系人:柳建平 电话:0510-86163799、86032127 传真:0510-86032127

三十、卫辉市太行饲料机械厂

生产、经营或代理:9SJ-TH-150A 型环模制粒机

联系人:付长海(销售经理)

地址:河南省新乡市卫辉市孙杏村工业区

电话:0373-4493548 传真:0373-4493548

网址:http://xxthsl.b2b.hc360.com,http://www.thsljx.cn

三十一、山东省曲阜市天阳机械制造公司

生产、经营或代理:天阳牌中小型平模系列颗粒饲料机

地 址:山东省曲阜市外贸大厦三楼 邮编:273100

联系人:吴奇(经理) 手机:13181307932

电话:0537-4483288 传真:0537-4429288

电子邮箱:956345313@163.com 网址:http://www.sdtian-yang.com

三十二、吉林省百灵天华生态工程(集团)有限公司

生产、经营或代理:全秸秆颗粒设备

通信地址:长春市永昌路 1 号省外经贸大厦三楼 邮编:130021

联系人:熊定国 电话:0431-5626999

三十三、大江集团上海申德机械有限公司

生产、经营或代理:SDPM 型颗粒机

地址:上海市松江区环城路 550 号 邮编:201613

电话:021-57835148 手机:13361940819 传真:021-57831124

网址:http://www. shendegas. cn,http://shendemach. cn.
alibaba. com

电子邮箱:Shende@shendemach. com

三十四、石家庄三和神工饲料机械有限公司

生产、经营或代理:SZLH 系列环模式颗粒压制机

电话:0311-85578148、85739579 传真:0311-85586622

手机:13903317295 电子邮箱:sgsljx@sgsljx. cn

地址:河北省无极县希望路(北环)中段 邮编:052460

网址:http://www. sgsljx. com,http://sgsljx. china. main-
one. com

三十五、河南省中大饲料机械有限公司

生产、经营或代理:KYW 系列环模制粒机

联系人:杜经理 手机:13603984822、13608684206

电话:0371-63568501 传真: 0371-63568501

地址:郑州市金水区柳林镇徐庄工业园 邮编:450000

三十六、燕北畜牧机械集团有限公司

生产、经营或代理:9HGC 系列转筒式饲草烘干机、SZL-
Hc420 型草颗粒压制机、9CYD-20X2 型饲草液压打捆机、9QS 系
列青贮切碎机、9QS35X25 型饲草切碎机、9SC-400 型饲草秸秆揉
搓机、9CJ-500 型饲草粉碎机、9DF53x13 型多功能铡草粉碎机、
SZLH-420 型环模颗粒颗粒压制机、SZLH-350 型颗粒压制机、
SZLH-304 型颗粒压制机、SZLH-270 型颗粒压制机、STHG 系列
鼓式添加剂混合机、YZ 系列油脂添加系统、SLHYD 系列单轴桨
叶式混合机、9PS 系列配合饲料机组、SLHL 系列双螺旋卧式混合

机、SD 系列水滴式锤片粉碎机、SLHYS 系列双轴桨叶式混合机、SLHZ 系列双螺旋锥形混合机

电话:010-80842560 传真:010-80842564

地址:中国农业大学金码大厦 B 座八层北京市海淀区学清路 38 号 邮编:100083

电子邮箱:ybgroup@263.net

三十七、肥城华美机械有限公司

生产、经营或代理:9PKJ 系列平模制粒机

地址: 中国山东肥城市山东省肥城市安驾庄镇泰东路十四号

电话: 865383790170 传真: 865383790019

联系人: 陈莉青 网址: http://www. 007swz. cn/Company/fchuamei

三十八、辽宁省雄风农牧机械有限公司

生产、经营或代理:KY80 型牧草压块机组

地址:辽宁省沈阳市于洪区陵东乡上岗子金心路 2 号 邮编:110036

联系人:王忠奇 电话:024-86614127 咨询:010-68166107

传真:024-86614123、86256641

三十九、美国沃润贝尔格/美最时洋行北京办事处

生产、经营或代理:沃润贝尔格牧草压块系统

地址:北京市东长安街 10 号长安大厦 503 室

电话:010-65257775 传真:010-65123505 联系人:张先生

网址:http://www. warrenbaerg. com/ 电子邮箱:zhangliancheng@bj. melchers. com. cn

四十、路易卡特设备制造(加拿大)有限公司

生产、经营或代理:LMC-Cooper/库伯牧草压块系统

电话:306-242-9292 传真:306-934-4540

电子邮箱:lmc@lewismcarter.com 网址:www. ewismcarter.

com

四十一、石家庄燕峰机械制造有限公司

生产、经营或代理:9SGJ 系列压块机

地址:石家庄市铜冶开发区 邮编:050221 联系人:王树斌 先生

电话:0311-82139868、82237353 传真:0311-82238566

电子邮箱:E-mail:yf@yfjxzz.cn

四十二、河北华兴浩瀚农牧科技有限公司销售部

生产、经营或代理:9JYK-800 型秸秆压块机

地址:河北行唐县石家庄富强大街 16 号(河北农业机械化研究所)

电话:0311-87607626 传真:0311-87607655

四十三、STEFFEN SYSTEMS 牧草加工设备公司

生产、经营或代理:STEFFEN SYSTEMS 1200G 型压捆系统

网址:www.steffensystems.com Emil:hayman@steffensystems.com

中国总代理:刘国华 插秧机:13901198991 Email:guohualiu@yahoo.com

四十四、NOGUEIRA 农业机械股份有限公司

生产、经营或代理:VFN5000、VFN8000 饲草车箱

中国总代理:中国农业科学院,北京咸恒农业科技开发公司

地址:中国北京市中关村南大街 12 号 邮编:10081

电话:010-6895937/38 传真:010-6897787 网址:http://www.bjxianheng,com.cn

四十五、内蒙古赤峰鑫秋农牧机公司

生产、经营或代理:9Q 系列饲料切碎机和 9QS 系列揉碎机及 9FR 系列揉粉机

地址:内蒙古赤峰市红山区火花路南段七号 邮编:024000

电话:0476-8333916、8335137 传真:0476-8334979

四十六、德国克拉斯公司北京代表处

生产、经营或代理:QUADRANT 大方捆打捆机、ROL-LANT 圆捆打捆机、VARIANT 打捆机、MARKANT 打捆机

地址:北京市朝阳区麦子店大街 37 号盛福大厦 1470 室 邮编:100026

电话:010-85275793 传真:010-85275794

电子邮箱:info@claas.com.cn 网址:www.claas.com.cn

附录 7 草坪机械生产厂家、地址及联系方式

一、厦门市天宇园林机械配件有限公司

生产、经营或代理：手推式播种机、本田 H2013SE 草坪车（彩图 7-27）、高射程打药机

地址：厦门市吕岭路中福花园侧第六间店面 邮编：361004

联系人：陈先生 电话：0592-5972276 传真：0592-5972275

网址：Http://www.sky168.cn 电子邮箱：sky@sky168.cn

二、北京绿友时代园林机械有限公司

生产、经营或代理：

手推式播种——EARTHWAY M24SSD、EARTHWAY 2170 播种机、EARTHWAY 2050P、EARTHWAY2100P 彩、EARTHWAY7300SU、EARTHWAY2000A、可尔 CB01A-60、EARTHWAY C24P、EARTHWAY 3200

机引式播种机——EARTHWAY C25SSU、EARTHWAY C25PSU、EARTHWAY 2170T

液力喷播机——FINN T280、FINN T330、EASYLAWN TM60

起草皮机——可尔 CZ10A-36R、可尔 CZ10A-36B10、可尔 CZ10A-36H

修剪机——GREENMAN 1705-16 无动力（彩图 7-12）、GREENMAN 1415-16 无动力、GREENMAN 1204-14 无动力、LY560 系列（自走式）LY560SB1、LY560SB2、LY560SHJ、LY560SK、美神 LY560 系列（推行式）LY560PB1、LY560PB2、Y560PHJ、LY560PK、美神 LY530 系列（推行式）LY530SB1、LY530SK、LY530SHJ（彩图 7-13）

草坪机——MTD377A 自走式(彩图 7-14)、MTD 437A 手推式(彩图 7-16)、MTD 107A 手推式、MTD 419D 手推式、MTD 979L 手推式、MTD VOH 手推式、凯姿 LM4840HP

剪草机——凯姿 LM5360HS、凯姿 LM5350KS、凯姿 LM5360HX(彩图 7-17)、TRU-CUT C25 机动滚刀式(彩图 7-18)

中耕机——MTD 332A

草坪车——MTD M660G(彩图 7-23)、MTD 2186(彩图 7-24)、MTD D604G、草蜢 928D2、草蜢 721D(彩图 7-25)、草蜢 721(彩图 7-26)

梳草机——CS01B-46H3(彩图 7-28)、可尔 CS01B-46H4(彩图 7-30)、可尔 CS01B-46B6

修边机——MTD 552A(彩图 7-32)

打孔机——CK30A-50H2 、CK20C-50H5

打药机——飞马 3WM-30/200(彩图 7-34)、飞马 3WM-20/200、飞马 3WM-40/200、飞马 3WM-45/200

地址:北京昌平区霍营绿友大厦 邮编:102208

电话:010-69792992 传真:010-69795724 全国免费咨询电话:800-810-2999

三、长春绿友园林机械有限公司

生产、经营或代理:拖挂式播种机 45-01871、45-02111、45-02101、45-02141,液力喷播机 L90-900、T170、T90、FINN T120,457A 中耕机(21A-457A-000)、CZ10A-36B/CZ10A-36H 起草皮机、439D 草坪修剪机(11B-439D688)、GREENMAN 1815-18 无动力、106C(11B-106C401)、438K(11A-438K688)、612A(11C-612A678)、378K(12A-378K688)、819D(11B-819D688)、829K(12A-829K688)、559K、449T(12A-449T402)、549D(11A-549D688)、604A(12C-604A678)、704A(11B-704A678)、可尔 CJ01A-84B1、可尔 CJ01A-84B2

地址:长春市自由大路35号(长春体育场) 邮编:130022

电 话:0431 - 8667561 手 机:13944874489、13844825015、13844867198

免费电话:8008102999

四、扬州维邦园林机械厂

生产、经营或代理:WB850A 商用型宽幅割草机(彩图 7-19)、WB530H-DL 手推式加大后轮草坪机(彩图 7-20)、WB21BZ7 草坪机、WB21SB6 型草坪机、WB450A 型草坪机、WB480S 草坪梳草机(彩图 7-29)、WB530K 打孔机(彩图 7-33)、WB36XA 高压水泵

地址:江苏省扬州市蒋王工业园区 邮编:225126

电话:0514-7941941、7945941、7944468 传真:0514-7945067

电子邮箱:yzwb7941941@yahoo. com. cn

五、江苏省南通天一户外机械有限公司

生产、经营或代理:XSS38-EA (14.5″) 手推式电动草坪割草机(彩图 7-21)、XSS48(19″)系列手推式草坪割草机、XSZ56(22″)系列随进自行走草坪割草机(彩图 7-22)、SGA-33E 电启动自走式草坪割草机、SGA-33 自走式草坪割草机

地址:江苏南通市外环北路 349-1 号 邮编:226011

电话:0513-5661391 传真:0513-5661393

网址:Http://www. nttopec. cn 电子邮箱:TOPEC @ JS-MAIL. COM. CN

六、索德赛公司园林机械服务处

生产、经营或代理:HUR-1905 手推式草坪机、HUR-1905A 手推式草坪机、HUR-1905B 手推式草坪机,HUR-2105 手推式草坪机、、HUR-2105A 手推式草坪机、HUR-2105B 手推式草坪机、HUR-2105C 自动式草坪机

地址:北京市成寿路 31 号 1 号楼

电话:010-67677532、87634168

电子邮箱：yinweihua126@126. com、sodsai@sodsai. com. cn

七、常州市绿茵园林机械商行

生产、经营或代理：本田 HRJ216 手推式草坪机

公司地址：常州市钟楼区花园路 84-1-4 号（花园汽车站向西 88 米）

电话：0519-3580923 传真：0519-3589066 客服 QQ：179621791

业务邮箱：sales@gardenshop. cn 服务邮箱：zhuyong@gardenshop. cn

八、无锡绿友园林机械有限公司

生产、经营或代理：可尔 CS01B-46H 梳草机、可尔 CK20A-48B 打孔机

地址：江苏省无锡市太湖花园 3 区 13 号 邮编：214028

电话：0510-2205270 移动：13382225798 传真：0510-2205991

联系人：潘海波

电子邮箱：cpwuxi@greenman. com. cn 网址：http://greenman. com. cn

九、长春市宏达园林苗木绿化工程有限公司

生产、经营或代理：梳草机（彩图 7-31）

地址：吉林省长春市净月大街 496 号 邮编：130117

电话：0431-4628550、4609886 传真：0431-4628550 电子邮箱：wlm6160@jlmc. com. cn

十、淮安中绿园林机械制造有限公司

生产、经营或代理：中绿 ZS01-H 梳草机、中绿 ZD01-H1 打孔机

地址：淮安市淮阴工业园区纬三路 邮编：223300

销售热线：0517-4996181 电子邮箱：xsb@zhonglu-ha. com

电话：0517-4996182 传真：0517-4996183

十一、英迈格华北地区总代理

生产、经营或代理：HL530K-Ⅱ型草坪打孔机、IMAG 3WZ-120T 打药车（彩图 7-35）、IMAG 3WZ-300T 打药车（彩图 7-36）

地址：北京市丰台区南方庄甲 60 号 邮编：100078

电话：010-67683298 传真：010-67631575 联系人：麻志宏 陶玉成

十二、常州明远绿化设备服务中心

生产、经营或代理：NS402 框架式打药机（彩图 7-37）、SL402 三轮式打药车

地址：江苏常州市夏溪花木市场森茂街 8 号

电话：0519-3580923 传真：0519-3589066

QQ：179621791 电子邮箱：czlvyin@yahoo.com.cn

十三、上海千品园艺有限责任公司

生产、经营或代理：IMAG 三轮脚踏车式打药机 9-76

地址：上海市龙华路 2780 号 A12（龙华花鸟市场）邮编：200232

客户服务热线直拨：021-64561786 手机：13002122567

客服信箱：master@gardenshop.com.cn QQ：52542584

十四、广州绿展园林机械园林工程有限公司

生产、经营或代理：YC-26 手提式打药机、YC-43AS 手提式喷雾机（打药机）

地址：广州.芳村区花地大道南 137 号（鹅公村对面）邮编：510388

电话：020-81401570 分机：82722676 刘静 传真：020-82722676

手机：13760613656 电子邮箱：lvzhan_yuanlin@163.com

十五、杭州瑞林园艺机具贸易商行

生产、经营或代理：GX160-45AS 高压打药机、GX160-45ASB 高压打药机、川岛 F-768、喷雾机（彩图 7-38）、MD431A 喷雾喷粉机（彩图 7-39）

地址:杭州市机场路 219 号(浙江花卉市场内 109 门面)

电话:0571-86406205 传真:0571-86408324

十六、上海惠林园林机械有限公司

生产、经营或代理:英迈格 3WZ-25K 机动打药机 9-82、英迈格 3WZ-300QJ 脚踏式高压动力打药车 9-83、英迈格 3WZ-18D 机动打药机彩图 9-84、英迈格 3WZ-25D 机动打药机(彩图 7-41)

地址:上海市沪太路 2695 号 2A1068-1108 邮编:200436

电话:021 - 56501982、66501784 手 机:13311765081、13601836654

传真:021-66501784 联系人:曾祥刚 网址:http://Huilin. lvhua. com

十七、北京三通四联灌溉科技有限公司

生产、经营或代理:滚移式喷灌机

地址:北京市朝阳区望京西路 48 号金隅国际 C 座 12B07 邮编:100102

电话:010-64787101 传真:010-64787102 电子邮箱:sales@3T4L. CN

十八、郑州山川重工有限公司

生产、经营或代理:JP 系列绞式喷灌机 50/140 型

地址:中国郑州国家高新技术产业开发区合欢街与腊梅路交叉口

电话:0371-67848698、67848699 传真:0371-67848511

电子邮箱:shanchuan@zzzhonggong. com

十九、黑龙江三丰环保有限公司

生产、经营或代理:SZ1058A 型多功能喷灌机(彩图 7-42)

地址:哈尔滨市动力区黎明乡哈阿公路零公里处 邮编:150049

电话:0451-82925222、82923222 传真:0451-82923111

电子邮箱:sefon@public.hr.hl.cn 联系人:徐晓平

二十、广西柳州通用机械设备厂

生产、经营或代理:SJP50 喷灌机机型

地址:广西柳州箭盘路 7 号 邮编:545006

电话:0772-2619214 传真:0772-2619214、3803778

电子邮箱:gxsjs07@163.com

二十一、中国农业机械化科学研究院节水灌溉工程装备中心

生产、经营或代理:DPP 系列 DPP-200 平移式喷灌机、小型移动式喷灌机组

地址:北京德外北沙滩 1 号 24 信箱 邮编:100083

电话:010-64882315、64882296、64882419 传真:010-64878649

联系人:樊肖萍 电子邮箱:fxp@caams.org.cn

二十二、金坛天鹅喷灌机械有限公司

生产、经营或代理:8.8cp-55 移动式喷灌机组

地址:江苏省金坛市汤庄镇沿河西路 70 号 邮编:213223

电话:0519-2581381、2581383 传真:0519-2581383 联系人:王建英

二十三、北京绿友喷灌设备有限公司

生产、经营或代理:本田 WB30T 水泵彩图 9-94、本田 WB20T 水泵 9-95、PGJ 旋转喷头系列 9-96、I-90 旋转喷头系列(彩图 7-45)

地址:北京昌平区霍营绿友大厦 邮编:102208

电话:010-69797522 传真:010-69795724 全国免费咨询电话:800-810-2999

参考文献

[1]王安美.农业机械选型与配套的科学性[J].安全使用,2009,(4):14-15.

[2]王子千,曹金玉,冷强.效益型农业机械的选型与配套[J].农机化研究,1998,(2):31-32.

[3]杨青川,王堃.牧草的生产与利用.北京:化学工业出版社,2002.

[4]刘奇编.饲草机械.北京:中国农业机械出版社,1984.

[5]王遂远.农业机械使用与维修[M].北京:高等教育出版社,1993.

[6]张秀芬.饲草饲料加工与贮藏.北京:中国农业出版社,1992.

[7]农业部农业机械化管理司主编.牧草生产与秸秆饲用加工.北京:中国农业科学技术出版社,2005.

[8]陈艳.畜禽及饲料机械与设备.北京:中国农业出版社,2000.

[9]庞声海.饲料加工机械.北京:农业出版社,1983.

[10]卡那沃依斯基.收获机械.北京:中国农业机械出版社,1983.

[11]阿德力别克.牧草收获机械选型应考虑的几个问题[J].新疆农机化研究,2004,(4):18.

[12]姚维祯.畜牧业机械化.北京:中国农业出版社,1999.

[13]姚维祯.畜牧机械.北京:中国农业出版社,1998.

[14]玉柱,杨富裕,周禾.饲草加工与贮藏技术.北京:中国农业科学技术出版社,2002.

[15]沈卫强,阿布力孜,李东海,邬尔环.牧草播种机具简况及发展建议.新疆农机化,2002,(4).

[16]崔桂玉.牧草科学播种技术讲座之三—牧草播前的土地准备.养殖技术顾问,2002,(3).

[17]徐万宾,9SBY-3.6型牧草种子撒播镇压联合组机.农业机具,2002,(4).

[18]周国良,张淑菊,那庆.91BZ-2.0重型牧草播种机.畜牧机械,1991,(3).

[20]马玉胜.牧草种子在播种前应做哪些处理.吉林畜牧兽医,2004,(3).

[21]郭庭双主编.秸秆畜牧业.上海:上海科学技术出版社,1997.

[22]潘永康主编.现代干燥技术.北京:化学工业出版社,1998.

[23]董宽虎,沈益新主编.饲草生产学.北京:中国农业出版社,2003.

[24]周治云,李昌桂主编.牧草高效生产与加工技术.北京:中国农业大学出版社,2003.

[25]曹恒武,田振山主编.干燥技术及其工业应用.北京:中国石化出版社,2003.

[26]张秀芬,贾玉山编著.饲草料收贮与加工.呼和浩特:内蒙古人民出版社,1989.

[27]郭庭双编著.草捆青贮新技术.北京:科学普及出版社,1988.

[28]刘建新等编著.干草、秸秆青贮饲料加工技术.北京:中国农业科学技术出版社,2003.

[29]盛克柱.纽荷兰几种牧草收获机械的特点.新疆农机化,2001,(4)

[30]汪玺.草产品加工技术.北京:金盾出版社,2002.

[31]中国农业年鉴编委会.中国农业年鉴·2002.北京:中国农业出版社,2003.

[32]杨明韶,李旭英,杨红蕾.牧草压缩过程的研究.农业工程学报,1996,12(1).

[33]杨明韶.我国牧草压缩基础研究工作进展及探索.农机化研究,2002,(2).

[34]安国邦,计守信.奔驰88-A型高密度固定式干草压捆机的研制.东北农业大学学报,1994.

[35]王健,刘玉玲,周风林.小圆草捆机的研制及探讨.农村牧区机械化,1997,(3).

[36]黄希国.9KP36平模制粒机.中国饲料,1995,(14).

[37]杨月祥.SZLP78大模孔平模制粒机研制.粮食与饲料工业,1999,(12).

[38]余群力.草产品深加工技术及其应用.草业科学,2003,20(3).

[39]朱娟,沙文锋.饲草的加工与利用技术.畜牧兽医杂志,2001,20(4).

[40]王成兵,韩红卫.9YFQI.5型方草捆压捆机.新疆农机化,2003.

[41]徐万宝,张春友.凯斯公司8545型方捆机使用性能剖析.农村牧区机械化,2002,(2).

[42]赵维俭.9JY-1800型牧草捡拾圆捆机工作性能分析.农牧与食品机械,1993,(6).

[43]唐克,王延伸.9FY-500型多功能秸秆饲料压块机.畜牧水产,2001,(7).

[44]曾国良,金姜华.正确选用、使用和维护颗粒机环模.中国饲料,2002,(2).

[45]郭尚忠,赵力军.93YB-肋型饲草压饼机.畜牧机械,
1990,(4).

[46]秦春兰,王新忠.牧草揉搓机的性能试验研究.黑龙江八
一农垦大学学报,2002,(6).

[47]赵树智.饲草揉搓机.装备与使用,2000,(3).

[48]永通.9QRC-40型饲草切揉机.山西农机,2002,(4).

[49]韩鲁佳,刘向阳,闫巧娟,等.9LRZ-80型立式秸秆揉切机
的研制.农业工程学报,1999,(3).

[50]中华人民共和国农林部畜牧局.畜牧机械性能手册.呼和
浩特:内蒙古人民出版社,1978.

植物化学保护与农药应用工艺	40.00元	植物生长调节剂应用手册	8.00元
农药科学使用指南（第4版）	36.00元	植物生长调节剂在粮油生产中的应用	7.00元
简明农药使用技术手册	12.00元	植物生长调节剂在蔬菜生产中的应用	9.00元
农药剂型与制剂及使用方法	18.00元	植物生长调节剂在花卉生产中的应用	5.50元
农药识别与施用方法（修订版）	10.00元	植物生长调节剂在林果生产中的应用	10.00元
生物农药及使用技术	6.50元	植物生长调节剂与施用方法	7.00元
农药使用技术手册	49.00元		
教你用好杀虫剂	7.00元	植物生长调节剂应用手册（第2版）	10.00元
合理使用杀菌剂	8.00元	肥料使用技术手册	45.00元
菜田农药安全合理使用150题	8.00元	化肥科学使用指南（第二次修订版）	38.00元
无公害果蔬农药选择与使用教材	7.00元	科学施肥（第二次修订版）	10.00元
果园农药使用指南	21.00元	简明施肥技术手册	11.00元
无公害果园农药使用指南	14.00元	实用施肥技术（第2版）	7.00元
农田杂草识别与防除原色图谱	32.00元	肥料施用100问	6.00元
农田化学除草新技术	11.00元	施肥养地与农业生产100题	5.00元
除草剂安全使用与药害诊断原色图谱	22.00元	配方施肥与叶面施肥（修订版）	6.00元
除草剂应用与销售技术服务指南	39.00元	作物施肥技术与缺素症矫治	9.00元

以上图书由全国各地新华书店经销。凡向本社邮购图书或音像制品，可通过邮局汇款，在汇单"附言"栏填写所购书目，邮购图书均可享受9折优惠。购书30元（按打折后实款计算）以上的免收邮挂费，购书不足30元的按邮局资费标准收取3元挂号费，邮寄费由我社承担。邮购地址：北京市丰台区晓月中路29号，邮政编码：100072，联系人：金友，电话：(010)83210681、83210682、83219215、83219217（传真）。